분별력 있는 식탁

분별력 있는 식탁

유행과 허구의 세계에서 제대로 먹는 법

데이비드 프리드먼 박사 지음
하민경 옮김

정진 *Life*

●추천하는 말

"프리드먼 박사의 연구 수준과 나를 비롯하여 모든 사람들을 돕기 위해 정보를 집약한 방식에 매우 감명을 받았다! 무엇을 먹어야 하고, 먹지 말아야 하는지에 대한 혼란과 모순을 이 책이 바로잡아 준다! 먹는 것에 대한 프리드먼 박사의 청사진을 보면 당신의 수명이 연장될 것이다."

-잭 캔필드 뉴욕타임스 베스트셀러인 『영혼을 위한 닭고기 수프』 시리즈와 『성공의 원리』의 저자, 영화 〈시크릿〉의 작가 역 출연

"음식을 먹으면 병이 낫거나 병에 걸리기도 한다. 프리드먼 박사는 숨겨진 화학물질과 편향된 의제 그리고 배후의 이익을 밝히기 위해 커튼을 걷고 나서는 훌륭한 일을 한다. 이 책은 병에서 완전히 회복되고 장수할 수 있도록 당신이 먹는 방식에 대한 명확한 지침을 내려준다."

-수잔느 소머스 건강 옹호자이자 23권의 베스트셀러 저자

"히포크라테스는 '음식을 약으로 삼으라'라고 했는데, 처방전은 프리드먼 박사에게 있다! 이 책에는 당신의 식단에서 건강에 좋은 것을 찾고, 건강에 나쁜 것은 제거할 수 있는 방법에 대한 무수하고 명확한 메시지가 담겨 있다. 음식을 먹는 사람이라면 반드시 이 책을 읽어야 한다."

-조시 엑스 박사 뉴욕타임스 베스트셀러인 『흙을 먹어라』와 『진정한 식단 요리책』의 저자, 세계에서 두 번째로 많이 방문한 자연건강 웹사이트의 창립자, DrAxe.com

"프리드먼 박사는 이 책을 통해 당신이 결정을 내리는 데 도움이 되는 공정하고 편견 없는 정보를 제공한다. 그는 다른 많은 저자들의 '내 방식이 아니면 떠나라'라는 접근법을 취하지 않는다."

-하비 다이아몬드 뉴욕타임스 1등 베스트셀러인 『다이어트 불변의 법칙』

의 저자

“데이비드 프리드먼 박사는 가장 논란이 많은 주제인 영양에 관해 괄목할 만한 책을 썼다. 이 책은 쇠고기 · 닭고기 · 생선을 비롯한 여러 가지 다른 음식과 관련해 ‘먹어야 할까, 아니면 먹지 말아야 할까?’라는 질문에 답하는 데 도움을 준다. 프리드먼 박사는 명확한 결론을 내리기 위해 수많은 과학적 연구를 철저하게 분석했기 때문에 독자들은 현명하게 음식을 선택할 수 있다.”

–조이 바우어 영양학 석사, 영양사, NBC 「투데이 쇼」의 건강 및 영양전문가이자 『인스턴트 식품에서 즐거운 식품으로』의 저자, 너리쉬 스낵스의 창립자

“이 책은 우리 건강을 빼앗는 식품업의 파렴치한 전략을 전면적으로 알아보고, 제대로 된 연구를 내놓는다. 프리드먼 박사는 당신과 당신의 가족을 위해 가장 건강한 음식을 선택하는 방법을 제시한다.”

–배니 하리 뉴욕타임스 베스트셀러인 『아기처럼 먹기』의 저자, FoodBabe.com의 창립자

“이 책은 무엇을 먹어야 하고, 먹지 말아야 하는지에 대한 단순한 지침만을 주는 책이 아니다. 프리드먼 박사는 음식을 제대로 선택하는 것이 질병을 예방하고, 질병을 뒤엎으며, 말 그대로 지구를 구하는 첫 번째 방어선인지에 대한 해답을 알려준다!”

–조던 루빈 뉴욕타임스 베스트셀러 목록에 47주간 올랐던 『조물주의 식단』을 비롯한 25권의 건강도서 저자

"음식과 건강은 밀접한 관련이 있다. 또한 음식을 제대로 먹음으로써 신체에 연료를 넣어 성능을 최적화시키는 데 이 책이 도움이 될 것이라고 믿는다!"

–**데니스 오스틴** 세계적으로 유명한 건강 및 운동 전문가이자 12권의 베스트셀러 저자

"식품업에서 제품과 이익을 최고로 생각하고, 사람들의 요구를 최하로 생각하는 것은 슬픈 일이다. 이 책은 당신이 어떤 식단을 따르든지 간에 어떤 음식이 좋고 나쁜지를 알려주며, 당신이 더 건강한 길을 가도록 인도해 준다."

–**킴 바노인** 뉴욕타임스 1등 베스트셀러인 『마른 여자들』의 저자

"프리드먼 박사는 현재 인기 있는 음식에 관련된 미신을 깨는 훌륭한 일을 한다. 더 건강한 삶을 살고 싶다면, 이 책은 당신을 위한 책이다."

–**리시 라카토스와 타미 라카토스** 영양 쌍둥이, 뉴욕타임스 베스트셀러인 『채소 치료』의 저자

"프리드먼 박사는 '생각할 거리'라는 용어를 새로운 수준으로 끌어올렸다! 당신은 집을 사기 전에, 집 구석구석을 살펴보고 벽 안쪽에 숨겨져 있는 훼손을 모두 기록하기 위해 조사관을 고용한다. 이 책도 마찬가지로 당신이 먹는 음식에 숨겨진 것에 대한 상세한 통찰력을 준다. 한 입 더 먹기 전에 이 책을 읽어 보기를 강력히 권한다!"

–**데빈 알렉산더** 『가장 큰 패배자의 요리책』을 비롯한 몇 권의 뉴욕타임스 베스트셀러 저자, '건강의 발견 TV'에서 방송된 「건강한 타락」의 진행자이자 NBC에서 방송된 「가장 큰 패배자」에 출연한 요리사

"이것은 내가 읽은 책 중 신진대사 과정에서 수면이 실제로 얼마나 중요한지를 고려한 최초의 책이다. 회복 수면은 우리가 음식을 잘 소화시키는 데 매우 중요하며, 이는 궁극적으로 체중, 호르몬 체계 및 기분에 영향을 미친다. 나는 이 책을 읽게 되어 기쁘고, 이 책을 읽는 모든 사람들에게 도움이 될 것이라고 생각한다."

–마이클 브레우스 박사 슬립 닥터(특별히 수면에 대한 전문 지식을 가지고 건강관리를 해 주는 의사)로 알려짐, 「닥터 오즈쇼」의 의료자문위원회 회원

"데이비드 프리드먼 박사는 장수하고 최적의 건강을 이루는 건강한 식단과 이상적인 생활방식에 대해 잘 설명했다. 미국 표준 식단(SAD)을 따르는 모든 사람들은 이 책을 읽고 참고 도서관에 두어야 한다."

–얼 민델 박사 1등 베스트셀러인 『비타민 성경』, 『행복 효과』, 『대마 치료』를 비롯한 12권 이상의 베스트셀러 저자

"프리드먼 박사가 당신에게 더 건강해지기 위해 먹어야 하는 것을 알려준다면, 당신은 그 조언을 믿어도 된다."

–조지 노리 미국에서 가장 많이 듣는 심야 프로그램인 전국 대상 쇼 「대서양 연안에서 태평양 연안까지」의 진행자

"프리드먼 박사는 식량 공급에 있어 건강에 해롭고, 숨어 있는 재료를 밝히는 훌륭한 공공 서비스를 제공한다. 이 책은 사람보다 이익을 우선시하는 편향된 식품업에 절실히 필요한 요리 시위이다! 프리드먼 박사는 포크와 숟가락만으로 최적의 건강을 얻을 수 있는 비법을 만들었다."

–제이슨과 미라 칼턴 박사 베스트셀러인 『좋은 음식 나쁜 음식』의 저자

"이 책은 식단과 질병의 연관성과 이상적인 건강을 이룰 수 있는 방법을 이해시키기 위해 최신의 과학을 심도 있고 상세하게 검토한다."

–**에린 팔린스키 웨이드** 베스트셀러인 『바보를 위한 뱃살 식단』과 『이틀간의 당뇨병 식단』의 저자

"음식과 성관계는 인간의 두 가지 기본적인 본능이며, 모두가 성관계를 하는 법을 알고 있다. 하지만 신체에 영양분을 공급하고, 끝없는 식욕을 충족시키는 방법은 지금까지도 모두가 알지는 못한다! 이 책은 당신이 최적의 건강을 위해 먹어야 하는 음식을 선택하는 법을 알려주고 힘을 실어줄 것이다."

–**아바 카델** 사랑과 성관계에 관한 10권의 책 저자, 세계적 연설가, 유명 임상 성과학자

"프리드먼 박사는 음식에 대해 잘못 알려진 정보와 위험한 정보를 알 수 있는 가치 있는 책을 썼다. 이 책이 발매되어 깨우침을 주었고, 건강한 삶에 필수적인 새로운 정보와 통찰력을 준다."

–**게리 에플러** '미국 최고의 의사들' 중 한 명으로 여겨지는 의학박사, 유명한 하버드의과대학 교수, 『음식: 네 맘대로 해』의 저자

"이 책에는 인생을 바꿀 훌륭하고 획기적인 정보가 담겨 있다. 프리드먼 박사는 음식에 관한 미신을 폭로하고, 식단과 영양에 항상 존재해 온 혼란을 해소시켜 주며, 최신의 연구를 통한 해결책을 제시해 최적의 건강을 이룰 수 있도록 도와준다."

–**로리 셈크 박사** 대표적인 건강 및 체중감량 전문가, 『지방염증과 싸우는 방법』과 『지방이 타 없어지도록 태워 버려라』의 저자

"나는 전체론적 성형외과 의사로서, 우리가 먹는 음식이 나이를 먹는 방식에 큰 영향을 미친다고 굳게 믿는다. 프리드먼 박사의 권고는 단순히 외모에만 국한되는 것이 아니다! 책은 젊어 보이고, 젊게 느끼도록 도와주는 훌륭한 지침서이다!"

-**안소니 욘** 미국의 전체론적 성형외과 의사, 베스트셀러인『정해진 나이』의 저자, 미국 뉴스와 세계보고서와 '하퍼스바자'에서 선정된 최고의 성형외과 의사

"이 책을 읽으면 다시는 같은 음식을 먹지 않을 것이다. 그리고 그것은 좋은 일이다! 이 책에서 프리드먼 박사는 유행하는 다이어트, 음식에 대한 미신 그리고 어떻게 해서든 사람들을 각자 달리 먹게 만들고, 자신도 모르게 스스로를 해치게 만드는 음식 선전의 오류를 보여주기 위해 과학과 상식을 혼합했다. 이 책을 읽으면 단번에 잘못된 점을 바로잡아 건강에 좋은 음식을 먹을 수 있게 된다."

-**조나단 에모드** 미국 역사상 다른 어떤 변호사보다 연방법원에서 FDA를 많이 이긴 미국의 대표적인 식품 · 의약품 변호사

목차

하비 다이아몬드의 서문

크리스토퍼 콜럼버스가 지구는 둥글다는 것을 입증했을 때, 사람들의 기분이 어땠을지 상상해 보라. 그는 당시 사람들이 믿던 사실이 틀렸음을 증명했다. 데이비드 프리드먼 박사는 현대의 크리스토퍼 콜럼버스다. 그는 이 책을 통해 오늘날 흔히 건강 및 영양상의 '진리'로 여겨지는 것을 살펴보고, 오류를 지적한다. 또한 한발 더 나아가서, 오늘날의 건강 권고안 배후에 항상 존재하는 이해의 충돌과 자금의 출처를 독자에게 알려주기 위해 커튼을 걷고 나선다.

내가 『다이어트 불변의 법칙』을 출판한 지 거의 30년이 지난 지금, 산업화된 식품산업은 생명에 관련된 중요한 정보를 계속 숨기고 있다. 소비자와 기업투자 덕분에 비즈니스를 유지하지만 거대 제약회사(Big Pharma), 거대 기업농장(Big Agra) 및 거대 낙농업자(Big Dairy)들은 이에 큰 관심이 없다. 1980년대 식품산업계는 포화지방의 건강 대안식품으로 부분경화식용유(트랜스 지방으로 잘 알려져 있음)를 홍보했다. 내가 이런 인공식품첨가물의 위험성에 대해 경고했을 때, 사람들은 나를 비웃었다. 연구에 따르면, 도넛 하나에 함유된 트랜스 지방 2g을 매일 섭취하면 심장병 위험이 23% 증가한다고 한다. 내가 『다이어트 불변의 법칙』에서 낙농업에 반대하고, 우유가 특히 어린이의 건강에 좋지 않다고 하자 많은 사람들이 나를 비난했다. 그로부터 30년 후, 특히 우유 속 호르몬과 항생제가 위험하다는 것은 일반적인 사실이 되었다. 그럼에도 불구하고, 낙농업계는 여전히 우유가 뼈를 튼튼하게 만들어준다고 우리를 속이는 광고 캠페인을 대대적으로 펼치고 있다. 하지만 이제 정반대의 사실을 보여주는 공정하고 과학적인 증거가 있다. 이 책에서 프리드먼 박사는 거의 1세기 전부터 동반자 관계였던 낙농업과 정부의 협력에 대해 추적한다. 이는 일반사람들은 잘 알지 못하지만 매우 유익한 정보다.

우리가 사먹는 안 좋은 음식 때문에 병에 걸린다는 사실은 부인할 수 없다. 건강옹호자가 목소리를 높임으로써 수백만 명의 무고한 소비자의 삶을 변화시킬 수 있다. 이 책에서 프리드먼 박사는 모두가 들을 수 있도록 확성기에 대고 크게 외친다. 그의 메시지는 크고 분명하다. "행동으로 옮기고 건강을 되찾으십시오!" 이 책에서 가장 마음에 드는 것은, 프리드먼 박사의 정보 제공 방식은 매우 공정하고, 편파적이지 않다는 점이다. 그는 우리 스스로가 결정을 내리도록 돕는다. 그는 다른 저자들이 많이 하는 '내 방식대로 따르든지, 아니면 읽지 말든지'라는 접근 방식을 취하지 않는다. 그는 과학적 연구가 종종 객관적이지 않다는 점을 지적하는데, 이는 많은 연구들이 수익성이 높은 결과를 내는 데 기득권을 가진 기업의 후원을 받기 때문이다. 슬픈 논평이지만, 의견이나 과학적 데이터 및 법률 모두 적당한 가격에 살 수 있다. 프리드먼 박사는 과학의 배후에 숨겨진 돈을 좇으며 진실이 어디에 있는지 스스로 판단하는 법을 알려준다.

『다이어트 불변의 법칙』은 많은 출판사에서 독자의 관심을 끌 만한 정보나 가치 있는 정보가 없다며 거절당했다. 그들은 먹는 법에 관한 나의 '독특한 이론'이 이상하다고 했다. 그러나 워너 북스(2006년 창립한 미국 뉴욕주 출판사)가 이 책의 가능성을 보았고, 나는 나의 메시지에 대한 확고한 믿음과 끈기에 대한 보상을 받았다. 『다이어트 불변의 법칙』은 1,400만 부가 팔렸고, 역대 베스트셀러 건강서 중 하나가 되었다! 이 책은 40주 연속이라는 전례 없는 기록으로 권위 있는 뉴욕타임스 베스트셀러에서 1위를 차지했다. 이 책은『바람과 함께 사라지다』와 성경과 나란히 출판사상 주간 베스트셀러 25권에서 상위권을 차지했다. 먹는 법을 바꾸면, 질병을 치유하거나 예방할 수 있다.(또는 치유 못하거나 예방할 수 없다.) 그리고 이 책을 통해 우리는 음식을 잘 고르는 법뿐만 아니라 음식을 가공하고, 색소를 첨가하고, 보존하고, 부드럽게 하는 목적으로 흔히 사용하는 위험한 화학물질 노출에 대해 배울 수 있다. 식품 라벨이나 레스토랑 메뉴에 이런 성분을 표기하고 있지는 않지만, 이 책을 읽고 나면 그 성분에 대해 알게 되어 우리 스스로를 지킬 수 있다.

1985년 『다이어트 불변의 법칙』의 초판을 출판했을 때, 비만은 오늘날 만큼 흔하지 않았다. 현재 인구의 70%가 과체중이고 비만은 역사상 가장 주요한 건강문제가 되었다! 미국은 왜 세계에서 가장 뚱뚱한 선진국인가? 수천 가지의 다이어트 책, 체중감량 프로그램, 다이어트 약 및 음료가 있다. 식료품점 선반에는 무설탕, 무지방 및 저칼로리 식품으로 가득하다. 프리드먼 박사는 이 요점을 잘 짚고 있다. 어떤 유형의 유행하는 다이어트나 프로그램을 하고 있든지 간에 당신은 시작 초기, 혹은 대개 6개월에서 12개월 뒤에 살이 빠지기는 하지만, 뺀 만큼 다시 찔 뿐만 아니라 전보다 살이 더 찌거나 건강이 안 좋아질 가능성이 더 크다. 성공적인 체중감량의 핵심은 유행성 다이어트나 제품이 아니라 건강한 생활방식을 갖는 데 있다. 이 책에서는, 체중감량에 성공하고, 장수하며, 최적의 건강을 달성하는 데 필요한 정보를 제공한다.

나는 붉은 고기를 아예 끊을 수 없다면, 줄이기라도 하라고 권유한 최초의 건강 옹호자 중 한 사람이다. "우리가 붉은 고기를 못 먹는다면 왜 석기시대 조상은 붉은 고기를 그렇게 많이 먹었습니까?"라는 질문을 자주 받는다. 프리드먼 박사는 원시인이 붉은 고기가 거의 없는 아주 다양한 식단을 구성했다는 법의학적 증거를 보여주는 훌륭한 일을 하고 있다.

우리는 삶이라는 여행을 하면서, 때때로 세상에 선을 행하고자 하는 진실과 열정으로 다른 사람의 행복을 위해 진정으로 보살필 줄 아는 사람들과 함께 길을 걷는 축복을 받곤 한다. 프리드먼 박사가 바로 그런 사람이다. 그는 이런 높은 이상에 걸맞은 최고의 인격체이다. 이 책을 쓰기 전에 프리드먼 박사는 내게 전국적인 베스트셀러가 되는 비결을 알려달라고 했다. 나는 그에게 말했다. "그냥 본인답게 하고, 열정을 나누십시오. 그리고 가장 중요한 것은 독자를 이해시키는 것입니다. 모든 사람들이 이해할 수 있는 수준에서 지식을 공유하면, 그들은 당신의 비전을 받아들일 것입니다." 그가 내 조언을 받아들여서 기쁘다! 이 책은 많은 환자와의 경험을 통해 얻은 여러 가지 훌륭한 이야기를 수집해, 따라하기 쉬운 많은 중요한 정보를 제공한다. 수백만 명의 삶을 향상시킬 이 운명의 책의 서문을 쓰게 되어 영광이다. 당신은 어떤 내용에는 공감하고 어떤 내용에는 화가 나기도 하겠지만, 모든 장에서 정보를 얻고 영감을 받을 수 있을 것이다. 이 책을 읽고 우리는 건강관리 시스템이나 처방약에 의존할 수 없다는 사실을 알게 될 것이다. 우리는 책임감을 갖고, 통제력을 되찾고, 건강을 되찾아야 한다!

–뉴욕타임스 1등 베스트셀러인 『다이어트 불변의 법칙』의 저자

하비 다이아몬드

혼란의 땅에서 벗어나자

"네가 먹는 것이 네가 되는 거야.(You are what you eat.)" 엄마는 내가 팝 타르트(토스트기에 넣고 굽거나 전자레인지에 데워 먹는 냉동 페이스트리 제품)의 따뜻하고 물렁물렁한 중간 부분만 집중해서 먹는 것을 보고 손가락질하며 말했다. 나는 욕실로 뛰어가서 거울을 들여다보았다. 아직 딸기맛 페이스트리로 바뀌지 않았지만, 엄마의 말을 시험해 보기로 했다. 나는 또래에 비해 키가 작았기 때문에 더 크기를 바라면서 엄마에게 졸리 그린 자이언트(그린 자이언트 기업의 마스코트) 채소를 사달라고 부탁했다. 불행히도 나는 더 크지는 않았다.

하지만 나는 어릴 때부터 사람은 무엇을 먹는지에 따라 달라진다는 것을 배웠다. 나는 전국 대상으로 한 라디오 채널의 진행자이자 라이프타임 텔레비전(1984년 창립된 미국 위성방송 채널)의 주간 보건 전문가로서 수백만 명의 사람들과 이 사실을 공유했다. 15년 넘게 나는 전 세계적으로 유명한 수백 명의 건강 옹호자, 과학자, 의사 및 뉴욕타임스 베스트셀러 저자와 인터뷰하는 특권을 누렸다. 내 목표는 항상 청취자들이 최적의 건강을 달성하도록 최신 주제와 조언을 공유하는 것이다. 하지만 불행하게도 내 뜻대로 되지는 않았다. 오히려 인터뷰한 모든 게스트는 청취자들(그리고 나)을 점점 더 혼란스럽게 만들었다. 전문가들은 이전 게스트와 전혀 다른 의견과 연구 결과 및 건강 조언을 공유했기 때문이다.

나는 뉴욕타임스 베스트셀러인 『팔레오의 해답』의 저자 롭 울프와 인터뷰했다. 그는 건강하게 오래 살고 싶으면 우리 조상처럼 고기를 먹어야 한다고 말했다.

"잠깐 기다려라!" 베스트셀러 저자이자 완전 채식주의자인 닐 버나드 박사는 내 청취자들에게 이렇게 말했다. "건강해지고 싶으면 얼굴 달린 것은 절대 먹지 마십시오." 그는 모든 사람들이 자연식품이나 식물성 위주 식단을 선택하면 건강해진다고 말했다. 좋아, 여기까지도 이해하겠다.

그 후 심장병 전문의이자 『밀가루 똥배』의 저자 윌리엄 데이비스 박사와 인터뷰를 했는데, 그는 곡물은 피하는 것이 좋다고 했다. 실제로 그는 알레르기 · 백내장 · 당뇨병 · 비만 · 심장병 · 관절염 등의 질병을 예방하기 위해서는 밀을 피하는 것이 최선의 방법이라고 했다. 우리는 수십 년 동안 모든 곡물이 건강에 좋다고 알고 있었다. 하지만 데이비스 박사 저서에서 눈에 띄는 정보는 질병을 예방하고 최적의 건강을 달성하려면 밀을 피하는 것이 가장 중요하다는 것이다.

하지만 글쎄, 뉴욕타임스 베스트셀러 『설탕이 식단에 미치는 영향』의 저자 제이제이 버진의 말로는 그렇지 않다. 그녀는 설탕이 모든 악의 근원이라고 믿는다. 실제로 그녀는 어떻게 설탕이 거의 모든 질병의 촉매제인 염증을 유발시키는지에 대한 심오한 정보를 공유했다. 좋아, 요약해 보자. 고기를 먹어라. 고기를 먹지 마라. 설탕을 피하라. 곡물이 든 식물 위주 식단을 선택하라. 다시 생각해 보니, 곡물은 피하는 것이 좋다. 그런데 잠깐만! '먹지 말 것' 목록에 추가할 것이 또 있다. 소금!

우리는 소금 과다섭취 시 생길 수 있는 위험에 대해 알고 있다. 실제로 고혈압 환자에게 의사가 가장 먼저 처방하는 것은 저나트륨 식단이다. 소금으로 인해 비만이 되거나 심혈관질환이 생기기도 한다. 하지만 소금연구소의 과학 및 연구 분야 부사장 모튼 사틴에 따르면, 이는 사실이 아니다. 그가 심장병을 예방하기 위해 소금을 더 먹어야 한다고 말했고 청취자들은 충격을 받았다! 그는 몇 가지 신뢰성 있는 과학으로 이를 뒷받침했다. 알버트아인슈타인의학대학에서 실시한 연구에 따르면, 저염식 식단을 따른 심장병 환자의 심장병 발병률이 더 높았다. 「미국의사협회지」에서 실시한 또 다른 연구에 따르면, 소금을 가장 적게 먹는 사람들이 심장병으로 사망할 확률이 가장 높았다. 그렇다. 소금을 적게 먹으면 심혈관질환의 위험성이 높아진다! 이게 다가 아니다. 연구에 따르면, 나트륨이 감소하면 사망의 위험 또한 증가한다고 한다. 이것은 수십 년 동안 의사가 환자에게 말했던 것과는 완전히 정반대다!

하지만 우리를 가장 혼란스럽게 만드는 음식은 버터다. 1970년대 후반 버터보다 마가린이 더 건강한 대안식품이라는 과학적 연구가 있었기 때문에, 사람들에게 버터를 사용하지 말고 마가린으로 바꾸라고 했다. 10년 후 연구원들은 버터의 포화지방보다 훨씬 더 해롭고 위험한 부분경화유(트랜스 지방)가 마가린에 있다는 사실을 발견했다. 그래서 우리는 다시 버터를 먹기 시작했다. 1990년 버터는 다시 한번 식물성 기름보다 콜레스테롤 수치를 더 높이는 가장 위험한 종류의 지방이라는 혹평을 받았다. 그래서 또다시 우리는 올리브유와 카놀라유보다 더 건강에 좋다고 여겨지는 마가린을 먹기 시작했다. 2010년으로 가보면, 버터는 건강에 좋으며 버터의 포화지방과 심장병을 연관짓는 증거는 전혀 없었다는 사실을 보여주는 새로운 연구가 나왔다. 그런데 잠깐만! 1년 후 과학자들은 이 연구의 결함을 발견했고, 결국 심장병과 버터가 관련이 있을 수 있다고 경고했다. 그리고 2014년 버터가 건강에 좋다는 새로운 연구 결과가 나왔다. 당시 나는 뉴욕타임스 베스트셀러 『최강의 식사』의 저자 데이브 애스프리와 인터뷰했다. 그는 매일 버터를 넣은 커피를 마시는 것이 어떻게 최적의 건강을 달성하게 해주고, 체중감량에 도움이 되는지에 대해 청취자들과 공유했다.

이 모든 말 바꾸기는 쓸데없이 참견하는 할머니의 운전기사를 했던 일을 생각나게 한다. "저 신호등에서 왼쪽으로 가. 그렇지, 확실해. 잠깐만. 아니야, 오른쪽으로 가. 그렇지, 오른쪽. 이번에는 확실해." 우리가 모든 전문가의 조언을 다 듣는다면, 먹을 것이 하나도 없을 것이다!

의견의 차이는 있지만, 모든 전문가가 동의하는 한 가지는 먹는 음식으로 인해 우리는 건강해지거나 병든다는 것이다. 애석하게도 우리 같은 건강 지향적인 사람들에게도 음식을 고르는 일은 쉽지 않다. 식품 공급에는 부자연스러운 첨가물 · 충전제 · 농약 · 살충제 · 호르몬 · 인공색소 및 화학물질 등이 숨어 있다. 그러니까 먹는 것이 우리를 만든다면, 우리는 모조품이라고 할 수 있다! 심지어 유기농 채소가 자라는 땅도 이미 중요한 미네랄을 빼앗긴 상태다. '기회의 땅'이 병든 땅이나 과체중의 땅, 혹은 죽음의 땅으로 변한 것은 당연한 일이다.

대학 12년과 지속적인 평생교육 과정을 통해 나는 몇몇 최고의 선생님에게 가르침을 받았고, 그 지식을 실천에 옮겼다. 불행하게도 나는 소위 전문가에게 배운 대부분이 잘못됐다는 것을 알았다. 내가 보았을 때, 충돌하는 모든 의견뿐만 아니라 잘못된 정보에 책임이 있는 또 다른 두 범인이 있다. 바로 책과 편향된 연구다.

책

책이 지식의 주요 원천이라는 점을 감안했을 때, 책이 문제의 일부일 수도 있다는 말은 아마 받아들이기 힘들 것이다. 그러나 대학 교과서가 출판될 때 자료의 20%는 이미 쓸모없는 것으로 간주한다는 점을 유념해야 한다. 그렇게 많은 것 같지는 않다고? 『헝거 게임』의 마지막 77페이지가 사라졌다고 상상해 보라.

2003년 물리학 교수 존 휴비즈는 수십 개의 중등과학 교과서에 실린 정보가 정확한지 점검했다. 휴비즈와 그의 팀은 교과서에서 일관되지 않고 부정확한 정보를 너무 많이 발견했다. 심지어 교사용 지도서도 오류로 가득했다. 우리 아이가 잘못된 정보를 배우고 있음을 보여주는 조사였기 때문에 이는 매체의 폭넓은 관심을 받았다. 그 이후로 많이 달라지거나 하지 않았다. 대학 교과서도 부정확한 정보로 가득했다. 주교육위원회는 부정확성에 대한 불만을 접수하거나 불만 사항을 공개적으로 검토하는 절차가 없으며, 교과서 출판사에서 출판하고 있는 수백만 권의 교과서에 실린 잘못된 정보를 수정하라고 요구하지도 않는다. 교과서 저자 및 학계 평론가는 정확성을 검토하겠다는 내용의 계약을 하지 않으며, 오류가 있는 교과서를 만들었다고 벌을 받는 것도 아니다. 많은 교과서 출판사가 더는 미국 소유가 아니므로, 책 내용을 지시하기 어렵다.

우리는 임상의학자 · 과학자 · 저자 · 교사를 전문적 경지에 올랐다고 보는 경향이 있지만, 그들 대부분은 구식 정보가 실린 책으로 교육받았다. 의사가 가장 중시하는 책인『그레이의 해부학』은 이제 41판이다. 즉, 40판으로 공부한 의사들은 오늘날의 기준에서 뒤처지는 정보를 배웠다는 뜻이다. 끊임없이 변화하는 세상에서, 오늘 우리가 믿는 사실이 다음날엔 허구가 되기도 한다.

편향된 연구

과학자들은 종종 우리가 교과서에서 배운 기준 및 검증된 정보와 상충되고, 기삿거리가 될 만한 연구를 수행하곤 한다. 이로 인해 우리는 새로운 발견들을 알게 된다. 그런데 이것들은 과연 믿을 수 있을까? 조사에 의하면, 많은 과학적 연구가 객관적이지 않은 것으로 나타났다. 사실 많은 과학자가 로비스트들을 통해 거대 제약회사 · 거대 기업농장의 자금을 지원받는다. 당연히 그들의 연구는 자금을 대주는 회사에 유리하게 편향된다. 즉, 미국유제품협회의 자금을 지원받은 과학적 연구에서 우유가 건강에 좋다는 것을 입증한다면, 과연 그 연구 결과를 신뢰할 수 있을까? 그렇지 않을 것이다. 하지만 이런 재정적 지원에 대해 모르는 일반 대중의 입장에서는 그 조사 결과가 확실하지 않을 것이라고 짐작이나 할 수 있을까? 애석하게도 오늘날 몇몇 일류대학 연구원, 의사 및 과학자들의 이해관계에 있어서 약간의 충돌이 일어나곤 한다. 바로 돈 때문에.

조직들은 유리한 결과를 얻기 위해 과학자들에게 많은 돈을 지불한다. 이 기득권층은 권력을 갖고 있으며, 나는 이것을 돈판이라고 칭한다! 대학에서 연구를 위한 자금을 요구하는 것은 나쁜 것이 아니다. 돈을 받지 않고 일하는 사람은 없다. 하지만 누가 돈을 대주느냐에 따라 문제가 될 수 있다. 이 자금의 출처는 국립보건원 · 거대 제약회사 · 거대 기업농장과 여러 정당 등 다양하다. 종종 이런 기관에서는 과학자들을 고용해 그들의 제품인지, 아니면 경쟁사의 제품인지에 따라 이를 증명하거나 반증하는 수치를 만들어내라고 한다.

「플로스 의학」 전문지에 자금의 출처와 연구원의 연구 결과의 상관관계에 대한 흥미로운 연구가 실렸다. 연구팀은 영양 관련 기사 206건에 대한 과학적 연구를 분석한 후, 연구를 수행한 단체와 그 결과에 대한 상관관계를 조사했다. 결과는 정말 충격적이었다! 연구를 수행하는 단체가 결과에 대한 기득권을 갖고 있을 때, 제3자인 독립업체가 수행했을 때보다 4배에서 8배 더 우호적인 결과가 나왔다. '돈을 어떻게 쓸 것인지 결정할 권리는 그 돈을 내는 사람에게 있다.'라는 속담도 있듯이 말이다. 이 책을 쓰는 나의 목표 중 하나는, 당신이 쏟아지는 모든 정보를 판독해서 현명한 선택을 할 수 있도록 돕는 것이다.

무엇을 먹어야 하고, 무엇을 먹지 말아야 하는지 혼란스럽지만, 적어도 우리는 영양보충제로 부족한 것을 채울 수 있다. 의대에 다닐 때 나는 미국의학원에서 발표한 비타민과 미네랄의 하루 섭취 권장량(RDA)을 모두 외워야 했다. 나는 이 권장량에 맞추어 살았다. 1973년부터 1980년까지, 4세부터 성인까지의 하루 칼슘 권장량은 1천mg이었고, 나는 정확히 그만큼 먹었다. 그 후 1980년대에는 1,200mg으로 증가했고, 나도 이에 맞추어 칼슘 섭취량을 더 늘렸다. 1994년 1,200mg은 최적의 골량을 채우기에는 불충분하다는 연구가 있었다.

국립보건원은 하루 1,500mg으로 권장량을 늘렸다. 나는 덩달아 칼슘 섭취량을 늘렸다. 그 후 2008년, 「암 역학, 생물표지, 예방」 학술지에서는 혈액 속 칼슘 농도가 높은 남성이 전립선암으로 사망할 확률이 더 높다고 했다. 잠깐! 난 칼슘을 많이 먹고 있었어! 2년 후, 영국의학신문에서는 칼슘 보충제가 심장마비의 위험을 30%까지 증가시킨다는 종합적인 연구 결과를 발표했다. 확실히 이는 내가 대학 교재에서 배운 것은 아니었다! 내가 뼈를 튼튼하게 만들기 위해 복용한 보충제 때문에 심장마비와 전립선암으로 사망할 위험이 증가하고 있었다. 괜찮아. 난 이제 칼슘 보충제를 먹지 않으니까.

하지만 내가 잘한 일은 비타민 E를 먹고 있었던 것이다. 비타민 E 보충제를 매일 400IU(국제단위)에서 800IU까지 먹으면, 심혈관질환의 위험이 줄어든다는 의학연구가 있다. 매일 800IU를 먹고 있던 나에겐 놀라운 소식이었다.(이는 내가 복용한 칼슘으로 인해 발생하는 심장마비에서 나를 구해 준 것이다.) 이제 말을 바꿀 차례다! 2005년 「미국내과학회지」에 실린 존스홉킨스대학의 연구 결과에서, 비타민 E 보충제는 모든 원인에서의 사망 위험을 증가시킨다는 증거를 발견했다. 응?! 나는 비타민 E가 심장을 튼튼하게 해주고 수명을 연장시킨다고 배웠다. 그런데 이제 와서 이게 나를 죽이고 있다고?! 연구에 따르면, 비타민 E의 위험성은 시장에서 파는 대부분의 비타민 보충제의 용량인 400IU에서 시작한다.

다음 타자: 비타민 D. 이 비타민 D가 부족하면 구루병 · 암 · 심장병 · 우울증 · 체중증가 및 기타 많은 질병이 생길 수 있다는 연구가 있다. 비타민 D 결핍에 대한 인식을 높이는 과학자 주도 단체인 '비타민 D 위원회'에 따르면, 비타민 D가 자폐증 · 자가면역질환 · 만성통증 · 우울증 · 당뇨병 · 고혈압 · 독감 · 신경근 질환 · 골다공증을 치료하거나 예방하는 데 도움이 된다고 한다. 미국의학원에서는 성인을 기준으로 하루 800IU의 비타민 D를 섭취할 것을 권장한다. 이는 내가 복용하던 용량이었다. 물론 하나의 큰 딜레마가 있다! 연구원들은 비타민 D 과다복용시 암 발생 위험이 증가한다고 보고했다. 2006년 메릴랜드 록빌의 국립암연구소의 암 연구 보고서에서는, 비타민 D의 혈중 농도가 높으면 췌장암 발병률이 300%나 증가한다고 했다. 어디 보자. 한편으로는 비타민 D가 암을 예방해 주고, 다른 한편으로는 암을 유발시키기도 한다. 같은 해 뉴잉글랜드의학잡지에서는 뼈를 튼튼하게 만들기 위해 칼슘과 비타민 D가

함유된 보충제를 섭취하는 여성의 경우 신장결석의 위험이 증가한다는 연구 결과를 발표했다.

그리고 세상에서 가장 많이 팔리는 영양보충제인 비타민 C가 있다. 영양사 · 의사 · 과학자들은 건강하고 강한 면역체계를 위해서는 비타민 C가 필수적이라고 한다. 나는 전문가들의 말을 듣고 연구 결과를 살펴본 후, 친히 비타민 C 3천mg을 매일 복용했다. 누가 강한 면역체계와 장수를 원하지 않겠는가?

비타민 C 보충제의 최고 지지자는 라이너스 폴링 박사이다. 그는 화학자 · 생화학자 · 평화운동가 · 저자 · 교육자로서 활동을 하며 수많은 상과 명예를 얻었고, 유일하게 두 가지 다른 분야에서 노벨상을 수상한 사람이다. 하나는 노벨화학상이고, 또 하나는 노벨평화상이다. 폴링은 역사상 가장 영향력 있는 화학자 중 한 명으로 간주되며, 20세기 가장 중요한 과학자 중 한 명이다. 그는 비타민 C 1만 2천mg을 매일 복용했고, 비타민 C 과다복용이 암 예방 및 치료에 효과적이라는 연구를 발표하고 문서화했다. 폴링 박사는 장수했지만 1994년에 사망했다…. 사인은 암이었다.

그러자 이제 기만적인 말 바꾸기가 등장한다! 뉴욕주의 마운트시나이의과아이칸학교에서 실시한 연구에 따르면, 하루에 비타민 C 500mg을 복용하면 당신의 유전자와 자식에게 유전적 손상을 일으킬 수 있다고 한다. 좋다! 나는 면역체계를 위해 매일 3천mg의 비타민 C를 복용한다. 그리고 이것은 내 몸속 세포의 유전적 청사진인 DNA를 파괴하고 있다. 폴링의 연구를 따르는 의사들이 수십 년 동안 전한 감기 극복 비결은, 감기에 걸릴 것 같은 신호가 왔을 때 비타민 C의 양을 두 배로 복용하는 것이었다. 완벽한 타이밍! 세포가 가장 취약한 상태에 있을 때 그 세포를 손상시켜라.

혼란스러운가? 실망했는가? 나의 세계로 온 것을 환영한다.

이 책 『분별력 있는 식탁』에서는 팔레오식 · 지중해식 · 완전 채식 · 유전자 조작 식품 · 글루텐 · 설탕 중독 · 염분 섭취 등 과학적 사실에 기반한 올바르게 먹는 법을 알려줄 것이다.

사실, 유행, 오류

1980년대 중반 휴대전화가 출시된 직후, 연방항공국은 비행기가 이륙하기 전부터 착륙할 때까지 휴대전화를 계속 꺼두어야 한다는 엄격한 규정을 도입했다. 휴대전화의 무선 주파수가 조종석의 통신을 방해하고, 비행기의 항법 장치를 방해한다고 믿었다. 비행기가 1만 피트에 도달할 때까지 노트북, 킨들 전자책 단말기 및 아이패드를 사용하는 것조차 금지되었다. 나는 수년 간 비행기를 탈 때마다, 휴대용 전자 기기를 끄지 않은 승객과 승무원의 대치하는 상황을 많이 보았다. 비행 중 답답한 승무원이 어린 소년에게 "지금 게임을 꺼야 이륙할 수 있어요."라고 했다. 어린 소년은 "왜 슈퍼마리오 브라더스를 하면 비행기가 날 수 없는 거예요?"라고 했다. 그녀는 "그 게임 때문에 사고가 날 것이고, 모두가 죽을 수도 있기 때문이에요!"라고 했다. 몇 년 전, 나는 두 번이나 휴대전화를 꺼달라고 했지만 끄지 않아서 쫓겨난 사람 옆에 앉아 있었다.

2013년 10월에 규정이 변경되었으며, 미국연방항공국은 승객이 비행기 모드를 한 상태로 모든 비행 구간에서 스마트폰 및 휴대용 전자 기기를 사용할 수 있고, 전자책을 읽거나 게임을 할 수 있으며, 동영상도 볼 수 있다고 했다. 많은 국제항공사에서 승객이 전화를 하고, 문자를 보내고, 인터넷 검색을 하는 것을 허용한다. 잠깐만! 우리는 30년 동안 비행 중 휴대전화를 사용하면 비행기가 추락한다고 알고 있었는데 지금은 완전히 안전하다고?! 델타항공이 수십만 건의 전자적 상호작용에 대해 분석한 결과, 휴대용 기기에서 방출되는 주파수로 인해 유해한 영향이 없다고 결론지어 규정이 변경되었다.

나는 식품 및 식단, 영양 분야에서 수십 개의 유사하면서도 근거 없는 정보와 오류를 보았다. 오늘날 사람들이 진리라고 믿는 것이 사실 완전

거짓말이거나 증명되지 않은 이론이다. 나는 이런 잘못된 정보에 대한 돌파구를 마련해 줄 뿐만 아니라 그 돌파구를 마련하는 과정도 가르쳐줄 것이다.

먹거리 정치만큼 뜨거운 의견과 논쟁을 불러일으키는 주제는 없다. 잡식 · 초식 · 육식 식단에 관한 논쟁은 공화당 · 민주당 · 자유의지론자만큼이나 다양하다. 채식주의자는 고기 없는 식단이 최적의 건강과 장수 비결이라고 믿는 반면, 매우 유명한 팔레오 식단 지지자들은 우리가 원시 조상처럼 고기를 먹어야 한다고 말한다.

제1장에서 당신은 심각하게 왜곡된 우리의 역사를 기반으로 어떻게 이런 믿음이 생겨나는지 그 방식을 보게 될 것이다. 원시인은 묘사된 것과 달리 포식 사냥꾼이 아니었다. 사실 우리는 그들이 사냥감이었다는 것을 보여주는 증거를 탐구해 볼 것이다. 슈퍼 히어로이며, 크고, 강하고, 소고기를 먹는 육식성 원시인의 이미지는 축산업계(소고기 업계)에서 붉은 고기를 더 많이 팔기 위해 고안한 훌륭한 마케팅 창작물이었다. 이 책을 통해 나는 "조상들은 실제로 무엇을 먹었는가?"라는 300만 년 된 질문에 답할 것이다.

50년 넘게 존재한 음식에 대한 가장 잘못된 인식 중 하나는, 뼈를 튼튼하게 만들고 몸에 필요한 칼슘을 함유한 우유를 마셔야 한다는 것이다. 수십 년 간 정부와 낙농업계는 우유와 유제품의 건강상 이점에 대해 과하게 선전했지만, 사실 우유는 우리 몸에 좋지 않다!

우유 콧수염 광고와 달리, 우유는 뼈를 튼튼하게 만들어주지 않는다. 실제로 우유가 취약성 골절(골다공증)을 유발한다는 사실이 공정한 연구로 입증되었다. 우리는 어렸을 때부터 세뇌당해서, 크고 강하게 자라고 싶으면 우유를 마셔야 한다고 믿는다. 사실 우유를 마시는 아이가 중이염에 더 잘 걸리고, 알레르기 발생률이 높으며, 과체중일 가능성이 더 높고, 당뇨병의 위험도 더 크다. 인간은 우유 속 단백질인 다량의 카제인을 분해할 효소를 갖고 있지 않다. 카제인은 인간의 모유 속 단백질의 약 20%를 차지하지만, 우유는 인간이 분해할 수 있는 양보다 훨씬 많은 80%를 함유하고 있다.

그렇다면 정부는 학교 급식을 통해 왜 의무적으로 우유를 제공할까? 제2장에서, 나는 고름으로 가득 찬 제품(그래, 상처에 생기는 고름!)과 항생제 및 호르몬이 몸에 좋지 않은 이유에 대한 새로운 증거와 건강한 대안 식품을 제시할 것이다.

나는 정부가 생선은 미운 오리 새끼처럼 여기면서 어떻게 소고기와 우유는 정부의 생활 지침의 일부가 되었는지 궁금해졌다.(이렇게 편애하는 이유를 알아볼 것이다.)

우리는 특히 참치 · 고등어 · 청새치 · 오렌지러피 · 상어 · 황새치 등과 같은 생선을 먹으면 몸에 위험한 수은 독성이 생길 수 있다고 알고 있다. 확실히 여기서 뭔가 비릿한 냄새가 나지 않는가! 우리는 항상 물이 얼마나 오염되었는지, 생선을 먹는 것이 어떻게 건강에 대한 러시안 룰렛(회전식 연발권총에 하나의 총알만 장전하고, 머리에 총을 겨누어 방아쇠를 당기는 목숨을 건 게임) 게임이 되었는지를 항상 듣곤 한다. 먼저 지구의 70%가 물이며, 해양은 약 11km(1,234,044,312,000,000,000,000L)로 깊다! 기초화학 및 희석법을 감안해 보면, 해양은 지구 표면에서 발생하는 30%의 오염으로는 파괴되지 않는다. 또한 해양에는 유독성의 잔해와 오염물질을 먹는 팩맨 역할의 자급자족형 미생물이 살고 있다. 이 덕분에 2010년에 발생한 딥워터 호라이즌 기름 유출 사고가 난 영역에서 잡히는 물고기나 새우를 먹어도 안전하다.

수질오염 때문에 생선을 먹지 않는다면, 왜 오염된 땅에서 나는 음식은 먹는가? 오염은 인간이 사는 땅에서 발생한다. 업체 및 항공방제 · 훈증소독 · 집청소 제품 · 페인팅 용품 · 해충제 · 공장 · 트럭 · 기차 · 자동차 및 다른 환경오염물질 모두 땅과 공기 중으로 유해한 화학물질을 내뿜는다. 우리는 이 오염된 땅에서 숨쉬고 있다. 이는 결국 땅에서 나는 식물 · 과일 · 채소를 오염시키고 우리가 먹는 소 · 돼지 · 닭이 이것들을 먹는다. 오염된 음식에 대한 이야기를 할 때, 왜 항상 생선에 대한 주제가 나오는가?

생선의 수은 우려에 대해 말하자면, 해양은 우리가 믿는 것만큼 수은으로 층을 쌓은 오수 구덩이가 아니다. 제5장에서 나는 생선을 매일, 때로는 하루에 세 번 먹는 문화를 조사함으로써, 생선에 대한 유명하고 근거 없는 믿음에 대해 폭로할 것이다. 그들의 혈액에는 수은 독성이 없고, 전형적으로 건강상태가 좋다. 임산부는 특정 생선을 피하는 것이 좋은데 이는 '태아에게 유해한' 수은이 있을 수 있기 때문이라고 한다. 하지만 이를 뒷받침할 수 있는 믿을 만한 연구는 없고, 사실 증거는 정반대의 결과를 보여준다. 임산부가 주로 생선(대부분 참치)을 섭취하는 문화에서 태어난 아이는 그렇지 않은 아이보다 IQ가 더 높고 건강하다. 생선을 먹으면 오메가3 지방산이 생기는데, 이는 관절염이나 심장병과 같은 만성질환의 근본적인 원인이 되는 염증을 막는 데 필수적이다. 당신이 피해야 하는 종류의 생선은 양식장에서 자란 품종이다. 당신은 건강하고, 야생에서 잡히며, 자연친화적으로 자란 생선 구매 방법을 이 책을 통해 배울 수 있다.

먹어야 하는 것과 먹지 말아야 하는 것에 대한 혼란과 상충되는 의견이 있지만, 건강한 식단을 위해 과일과 채소를 먹어야 한다는 데는 대부분의 건강 전문가가 동의한다. 그러나 유전자 조작 식품이 아닌 식품, 유기농, 냉장식품, 실온에 둔 식품, 날음식, 조리 음식, 찐 음식 또는 주스와 같은 음식을 먹어야 하는지에 대한 의견 차이는 여전히 존재한다. 이런 문제에 대해선 제7장에서 다룰 것이다. 마지막으로, 음식에 대한 어떠한 책도 식단에 대해 잘 알려지지 않은 정보를 탐구하지 않고서는 완벽할 수 없다. 양배추 수프 다이어트부터 애트킨스 다이어트인 베이컨 먹기까지, 웨이트워처스 다이어트(Weight Watchers diet, 미국 뉴욕에 본사를 둔 다이어트 제품 및 프로그램 서비스 브랜드)에서 높은 점수를 받을 수 있는 수백 가지의 선택사항이 있다. 다이어트라는 단어는 '삶의 방식'을 뜻하는 그리스어 'diatia'에서 유래했다. 애석하게도 많은 사람들이 칼로리를 계산하고, 식사 대체용 셰이크를 마시며, TV에서 광고하는 새로 나온 체중감량 약을 몇 알 복용하는 것을 다이어트라 정의한다. 약물 복용은 진정한 다이어트가 아니라 단지 일시적인 결과를 가져올 뿐이다.

미국 인구의 3분의 2가 과체중이다. 오늘날 우리는 많은 다이어트 정보와 프로그램을 접하지만 계속해서 뚱뚱해지고 있다. 나는 요즘 유행하는 다이어트 법에 숨겨진 수많은 건강 위험요소를 밝히고, 살을 빼고 유지할 수 있는 쉽고 안전한 세 가지 효과적인 방법을 알려줄 것이다.

진실을 위한 DIG(Discovery, Instinct, and God)

우리는 상충되는 의견, 구식 책 및 편향된 연구로 가득한 혼란의 땅에서 벗어나야 한다. 나는 가치 있는 것과 해로운 것, 잘못된 정보와 명백한 거짓을 나만의 용어로 정리하고 싶었다. 그래서 진실을 밝힐 3단계 체계를 만들었다. 나는 이것을 DIG라고 한다. 발견(**D**iscovery), 본능(**I**nstinct) 그리고 신(**G**od).

당신이 DIG 체계를 적용하는 데 건강의 세계에 대한 사전지식은 필요 없다. 소크라테스식으로 생각해 보라. 당신은 과학(발견), 상식(본능), 창조의 청사진(신)이라는 세 가지 간단한 범주를 기반으로 스스로에게 질문하면서 경고 라벨, 성분 목록, 가치 있는 '결과', 포장 관행 등을 평가하는 법을 배우게 될 것이다. 전문가든 아니든 누군가의 도움 없이 식단에서 부족한 것을 보충하기 위해 먹을 것이나 마실 것을 스스로 선택할 수 있을 것이다.

먼저 DIG의 D를 살펴보자. D는 '발견'의 약자다. 발견은 전문가의 말을 듣거나 읽는 것 이면에 담긴 과학의 동의어이다. 그들은 결론이나 의견을 자주 바꾸지만, 공정한 연구를 기반으로 한 과학은 우리의 기초를 다져줄 뿐만 아니라 현재 가장 객관적인 시각을 갖게 해준다. 이 책에서는 인정받고 상호 검증된 훌륭한 학술지에서 발행한 연구들을 다룬다.

하지만 나는 아무리 연구가 정확할지라도 결과가 상식 밖이라면, 내 주장을 내세우기 위해 이를 완전히 의지하거나 하지 않는다.

그런 경우에는 DIG에서 '본능'을 뜻하는 I를 따라가 본다. 본능은 당신의 직감이 말하는 것이 안내서가 될 수 있도록 연결해 주고 그것을 믿도록 도와준다. 예를 들어, 따뜻한 곳에 사는 플로리다 주민들이 다른 도시의 주민들보다 성에제거기를 더 많이 산다는 연구가 있다면 본능적으로 믿기는가?

마지막으로, DIG의 G는 '신'이다. 이것은 우리가 창조의 청사진에 따라 사실을 해석할 때 그것을 확실히 할 필요가 있다는 것을 표현하는 방식이다. 신은 전능, 대자연, 천사, 무한한 영, 보편적인 생명의 힘 등 당신이 믿는 모든 것을 대표할 수 있다. 나는 우리의 몸과 마음이 어떻게 구성되어 있는지와 그것을 형성한 본질이나 실체에 대해 언급할 때 신이라는 단어를 사용할 것이다. 다른 사람들의 신념이 무엇이든, 나는 선천적으로 훌륭하게 설계된 몸에 대한 치유철학을 기반으로 한다. 우리 몸은 잘 자라고 건강하도록 설계되어 있다. 인체는 적응 · 번식 · 성장 · 치유하는 능력을 타고난 훌륭한 살아 있는 기계다. 모든 체내 세포는 당신이 먹는 음식의 영양분을 흡수해야 하기 때문에, 인체 어디서든 작용할 수 있다.

궁극적으로 DIG는 분리될 수 없는 하나의 공식이다. 결론을 내리기 위해서 이 세 가지는 함께 작용해야 한다. 발견에 본능을 더하고 신이 창조한 독특하고 복잡한 신체 설계와의 관련성을 확인하라. 셋 중 두 가지만 있을 수는 없다. 전부가 아니면 아무것도 아닌 것이다.

이 책의 모든 장에 DIG 방법을 적용할 것이다. 그리고 이 책을 다 읽은 후 당신은 배운 것의 유효성을 판단할 청사진을 갖게 될 것이고, 최적의 건강과 장수를 방해하는 식단 · 질병 · 기만에 관련된 사실들을 이해하게 될 것이다. 건강한 사람은 잘 아는 사람이다. 그리고 당신은 막 둘 다 되려는 참이다. DIG 해볼까? 그럼 시작해 보자.

원시인 식단

-우리의 건강은 방해받고 있다?-

갑자기 찾아온 극심한 복통 때문에 숙면을 취할 수 없어 몸을 구부정하게 구부린 채로 병원에 갔다. 당시 나는 22세로 대학교 3학년 중반 무렵이었다. 검사 결과는 급성맹장염이었다. 의사는 맹장에 염증이 생겼다고 설명한 후 이렇게 물었다. "데이비드, 붉은 고기를 많이 먹나요?" 의사는 나에게 왜 이런 질문을 했을까? 그는 채소나 닭고기, 혹은 달걀을 많이 먹었는지는 물어보지 않았다. 또한 피자를 얼마나 많이 먹는지에 대해서도 궁금해하지 않았다. 다만 붉은 고기를 많이 먹느냐고 물었을 따름이다. 나는 적어도 일주일에 세 번은 소고기를 먹는 소고기 애호가라고 말했다. 나중에 내 맹장을 제거할 의사에게, 내가 붉은 고기를 많이 먹는 것을 어떻게 알았는지 묻자 이렇게 말했다. "붉은 고기엔 섬유질이 없어서 너무 많이 먹으면 소화불량을 일으키거나 장에 염증을 유발할 수 있습니다."

몇 주 후, 나는 내 상태가 다시 좋아지는 것을 느꼈고 다시 원래 식단으로 돌아가려고 했다. 그런데 갑자기 궁금증이 생겼다. 만약 우리 몸이 붉은 고기를 소화하는 데 이토록 어려움을 겪는다면 우리는 왜 그것을 먹는 걸까? 30년 전, 나 자신에게 던진 이 질문은 내 평생의 직업적이고 개인적인 집착이 되었다. 나는 최상의 건강과 장수를 위해 우리 몸이 무엇을 섭취하고 소화시키며 처리하는지 알기 위해 평생을 바쳤다. 나는 연구를 위해 가장 먼저 내 식단에서 붉은 고기를 없앴다. 결과적으로 대학 3학년 말 즈음에는 4.5kg이나 체중을 감량했고, 더 많은 활력을 얻었고, 안색도 훨씬 더 좋아졌다. 중요한 것은 그 후로 단 한 번도 응급실에 실려 가지 않았다는 것이다.

나는 단순히 식단에서 특정 식품군을 없앤 결과를 확인한 뒤로, 섭취를 지양해야 할 또 다른 식품이 없는지 본격적으로 연구하기 시작했다. 먼저 전공을 저널리즘에서 의학으로 바꾸었다. 이것으로 자연 치유력과 같은 인체의 복잡성, 특정식품이 자연 치유력에 어떤 영향을 미치는지 더 많은 것들을 이해할 수 있었다.

나는 신경학 박사학위를 취득한 후 척추 전문의이자 자연요법 의사가 되었다. 치료의 본질은 최상의 건강을 되찾고 이를 유지하는 것이다. 이를 위해 나는 인체의 타고난 능력을 촉진시키는 데 초점을 맞추려고 한다. 의사로서 내 역할은 환자의 전반적인 생활방식에 깊이 들어가, 내외적 치유환경이 조성되고 유지되도록 도우면서 건강을 저해하는 장애물을 제거해 나가는 것이다. 내가 이 과정에서 가장 먼저 한 행동은 식단에서 붉은 고기를 없애고 긍정적인 부가작용을 경험한 것이었다. 이로 인해 인체의 자연 치유력에 대한 탐구와 질병의 본질 그리고 음식이 건강 · 태도 · 체중 · 수명에 큰 영향을 미친다는 것에 관심을 갖게 되었다.

나는 노스캐롤라이나에 병원을 개원했다. 그곳에서 병으로 좌절하고 혼란스러워하고 병든 환자들을 치료해 왔다. 환자들은 편두통에서부터 활액낭염, 좌골신경통에 이르기까지 일반적인 약으로는 낫지 않는 지병을 갖고 있었다. 어느 날 에릭이라는 환자가 만성요통을 호소하며 병원을 찾아왔다. 그 병은 내가 높은 성공률로 치료할 수 있는 병이었다. 하지만 다음의 특정 경우에서 본다면 나는 실패했다. 나는 치료를 위해 척추 견인부터 물리치료 그리고 운동까지 여러 가지 방법을 시도해 보았지만 그의 허리 통증은 심해져만 갔다. 통증이 너무도 심해 양말도 신지 못할 정도였다. 그는 고통을 도저히 참을 수 없어 수술까지 고려하고 있었다. 어느 날, 치료 도중 그의 배에서 꼬르륵하는 소리가 났고, 그 소리에 그는 치료 후 자신이 가장 좋아하는 스테이크를 먹으러 갈 것이라고 말했다.

"붉은 고기를 얼마나 자주 드세요?" 나는 내 질문의 역설을 충분히 인지하면서 그에게 물었다. 그는 대답했다. "거의 매일 먹습니다."

그것이 햄버거이든, 스테이크이든, 혹은 소고기 타코든 간에 붉은 고기는 에릭의 식단에서 큰 부분을 차지하고 있었다. 내가 대학시절 붉은 고기 섭취로 인해 맹장에 염증이 생겨 고통을 겪었던 것처럼, 붉은 고기가 에릭의 근육과 척추관절에도 염증을 일으키는 것일까? 나는 이 생각을 가설로 하여 그 이론을 시험 삼아 적용해 보기로 했다.

나는 먼저 그에게 "당신은 몇 주 동안 여기서 치료를 받아 왔는데도 증상이 전혀 호전되지 않고 있어요."라고 말했다. "포기하지 말고 2주간 도전해 봅시다. 당신이 약속을 잘 지켰는데도 증상이 호전되지 않는다면, 제가 개인적으로 전화해서 이 도시에서 가장 유능한 정형외과 의사에게 치료를 받을 수 있게 해주겠습니다."

그는 극심한 고통을 겪고 있었기 때문에 치료를 위해서라면 무엇이든 시도해 보려고 했다. 나는 그에게 2주 동안 소고기를 먹지 말라고 했고 그도 동의했다. 놀랍게도 2주 동안 나에게 치료를 받으면서 소고기를 먹지 않자 에릭의 허리 통증이 사라졌다. 2주 간 그가 바꾼 것이라고는 오직 식단뿐이었다. 나는 환자의 식단과 치료 능력에 직접적인 관계가 있다는 것을 알아차리는 데 그리 오래 걸리지 않았다.

어느 날, 건장해 보이는 스티븐이라는 환자가 찾아왔다. 그는 한 달 만에 약 12kg이 빠졌다! 스티븐은 단백질과 지방을 늘리고 탄수화물을 줄이는 애트킨스 다이어트 덕분에 벨트를 두 칸이나 더 당겨 착용하고 있다는 사실을 기뻐하며 말했다. 스티븐은 포화지방(나쁜 종류의)이 많은 스테이크와 베이컨을 매일 먹고 있었다. 붉은 고기를 먹으면서 탄수화물을 제한하는 스티븐의 새로운 다이어트가 건강에 좋아 보여도 여기에 속으면 안 된다.

몇 달 후, 후속 치료를 받으러 왔을 때 그의 상태는 좋아 보이지 않았다. 그는 계속 체중을 유지하고 있었지만, 몸이 약해지고 잠만 자고 싶다고 했다. 스티븐은 저탄수화물 고단백 식단이 이뇨효과를 일으켜 일주일에 약 4L의 수분(약 4kg)이 빠질 수도 있다는 사실을 몰랐다. 그렇다, 스티븐의 경우 수분이 가장 많이 빠진 것이다. 또한 신체가 포도당(혈당)을 에너지로 바꾸지 못하면, 대신 지방을 연소시켜 케톤이라는 화학물질을 만든다. 스티븐은 소고기 위주의 저탄수화물 식단 때문에 케토시스(ketosis, 케톤체가 혈액 중에 증가해서 오줌에 생성 · 축적된 상태) 상태가 된 것이다. 이 상태가 되면, 몸은 에너지를 빠르고 쉽게 얻는 탄수화물이 아니라 연소하는 지방에 의존하게 된다. 에너지를 얻는 데 있어 간은 이런 지방의 대사작용을 맡는데, 스티븐의 간기능이 이 식단으로 인해 과용된 것이다!

나는 이 사실을 스티븐의 전혈 및 소변검사와 CAT 스캔을 했던 내과 의사에게 알렸다. 검사 결과에 따르면, 그는 간에 영향을 미치는 염증으로 고통받고 있었다. 그의 C-반응성 단백질(CRP) 수치는 5.5(3.0 초과는 높다고 간주)였다. CRP 수치는 몸 전체에 염증이 있을 때 증가한다. 스티븐의 아스파르테이트 아미노전달효소(AST)는 90U/L(정상은 8U/L에서 48U/L)이었고, 알라닌 아미노전달효소(ALT)는 82U/L(정상은 7U/L에서 55U/L)이었다. 일반적으로 간내 세포의 염증이나 손상으로 인해 간효소가 높아진다. 스티븐은 술도 마시지 않는데 간이 좋지 않았다.

의사가 검사 결과를 검토한 후 던진 첫 질문이 "붉은 고기를 많이 드시나요?"였다고 한다. 다시 그 질문으로 돌아갔다. 그 의사는 간이 인체의 처리소라며 붉은 고기가 염증의 주원인이 되는 이유에 대해 스티븐에게 설명했다. 간은 사용하려는 단백질과 지방 같은 영양분을 지정하고, 단백질 분해로 인해 생긴 독소를 신장으로 보낸다. 하지만 붉은 고기를 너무 많이 먹으면 이런 간기능이 느려진다. 미국국립암연구소 학술지에 따르면, 붉은 고기는 만성간질환의 위험을 높인다고 한다. 스티븐은 붉은 고기를 매일 먹었기 때문에 간기능이 회복될 시간이 전혀 없었다. 그가 붉은 고기를 끊자 3개월 만에 혈중 농도가 정상으로 돌아왔다.

나는 신경조직(신경계 연구) 교수로서 인간 설계의 복잡한 청사진을 수천 명의 학생에게 가르쳤다. 인간의 뇌와 신경은 기관 · 근육 · 분비관(샘) 및 우리의 생식기관에 이르기까지 신체의 모든 것을 통제한다. 한 학생이 나에게 "프리드먼 선생님, 뇌와 신경이 신체의 모든 것을 통제한다면 뇌와 신경을 통제하는 것은 무엇입니까?"라고 물은 적이 있다. 흥미로운 질문이었다. 이런 질문은 한 번도 들어 본 적이 없었지만 나는 쉽게 답했다. 우리의 신경을 강화시키기도 하고 약화시키기도 하는 것은 음식이다. 우리가 먹을 수 있는 음식이든 아니든 간에 우리가 먹는 음식이 뇌 · 척수 · 신경계에 적합한 기능을 하거나 장애를 일으킨다.

음식 갈등

수십 년 동안 수많은 유행성 다이어트가 생겼다 사라졌지만 오늘날 가장 인기 있는 것은 팔레오 다이어트(즉, '원시인 다이어트')다. 그 인기가 여전히 식지 않고 있는 듯하다. 팔레오 다이어트 지지자들은 우리 조상이 그랬던 것처럼 음식이 화학물질이나 이상한 첨가물이 없는 본연의 상태일 때 먹어야 한다고 주장한다. 나도 동의한다. 또한 그들은 저탄수화물 식단이 농경기 전에 살았던 조상의 식단에 가깝기 때문에 현대인은 소고기나 돼지고기, 닭고기나 오리고기 등 육류 단백질이 풍부한 저탄수화물 식단에 유전적으로 적응했다고 한다. 인기 있는 애트킨스 다이어트는 '원시인 다이어트'는 아니지만 저탄수화물과 고동물성단백질을 촉진시킨다는 점에서 팔레오 다이어트와 유사하다. 케토제닉 다이어트가 점점 더 인기를 얻기 시작하고 있다. 이것은 사실 애트킨스 다이어트를 재현한 것이다. 이 식단은 탄수화물 섭취를 지방 섭취로 거의 완전히 대체한다는 것을 전제로 한다. 그것은 몸을 굶주린 상태로 만드는데, 이는 케톤증을 유발한다. 먼저 당분간은 애트킨스와 팔레오 다이어트 둘 다 고단백질을 권장한다는 점에서 붉은 고기가 매우 자주 등장하기 때문에 붉은 고기로 인한 건강문제에 초점을 맞추는 것이 중요하다. 심지어 가장 인기 있는 팔레오 다이어트 요리책도 크고 육즙이 많은 햄버거 사진을 표지로 사용한다. 다음으로 탄수화물에는 좋은 탄수화물과 나쁜 탄수화물이 있고, 고단백 식단은 당이 낮은 '좋은' 탄수화물 섭취를 허용하는 반면에 붉은 고기와 가공육을 많이 먹어야 한다고 부풀려 말하는 경향이 있다.

곡물 · 채소 · 과일 · 콩이 좋은 탄수화물에 속한다. 그렇다면 이런 음식이 조상이 살았던 곳에 풍부했다면 이것을 먹었다는 이론이 타당하지 않은가? 대신 네안데르탈인과 같은 현대 호모 사피엔스에 가까운 친척은 거의 전적으로 육식을 했다는 것이 일반적인 믿음이다. 선택권이 주어졌을 때 '원시인'은 채소 대신 콩과 사슴을 먹었을 것이라고 믿는다.

염증과 붉은 고기에 대한 나의 경험과 스티븐이나 에릭과 같은 환자로 확인한 명백한 결과를 바탕으로 원시인처럼 먹기로 결정하기 전에, 먼저 그들이 실제로 먹은 것이 무엇인지 살펴보아야 할 것 같다. 앞으로 우리가 상상했던 매머드를 사냥하고 고기를 찢는 조상에 대한 모든 것을 뒤집는 설득력 있는 과학적 증거에 초점을 맞출 것이다. 그런 지식으로 오늘날 현대 식단에 대한 지침을 마련할 수 있고, 최적의 건강을 달성할 수 있는 길을 만들 수 있다.

෴ 고기 대 사탕무

당신이 정말 조상의 식단을 따르고 싶다면 과일만 먹어야 한다. 약 2,400만 년에서 500만 년 전, 인류는 종자동물(주로 과일을 먹고 사는 동물)이었다. 실제로 호모 에렉투스의 조상 오스트랄로피테카인은 선사시대 과일로만 식단을 구성했다는 과학적 증거가 있다. 인간과 유인원이 구분된 후(750만 년에서 450만 년 전), 조상들은 초목과 소량의 동물도 먹기 시작했다. 치아의 탄소 동위원소 표시에 대한 연구에 따르면 주로 갈아놓은 과일, 채소, 관목, 나무를 포함한 다른 식물이 조상의 식단이었다고 한다. 250만 년에서 190만 년 사이에 비가 적게 오면서 과일, 채소 및 다른 식물도 풍부하지 않았다. 식물 기반 식단에 접근할 수 없는 이유는 과학자들이 이 기간 동안 조상들이 육식을 하기 시작했다는 가설을 세웠기 때문이다.

흥미롭게도 원시인은 식물이 부족한 시기에 동물을 먹었지만 침팬지와 고릴라의 조상은 결코 먹지 않았다. 우리와 가장 가까운 친척은 침팬지다. 사실 침팬지와 우리의 DNA는 1.6%밖에 차이나지 않는다. 침팬지는 사실 종자동물로 간주된다. 그들 식단의 95%가 식물이고 나머지 5%는 곤충, 달걀 그리고 새끼 동물이다. 그들은 다른 선택의 여지가 없는 경우에만 고기를 먹을 것이다.

침팬지의 손발은 발톱이 아닌 다섯 개의 손가락과 손톱이 있다. 그들은 지문과 마주 보는 엄지손가락이 있고 눈은 얼굴의 동일한 면에서 몇 인치 떨어져 있다. 그래서 인간처럼 거리 지각이 가능하고 3차원으로 볼 수 있는 것이다. 그들의 생식계(약 9개월의 임신기간)와 위 pH, 장 크기도 우리와 비슷하다. 침팬지는 우리처럼 이빨이 32개다. 그들은 인간을 제외하고 도구를 사용할 수 있는 유일한 종이기도 하다. 침팬지와 선사시대 원시인을 연결시킬 수도 있는 다량의 중요한 화석이 아프리카에서 발견되었다. 침팬지의 유전자는 판(Pan)이라고 하며 이것은 인간이 속한 아과인 사람아과(Homininae)에 속한다고 여겨진다. 미시간주 디트로이트에 있는 웨인주립의과대학의 생물학자들은 침팬지와 인간(현재의 판 트로글러디)의 혈통이 매우 유사해서 침팬지를 호모 트라글러다이트로 재분류해야 한다는 새로운 유전적 증거를 제시했다. 이렇게 되면 침팬지는 네안데르탈인과 마찬가지로 인간이 속한 인류속(genus Homo)에 속하게 될 것이다. 그러면 이런 질문이 생긴다. 과학자들이 인간과 침팬지가 매우 밀접하게 관련되어 있다는 것을 명백하게 증명했다면, 왜 그들은 우리에게 침팬지처럼 먹으라고 하지 않는가?

우리가 비슷한 식단을 할 것으로 생각한 조상은 DNA가 0.12%밖에 차이나지 않고 현대 인간과 밀접한 관련이 있는 20만 년에서 30만 년 전의 네안데르탈인이다. 질문에 답하기 위해 이 종에 대해 탐구해 볼 것이다. 우리 조상들은 무엇을 먹었을까? 네안데르탈인('원시인'이라고도 함)은 치명적인 사냥 창을 만들기 위해 나무로 된 화살대 끝에 돌을 붙였다. 하지만 구석기시대 조상들은 생물학적으로 육식을 할 수 있었을까, 아니면 단지 환경에 맞추어 혹은 생존을 위해 육식을 한 것일까? 선택권이 있었다면 동물성 식품과 식물성 식품 중 어떤 것을 선호했을까? 현대인이 유전적으로 육식성이라면 정확히 어떤 동물을 먹어야 하는가?

원시인은 사냥꾼이 아니다

원시인이 주로 육식성 사냥꾼이었다는 개념을 정말 믿는다면 우리는 그들의 식단을 따라야 하는데, 왜 소고기를 먹는가? 소는 풀을 뜯어먹는 온순한 동물이다. '야생에서 소를 사냥한다'라는 말을 들어 본 적이 있는가? 원시인이 생존을 위해 야생에서 사냥을 했다면 소가 아닌 여우 · 사자 · 호랑이 · 사슴을 사냥했을 것이다. 나는 야생동물 요리법을 알려주는 팔레오 다이어트 요리책은 아직 보지 못했다. 구글에 "사자를 어떻게 튀기나요?"라고 검색하면 결과를 찾을 수 없다.

[그림 1] 원시인을 묘사한 것(왼쪽) **대 실제 크기**(오른쪽)

원시인 - 사냥꾼?

크고 센 동물을 찔러 죽인 다음 시체를 어깨에 올려 옮기는 크고 강하며 야만적인 사냥꾼으로 원시인을 묘사한다. 만화나 영화에서 그들을 이런 식으로 묘사하지만 사실과는 거리가 멀다. 원시인은 사실 키가 작고 체격이 다부졌다. 실제로 키는 약 152cm 정도였다. 2010년 26개의 표본을 분석한 결과, 남성 원시인의 평균 몸무게는 약 78kg이었다. 여분의 지방이 열을 통합시키기 때문에, 그들의 몸은 추운 날씨에 맞추어 진화적으로 적응한 것이었다. 국립보건원에 따르면, 키 약 152cm에서 168cm에 몸무게가 78kg인 남성을 임상적으로 비만이라 하고, 키 약 183cm에 몸무게가 약 78kg인 사람은 이상적이라고 한다. 그렇기 때문에 확실히 키가 작고 다부진 남성이 매머드나 사자, 곰을 사냥하고 죽일 수 있을 정도의 속도와 지구력이 있는지에 대한 의문이 생긴다.

돌을 끝에 끼운 나무 창 화석을 발견한 과학자들은 네안데르탈인이 고기를 먹기 위해 동물을 사냥했다는 결론을 내렸다. 이 가설은 고고학자들이 날카로운 무기에 찔린 흔적이 있는 야생동물의 화석을 발견하면서 사실로 굳어졌다. 원시인들이 이 동물을 사냥하기 위해 무기를 만들었고, 따라서 그들은 분명 육식을 했다는 것이다.

사건 종결. 아니면 뭔가? 이 모든 이론은 정황 증거에 근거하고 있다. 나는 유죄를 입증하기 위해 용의자를 범죄 현장에 데려가는 것만으로는 부족하다는 것을 할리우드 법정 장면을 많이 보아서 안다. 동기가 있어야 한다.

원시인이 무기를 만들었다는 것은 확실하다. 하지만 동물을 죽이려는 의도가 있었는가? 아니면 주로 더 큰 동물과 다른 원시인에 대한 자기방어를 위해 만든 것이 아닐까? 그 키 작고 다부진 남성은 자신보다 다섯 배나 더 크고 이빨이 매우 날카로운 동물에게는 상대도 안 됐을 것이다. 키 약 213cm에 강철 팔을 가진 남성이라 해도 마찬가지다. 정말 야생동물에 대한 적대감이 있었을까? 세인트루이스에 있는 워싱턴대학의 인류학자들은 성인 네안데르탈인 화석의 피질을 분석했고, 그들의 두개골과 팔뼈에 일반적으로 골절과 외상의 증거가 있다는 것을 발견했다. 이것으로 매머드나 멧돼지, 호랑이 같은 동물을 사냥하다가 이런 부상이 생겼다는 가설이 생겼다. 하지만 만약 크고 전투적인 동물이나 사람이 공격해서 팔을 들어 방어하는 자세를 한 누군가와 네안데르탈인의 골절된 팔과 두개골의 부러진 앞 뼈가 같다면 어떨까? 골목길에서 누군가 당신을 공격했을 때 얼굴을 보호하기 위해 팔을 머리 앞에 들고 방어하는 것은 인간의 본능이다.

사냥을 하고 동물 고기 위주의 식단을 한 것이 원시인의 본능이라는 주장은 단순히 추측이 아닌가? 그렇다. 원시인의 뼈를 법의학적으로 분석해 보니 단백질 수치가 높았다. 연구원들은 이런 높은 수치가 고기를 먹었기 때문이라고 믿는다. 2000년 국립과학원 회보에 따르면, 네안데르탈인은 육지동물로 식단을 구성했고 식물이 주가 된 식단에서는 단백질을 중요시하지 않은 것처럼 보였다고 한다. 일부 전문가들은 빙하기에 큰 동물들이 다 죽어서 원시인의 식량이 없었다는 가설을 세우고, 원시인들의 고기에 대한 인지된 의존 때문에 큰 동물들이 멸종했다고 생각한다.

우리는 조상이 무엇을 먹었는지 정확히 알 수 있는 그들의 음식 일기를 볼 수 없지만, 몇 가지 현명한 결정을 내릴 수 있을 만큼 과학적 증거는 충분하다.

해부학 101: 채식주의자 혹은 육식동물?

원시인이 주로 육식성 식단을 구성했는지 알아보기 전에 실제 육식동물인 사자 · 호랑이 · 곰을 먼저 살펴보도록 하자. 이 동물들이 육식성이라는 사실에는 의심할 여지가 없다. 그래서 인간도 육식성인지 판단하려면 그들의 해부학적 구조와 우리의 해부학적 구조를 비교해야 한다.

입과 턱 비교

사자 · 호랑이 · 곰과 같은 육식동물은 머리 크기에 비해 입이 넓어서 먹이를 죽여 찢을 수 있다. 육식동물의 턱은 경첩관절과 유사하며 인간의 턱과 달리 앞이나 좌우로 움직이지 않는 반면 인간의 턱은 채소와 과일을 잘게 씹도록 자유롭게 움직일 수 있다. 육식동물이 턱을 닫으면, 날카로운 칼날 모양의 어금니가 서로 미끄러져 들어가 완벽한 가시가 되어 뼈에서 고기를 찢어낸다. 육식동물의 얼굴 근육도 인간의 얼굴 근육과 상당히 다르다. 육식동물의 얼굴 근육은 다른 동물을 산 채로 잡아먹기 위해 입을 여는 것을 방해하지 않도록 제한되어야 한다. 반면에 인간의 안면 근육은 입이 크게 벌어지지 않도록 복잡하게 되어 있다. 이것이 우리가 음식을 통째로보다 한입 크기로 먹는 것을 선호하는 이유이다.

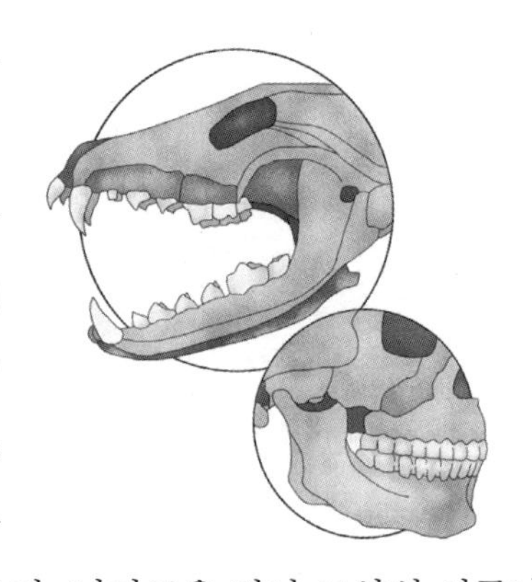

치아와 침 비교

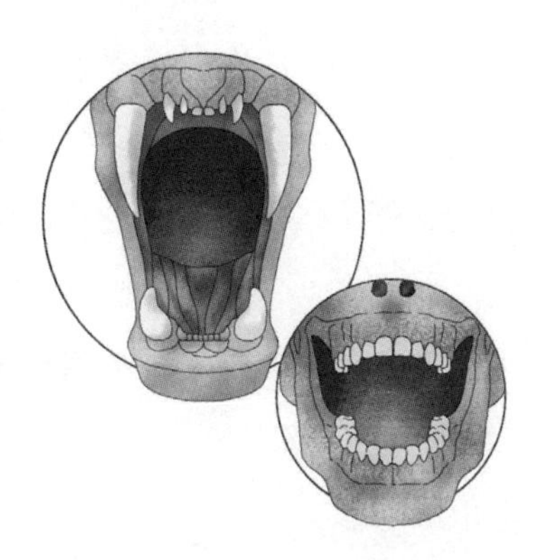

인간의 이는 주로 과일과 식물을 먹고 사는 침팬지와 유인원의 이와 매우 유사하다. 반면에 육식동물은 고기를 잡아 잘게 자르는 짧고 뾰족한 앞니가 있다. 그들의 송곳니는 길쭉하고 면도날처럼 날카롭기 때문에 먹이의 살을 찌르고, 찢고, 죽이기에 이상적이다. 그들의 뒤쪽 어금니는 가장자리가 들쭉날쭉한 삼각형으로 톱니바퀴와 같은 기능을 한다. 평평하고, 열매 · 과일 · 씨앗을 씹기에 좋은 인간의 앞니와 비교해 보라. 인간의 앞니는 평평해서 채소나 콩과 식물 같은 부드러운 재료의 껍질을 벗기고, 자르고, 씹는 데 이상적이다. 인간은 앞니 옆에 '견치'라고도 하는 송곳니가 있다. 몇몇 사람들은 우리가 고기를 먹는다는 사실에 송곳니가 그 증거라고 주장한다. 무엇보다 인간의 송곳니는 육식동물의 송곳니와 완전히 다르다. 말의 송곳니는 인간의 송곳니와 비슷하지만 고기를 먹지 않는다. 인간의 송곳니는 삼각형이고, 둔하며(날카롭지 않음), 주로 씹을 때 뒷니에 과한 힘이 실리지 않도록 힘을 분리하는 데 사용한다. 마지막으로 인간의 어금니는 평평하며 쌀 · 귀리 · 밀 · 보리와 같은 음식을 씹기에 좋다. 육식동물은 이빨에 동물 잔해가 끼면 안 되기 때문에 이빨이 따로따로 떨어져 있어서 치실 질을 하지 않아도 된다. 우리가 붉은 고기를 먹으면 동물 조직의 가닥이 이에 끼는데, 생선과 닭고기는 그렇지 않다.

우리는 음식을 가는 식도로 넘기기 전에 입에서 분해하지만, 육식동물은 식도가 크기 때문에 큰 동물 조각을 입에서 장으로 막힘없이 바로 넘길 수 있다. 우리는 붉은 고기를 완전히 씹지 않으면 삼킬 수 없기 때문에 고기가 식도에 남을 수도 있다. 음식이 목에 걸렸을 때 하임리히 요법(Heimlich maneuver, 약물 · 음식 등이 목에 걸려 질식 상태에 빠졌을 때 실시하는 응급 처치법)을 하는 주된 이유는 소화되지 않은 붉은 고기 조각이 내려가는 길에 걸려 있기 때문이다.

육식동물은 음식을 씹지 않는다. 그리고 그들의 침에는 인간의 침과 달리 소화 효소가 없다. 대신 그들은 먹이를 빠르고 게걸스럽게 먹는다. 그들은 인간과 달리 음식을 입에서부터 소화시키지 않는다. 왜냐하면 침에서 단백질을 소화하는 효소가 구강 내 소화를 일으키기 때문이다. 이러한 이유로 육식동물은 거대한 고깃덩어리를 물어뜯어 통째로 삼킨다. 인간의 침에는 탄수화물 소화 효소가 있어 입에서 음식 분자를 분해하기 쉽다.

위장과 대장 비교

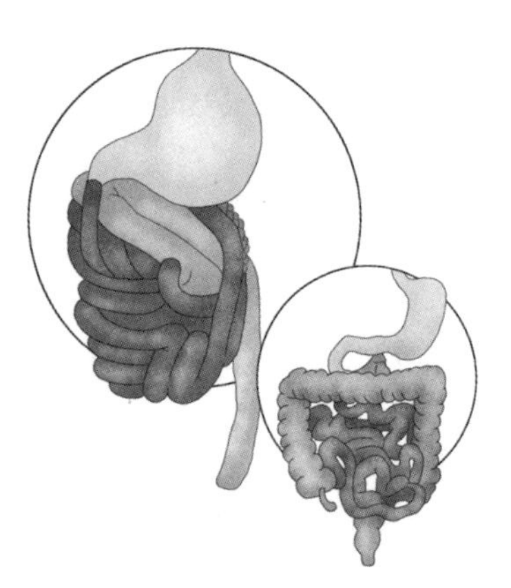

육식동물의 위 부피는 소화기관 총용량의 65%에 해당하고 인간의 위 부피는 전체의 23%에 불과하다. 육식동물은 평균적으로 일주일에 한 번만 먹이를 먹기 때문에, 그들의 위는 그 먹이를 빠르고 게걸스럽게 먹어서 가능한 한 많은 고기를 먹고 소화시킬 수 있는 더 많은 공간이 필요하다. 인간은 위가 작기 때문에 음식이 빨리 소화되어 몇 시간 만에 또 식사를 할 수 있다.

육식동물은 장관과 대장이 짧아서 부패한 고기가 병을 일으키기 전에 음식이 비교적 빨리 통과할 수 있다. 인간의 장관은 육식동물보다 훨씬 길다. 장이 길수록 몸에서 식품 기반 식물의 섬유질을 분해하고 영양분을 흡수하는 시간도 더 길어진다. 붉은 고기의 박테리아는 인간의 소화기관을 오래 통과하기 때문에 증식할 시간이 길어져서 식중독에 걸릴 위험이 커지는 것이다. 전형적인 서구식 식단에서 고기 속 단백질은 12g까지 소화되지 않은 채로 인간의 대장을 통과할 수 있다. 이런 소화되지 않은 입자는 대장 아랫부분에 부패를 일으키고 암모니아로 변해 독성이 될 수 있다. 이것이 우리가 대장암을 더 멸시하는 이유이다. 인간의 장은 길뿐만 아니라 주머니와 곡선도 있다. 붉은 고기는 이 구불구불한 길에 걸려 염증과 변비를 일으키며 이로 인해 대장암의 위험이 증가한다. 고기가 식물 · 과일 · 채소와 달리 장을 잘 통과하지 못하는 이유는 식물 기반 식품과 달리 섬유질이 아예 없기 때문이다. 섬유질은 창자에 빗자루처럼 작용해서 음식 찌꺼기를 쓸어내기 때문에 중요한데, 육식동물의 창자는 부드러워서 인간과 달리 섬유질이 필요없다.

손 및 발톱 비교

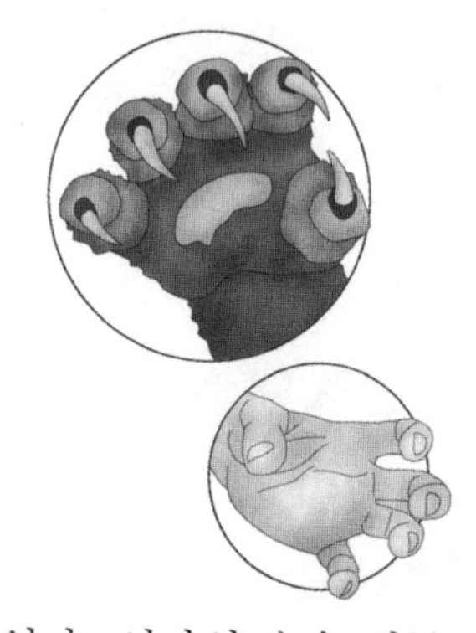

육식동물은 큰 발과 면도칼 같은 발톱이 있어서 먹이를 사냥하고, 쫓고, 잡을 수 있다. 호랑이가 다른 동물의 경정맥을 손톱으로 한 번 짧게 긁어 구멍을 내는 일은 흔하다. 반면 인간은 다섯 개의 손가락에 부드러운 손톱이 있다. 인간의 손은 식물 · 채

소 · 과일을 따기 위한 것이기 때문에 동물의 살과 가죽을 인간의 손으로 찢을 수 없다.

간 비교

육식동물의 간은 붉은 고기에 있는 지방을 분해하기 때문에 인간의 간보다 더 크다. 육식동물이 인간의 간을 가졌다면 모든 지방을 다 분해할 수 없어서 과체중으로 사냥 속도와 능력이 떨어질 것이다. 육식동물은 고기의 지방을 분해하기 위해 간에서 효소를 많이 생산하는데, 이는 모든 지방을 분해할 수 있을 정도로 강력하다. 게다가 동물 고기를 분해하기 위해서는 요산이 필요한데, 육식동물의 간은 사람이나 다른 초식동물의 간보다 10배나 더 많은 요산을 배출하는 능력이 있다. 인간이 육식동물만큼 소고기를 많이 먹을 수 있게 설계되어 있다면, 간은 소고기를 대사시키기 위한 효소와 요산을 생산할 수 있고 크기도 더 클 것이다. 이것으로 내 환자인 스티븐이 매일 소고기를 먹은 후 간이 오작동한 이유를 설명할 수 있을지도 모르겠다.

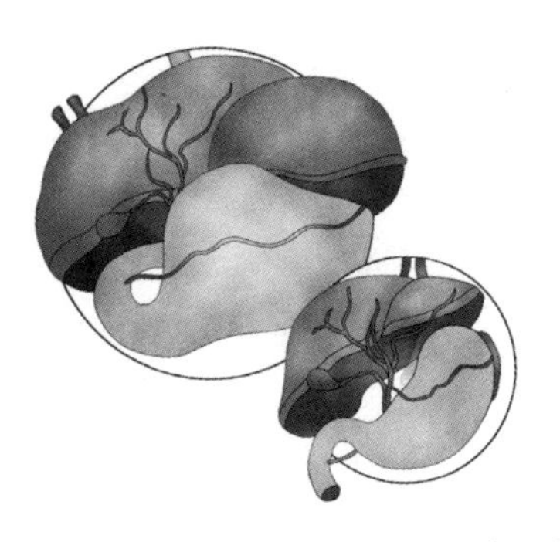

알칼리 대 산성

이제 pH를 살펴보자. 화학에서 pH는 수용액의 산도나 염기도를 측정하는 것이다. pH가 7 미만인 용액은 산성이며 pH가 7 이상인 용액은 염기성이나 알칼리성이다. 위 pH를 비교해 보면 인간은 식물 기반 식품을 소화하는 데 이상적인 5(알칼리성)이다. 육식동물의 위 pH는 1(매우 강한 산성) 정도다. 이런 산성 pH는 단백질 분해를 촉진하고 부패한 육류에서 종종 발견되는 위험한 박테리아를 죽이기 위해 필요하다. 살모넬라 · 대장균 · 캄필로박터 그리고 다른 기생충과 같은 병원균은 산도가 높은 호랑이 위에서 번식할 수 없다. 하지만 인간이 날고기를 먹는다면 이 병원균이 살아남아 병을 일으키고 심지어 죽을 수도 있다. 질병통제예방센터에 따르면, 평균적으로 매주 100만 명 이상의 미국인이 식중독에 걸리고, 그로 인해 매년 약 5천 명의 사람들이 사망한다고 한다. 미농무부에 따르면, 위험한 박테리아에 오염된 고기는 식중독의 70%를 야기하고, 연간 건강관리 비용은 29억 달러에서 67억 달러까지 든다고 한다.

지리학 논쟁

팔레오 조상들이 채식주의자였다는 것은 아니다. 어떤 문명에서는 육식을 했다. 적도 근처에 사는 사람들은 동물보다 식물을 더 많이 먹었을 것이다. 더 높은 위도에서 살고 식물을 보기 어려운 집단에서는 동물을 더 많이 먹었을지도 모른다. 화석을 분석한 과학자들은 석기시대 조상들이 단백질의 80%를 고기로 보충했고 식물성 식품은 소량만 먹었다는 결론을 내렸다. 수렵사회에서는 보통 단백질을 얻기 위해 동물의 장기 · 지방 · 골수까지 먹었다. 그러나 2012년 11월에 발표된 「미국자연인류학저널」에서는 이 이론이 틀렸다며, 조상들은 우리가 생각한 것만큼 동물성 단백질을 많이 먹지 않았다고 주장한다. 이 연구의 저자인 케임브리지대학 연구원 탐신 오코넬은 현대인들도 고단백 식단에 중독된 초기 조상들이 먹은 고기의 양만큼 먹는다고 한다. 단백질은 유일하게 질소가 있는 다량 영양소이다. 따라서 고고학자들은 원시인이 무엇을 먹었는지 알아내기 위해 화석화된 뼈 속 무거운 것에서부터 가벼운 것까지 모든 질소 동위원소의 비율을 측정했다. 인체는 원래 무거운 질소 동위원소를 더 많이 저장한다. 그래서 과학자들은 사람이 실제로 먹은 음식을 알아낼 때, 그 동향을 파악하기 위해 오프셋을 계산해야 했다. 이렇게 오프셋을 이용한 최근 연구에 따르면, 석기시대 조상들의 식단에는 단백질이 45%밖에 없었다고 한다. 이 단백질은 고기에서 얻은 것인가?

재러드 다이아몬드는 그의 책 『제3의 침팬지의 흥망성쇠』에서 어떻게 그가 석기시대의 기술과 습성을 가진 뉴기니 부족의 사냥에 관심을 갖게 되었는지 서술한다. 그날의 총 어획량은 아기새 2마리, 작은 개구리 몇 마리, 다량의 버섯이었다. 부족의 남성들은 종종 큰 동물을 잡은 것을 자랑스러워했지만, 자세히 살펴보면 그런 일은 드물다. 그리고 사냥꾼은 운이 좋아야 일생 동안 큰 동물을 겨우 몇 번 잡는다. 이 부족은 선사시대 유적지에서 발견된 석기도구보다 훨씬 더 발전된 사냥도구를 사용했다. 그렇기에 선사시대 사냥꾼들이 오늘날의 사냥꾼인 채집부족보다 성공률이 더 높을 것 같진 않다. 이것 또한 네안데르탈인은 새와 물고기 같은 작은 먹이를 포함해서 주로 식물 위주의 식단을 구성했다는 것을 증명한다.

1991년 오스트리아와 이탈리아의 국경인 하우스라요흐 근처 알프스 빙하에서 '아이스맨 외치(Ötzi the Iceman)'가 발견되었다. 그는 미라화되어 잘 보존되어 있었다. 5,300세의 외치를 네안데르탈인으로 여기진 않지만 네안데르탈인 유전체가 5.5% 있다는 DNA 분석 결과가 있다. 유전적으로 이들이 현대인보다 더 네안데르탈인에 관련이 있다는 것이다. 외치는 활과 화살과 함께 발견되었고, 동물의 가죽으로 만든 옷을 입고 있었다. 따라서 기원전 3300년경 사냥을 하다가 죽었다고 추정했다. 놀라운 것은 선사시대 사람에게 체모가 남아 있었다는 것이다. 모발 분석은 영양 성분을 분석해 사람들의 식단을 파악할 수 있는 객관적인 방법이다. 버지니아대학교 환경과학부의 스티븐 맥코 박사가 이 섬유를 분석했다. 외치 모발의 화학적 구성을 보면, 고기를 거의 먹지 않는 채식주의자라는 것을 알 수 있다. 일리노이주립대학 어바나샴페인캠퍼스의 스탠리 암브로스라는 또 다른 고고학자가 모발을 분석한 결과, 외치는 약 10%의 고기로 식단을 구성했다며 그들이 채식주의자라는 맥코의 주장을 뒷받침했다. 외치의 몸에서 발견된 소량의 고기는 염소였다. 외치의 치아는 곡물 과다 섭취와 고탄수화물 식단으로 인해 생기는 충치 때문에 상당한 내부적 쇠퇴가 있었다. 고단백질 식단을 했다는 주장과는 거리가 멀다.

『얼음 속의 남자』의 저자 콘라드 스핀들러는 외치가 사망하기 며칠 전에 충격적인 사건이 있었다고 한다. 외치의 어깨뼈에 화살촉이 박혀 있었다. 이로 인해 전문가들은 외치가 아마도 마을 습격의 희생양이었을 것이라는 결론을 이끌어냈다. 과학자들은 항상 고대 조상이 갖고 다니던 무기로 큰 동물을 사냥했다고 생각했다. 마치 위험한 사람들로부터 스스로를 지키기 위해 무기를 휴대한 것 같기도 하다.

심리적으로 말하기

자, 이제 육식동물과 인간의 심리적 차이를 탐구해 비교해 보자. 육식동물은 포식자이며 동물을 사냥하고 죽이고자 하는 선천적 욕구가 있다. 호랑이가 모피동물을 보면 본능적으로 공격하려고 한다! 인간이 이런 동물을 보면 공격하거나, 죽이거나, 먹기보단 사진을 찍으려고 할 것이다. 육식동물은 다친 동물을 보거나 피냄새를 맡으면 자극을 받는다. 반대로 대부분의 인간은 피나 살갗이 벗겨진 것을 보면 역겨워한다. 어떤 동물이 물어뜯겨서 무시무시한 비명을 지르면 대부분의 인간은 겁나서 움츠러들지만, 육식동물은 오히려 이 소리에 자극받아 공격하고 싶어 한다. 그렇다, 사람들은 붉은 고기를 먹지만 식료품점이나 정육점에서 피를 빼서 자르고, 손질하고, 깔끔하게 가공하고, 잘 포장한 상태에서 판매하지 않으면 외형과 냄새 때문에 불쾌감을 느낄 것이다. 반면에 하이에나가 죽은 동물을 발견하면 집어삼킬 기회만 노릴 것이다. 길가에서 죽은 동물을 보면 '맛있겠다! 차에 실어가야겠어.'라고 생각하는가?

고려해야 할 또 다른 심리적 요소는 육식동물이 굶주리면 본령을 발휘한다는 것이다. 이 굶주림 메커니즘으로 힘과 속도 및 집중, 정확성이 활성화된다. 사람의 경우는 완전히 반대다. 사람이 배가 고프다고 동물을 사냥하기는 어려울 것이다. 굶은 남성은 약해지고 속도와 집중력이 떨어질 것이기 때문이다. 인간이 굶으면 신체적 능력이 저해되지만 육식동물에게는 사냥을 하도록 박차를 가한다.

인간이 위장복을 입고 곰, 사슴 또는 엘크를 사냥할 때 동물을 죽인 후엔 무엇을 하는가? 육식동물처럼 걸신들린 듯 먹진 않는다. 사냥꾼은 시체를 트럭으로 옮기는 대신 집에 가져가서 씻기고 털 · 가죽 · 피를 다 제거한 후 요리한다. 사냥꾼이 육식동물처럼 야생에서 고기를 먹으면 병에 걸리고, 어쩌면 죽을 수도 있다. 육식동물의 경우는 완전히 반대다. 그들이 조리된 고기를 먹으면 병에 걸리거나 죽을 수도 있다. 심지어 '사육된' 서커스 사자도 굶어죽지 않기 위해 날고기를 먹어야 한다.

동물을 대상으로 날것과 조리된 음식에 대한 큰 규모의 연구를 프란시스 마리온 포텐저 박사가 고양이 900마리로 수행했다. 10년에 걸친 연구에 따르면, 날음식이 육식성 고양이에게 장점이 있다는 극적인 발견이 있었다. 이 실험에서 날고기를 먹은 고양이는 매년 병이 없고 조기사망하지 않는 건강한 새끼고양이를 낳았다. 같은 고기지만 조리된 고기를 먹은 고양이는 심장병 · 암 · 폐렴 · 신장 · 갑상선 질환 · 치아 손실 · 관절염 · 출산 장애 · 설사 · 간 문제 및 골다공증이 발생했다. 역설이 생긴다. 날고기는 인간에게 위험하고 조리된 고기는 육식동물에게 위험하다. 사슴이 산불로 인해 탄다면 육식동물은 이를 먹지 않을 것이다. 육식동물은 조리된 고기를 먹지 않기 때문이다.

「미국심장병학회지」의 편집자인 윌리엄 클리포드 로버츠는 "인간이 수렵채집활동을 했던 수천 년 전, 물자부족시대의 식단에는 고기가 조금 필요했을지 모르지만 지금은 필요하지 않습니다. 우리는 자신이 육식동물이라 생각하고 그렇게 행동하지만, 인간은 원래 육식동물이 아닙니다. 동물 고기에는 본래 초식동물인 인간에게 좋지 않은 콜레스테롤과 포화지방이 있기 때문에, 식용을 위해 그들을 죽이면 결국 그들이 우리를 죽게 만듭니다."라고 요약한다.

선사시대 사람들은 대부분 채식주의자

선사시대 사람들이 대부분 채식주의자라는 고고학적이고 과학적인 증거가 있다. 식물 · 과일 · 채소 및 콩과식물을 구할 수 없을 때만 고기를 먹었을까?

진짜 원시인 식단

현대 기술의 발달로 조상들의 식단을 이해하기가 쉽다. 2010년 11월 12일 「국립과학원회보」에서 발표한 자료에 따르면, 화석화된 식물 및 채소가 원시인의 치아에서 조금 발견되었고, 그중 일부는 조리된 상태였다고 한다. 치아에서 발견된 작은 조각 중 육류는 없었지만 식물 · 보리 · 콩 · 뿌리 · 덩이줄기 및 대추야자가 있었다. 팔레오 식단 지지자들은 조상들이 먹지 않은 음식은 배제해야 한다고 말하면서 곡물과 콩을 포함시킨다는 것은 흥미로운 일이다. 원시인들이 단백질이 풍부한 콩을 먹었다는 사실이 화석으로 입증되었기 때문에, 그들이 오직 붉은 고기로 식이단백질을 얻었다는 가정은 더는 확실하지 않다. 네안데르탈인이 가끔 붉은 고기 · 생선 · 닭, 심지어는 달걀을 먹었다는 과학적 증거가 있지만 그들의 식단은 주로 식물을 기반으로 한다.

워싱턴 D.C.에 있는 스미소니언국립자연사박물관의 돌로레스 피페르노 박사는 다음과 같이 말했다. “네안데르탈인은 자신의 지역환경에서 구한 다양한 식물성 식품을 부분적으로 요리해 네안데르탈인의 식이체제의 전반적인 품위를 더하면서 소화가 용이한 식료품으로 변형시켰습니다." 그렇기 때문에 키가 작고 다부진 체격의 프레드 플린스톤이 오늘날 살았다면, 그는 아마 스테이크 하우스를 지나쳐 무한리필 샐러드바로 갈 것이다.

대학시절에 던진 질문을 시작으로 인간은 육식동물과 같은 식단을 할 수 없게 태어났다는 것을 알게 되었다. 더 중요한 것은, 원시인 조상들은 그렇게 생각하지 않았다는 것이다. 식료품점 · 포장 · 냉장 · 기술 및 농업혁신으로 현대인은 소고기 · 돼지고기 · 유제품 및 달걀에 끌리게 되었다. 이런 식품군의 영양상 혜택이 있는가? 우리는 음식과 영양에 대해 어떤 것을 알 수 있으며, 어떻게 질병을 예방하는 선택을 할 수 있는가? 앞으로 파헤쳐서 알아내고자 한다.

DIG

D(발견): 치아, 뼈 및 미라화된 모발을 법의학적으로 분석해 보면 조상들은 소량의 동물성 식품도 먹되, 주로 식물 기반 식단을 했다는 것을 알 수 있다.

I(본능): 다친 동물과 피냄새는 육식동물을 자극한다. 살갗이 찢겨 울부짖는 동물의 비명소리는 육식동물에게는 공격 본능을 자극하는 소리다. 인간이 주로 육식성 식단을 하도록 태어났다면 왜 이런 것에 혐오감을 느끼는가?

G(신): 인체해부학을 분석해 보면, 우리는 고기가 많은 식단에 빠지지 않도록 설계되었다는 것을 알 수 있다. 인간의 치아, 타액, 위 pH, 대장 및 간 크기로는 다량의 고기를 먹고 소화하기가 어렵다. 인간의 치아, 손, 소화계는 우리와 가장 가까운 친척인 침팬지와 동일하다. 침팬지가 곰 · 사자 · 사슴 또는 암소를 먹는가? 아니, 먹지 않는다.

우유

-몸에 좋은가?-

"우유는 송아지에게만 자연이 준 완전식품이다."

마크 하이만

한 환자가 보도블록에서 내려올 때 허리가 아팠다며 병원을 찾아왔다. 엑스레이 결과, 허리 아래쪽에서 골다공증이 진행 중이었고 심한 압박골절도 있었다. 엑스레이를 보여주자, 그녀는 매일 우유를 두 잔씩 마셨기 때문에 뼈가 쉽게 부서질 리가 없다고 했다. 이 환자처럼 수백만 명의 사람들은 '뼈를 튼튼하게 만들려면 우유를 마셔야 한다!'라고 알고 있다. 어쨌든 우유는 칼슘이 풍부해 치아를 튼튼하게 해주고, 심장을 건강하게 해주며, 약하고 부서지기 쉬운 뼈(골다공증)를 지켜준다. 사실 이 말은 틀렸다. 우유로 콧수염을 만들며 홍보하는 광고에서 숨기는 정보가 있다. 이 장에서는 그 정보에 초점을 맞출 것이다.

1. 살균유는 칼슘이 풍부하지 않다. 저온살균의 최악의 부작용 중 하나는 원유에 든 대부분의 칼슘이 불용성이 된다는 것이다.
2. 우유의 필수 성분 중 하나라고 선전하는 비타민 D는 딱히 이점이 없다. 우리는 나중에 인간의 혈중 비타민 D 수치가 우유와 같은 음식 원료의 영향을 거의 받지 않는다는 것을 연구로 알게 될 것이다.
3. 우유는 성인 10명 중 8명에게 유제품 섭취와 관련 없는 증상을 일으키는 가장 흔한 알레르기다. 우유에 대한 과민반응과 알레르기는 영아돌연사증후군의 한 요인이기도 하다.
4. 우유를 마시는 아기는 모유수유 중인 아기보다 설사 관련 합병증으로 인해 사망할 가능성이 14배 더 높으며 폐렴으로 사망할 가능성이 4배 더 높다.
5. 우유는 노화를 진행시키고 뼈를 약화시킨다.

우유에 대한 변호

내가 우유를 반대하냐고? 전혀 아니다. 나는 지구상에 있는 모든 포유류가 유아기에 모유를 먹어야 한다고 생각한다.

유아기의 우유 우리는 다른 동물의 우유를 성인이 되어서도 마시는 유일한 종이다. 코끼리의 성인 침팬지 유모나 말의 다 큰 고양이 유모를 본 적이 있는가? 없다! 이건 너무 부자연스럽기 때문이다. 다른 모든 포유동물은 출생 직후 짧게 자식에게 모유수유를 한다. 일단 그들이 젖을 뗀 후에는 결코 다시 우유를 마시지 않는다. 사실 성인기에 우유를 마시는 종은 전 세계적으로 없다. 그렇다면 왜 미국의 보통 성인은 연간 약 80L(약 82kg)의 우유를 마시는가?

종-특정 우유 특정한 종이 생산하는 고유한 특성을 가진 우유는 어린 포유류에게 필요한 영양분이다. 젖소는 송아지에게 호르몬 · 단백질 · 효소 및 항체를 제공해 질병을 예방하고 그 종의 특정한 신진대사와 성장을 도와준다. 마찬가지로 인간의 어머니도 아이에게 이런 종 특정 성분을 제공한다. 예를 들어, 카제인은 소젖에서 발견되는 주요 단백질이다. 이 단백질은 약 45kg의 아기송아지를 약 907kg의 소로 자라게 한다. 평균적인 인간 아기의 체중은 약 3.6kg 미만이며 약 77kg의 성인으로 자란다. 여기에 상식적인 질문을 하나 하겠다. 당신은 오토바이 연료에 로켓 연료를 사용하겠는가? 왜 거대한 크기의 젖소 연료를 인간의 몸 안에 넣는가?

유아에게 모유가 필요하다는 것은 과학으로 증명되었다. 모유수유를 하지 않은 아기는 태어난 첫 해에 입원할 위험이 10배, 폐렴의 위험이 60배 더 높으며, 행동 및 언어장애가 있거나 IQ가 현저히 낮을 수도 있다. 천식 · 알레르기 · 소화장애 · 감염 · 제1형 당뇨병 · 습진 그리고 후년에 림프종 및 백혈병 발병 위험과 비만의 위험도 더 높다.

역설적이다. 인간의 모유로 많은 건강문제를 예방하지만, 우유는 이런 건강문제를 발생시킨다. 1800년대 중반 비상상황(어머니가 출산시 사망한 경우) 발생시 모유 대신 우유를 마셨다. 그 결과, 대부분의 유아가 사망했다. 우유의 단백질 함량이 높을수록 유아의 신장에서 수분이 빠지기 때문에 탈수증이 생긴다. 한 세기가 지난 1994년, 「란셋(The Lancet)」은 계속 우유 때문에 아기가 죽는다고 보도했다. 연구원들은 다음과 같이 말한다. "우유를 먹는 아기는 모유수유 중인 아기보다 설사와 관련된 합병증으로 사망할 가능성이 14배 더 높았으며 폐렴으로 사망할 가능성이 4배 더 높았습니다. 우유에 대한 과민반응과 알레르기로 인해 유아가 사망합니다."

사망 등의 부작용 때문에 단백질 농도를 크게 낮추기 위해 우유와 설탕을 희석시켜 물을 첨가한 유아용 분유가 개발되었다. 소가 원래 마시는 우유와 살균되지 않은 우유를 아기가 마시면 감염으로 사망할 수 있는데, 이는 살균되지 않은 우유에 송아지만 견딜 수 있는 높은 수치의 위험한 박테리아가 있기 때문이다. 송아지가 인간처럼 살균된 우유를 마시면 60일 이내에 죽을 것이다. 왜냐하면 생존에 필요한 대부분의 영양분이 가열 과정에서 바뀌기 때문이다.

곰곰이 생각해 봐야 할 것이 있다. 입원으로 수혈을 받아야 하는 상황에서 소의 혈액을 선택할 수 있다면 어떤 생각이 드는가? 생각할 필요가 없다. 그렇지? 왜 그럴까? 소의 혈액 성분은 다른 목적으로 사용되고, 인간의 혈액에 있는 적혈구 · 백혈구 · 효소 · 항체가 없다는 것에 본능적으로 반기를 들기 때문일까? 그렇다면 왜 우유를 마시는가? 왜 당신의 본능이 개입하지 않는가? 개념은 같지만, 소 정맥에서 나오는 액체가 당신의 몸으로 들어가는 대신 그들의 젖꼭지에서 나온 호르몬 분비물이 당신의 몸으로 들어간다.

몇 년 전 나는 탁아소 직원이 내 환자의 아기에게 다른 사람의 모유를 먹였다는 경악스러운 이야기를 들었다. "세상에, 프리드먼! 역겨워요!" 그녀는 말했다. "고소할까요? 우리 아기가 저 모유 때문에 아프면 어떡하죠? 저 아주머니가 세균이나 질병이 없다는 걸 어떻게 알아요? 약을 복용 중이었으면 어쩌죠? 습관적으로 불법 마약을 하거나 알코올 중독 환자면 더 최악이에요!" 그녀는 너무 심란해서 지역신문 편집인에게 글을 보냈고, 탁아소를 거래개선협회에 보고했다. 그녀가 그렇게 화를 낼 일인가? 그녀의 아기는 완전히 낯선 사람의 모유를 먹었다.

이상한 점이 있다. 그녀는 우유를 큰 잔에 마시거나, 큰애가 먹는 시리얼에 부은 우유에 대해서는 두 번 생각하지 않는다. 왜 그건 '역겨운 것'으로 간주하지 않고 받아들이는가? 동물의 배설물에서 나온 우유를 마시는 것은 역겹다. 나는 아이가 먹은 모유가 그녀의 대변에 있는 것이라고 생각하지 않는다. 많은 소의 젖통에는 출혈중인 궤양이 있지만, 그녀의 젖꼭지에는 없었다고 장담한다. 그녀는 그날 분명 샤워를 했을 것이다. 소는 절대 샤워를 하지 않는다.

왜 사회는 동물의 우유를 마시고 우리 아이가 마셔도 아무 문제없다고 세뇌시키는가? 왜 우유를 약물이나 불법 마약 또는 세균이 없는 순수 제품이라고 생각하는가?

우유 콧수염과 미디어

10억 달러짜리 질문을 하려고 한다. 우유가 건강에 해롭다면 왜 언론에서는 엄청나게 좋은 음료라고 광고하는가? 수요와 공급에 대해 들어보았는가?

낙농업은 몇몇 매우 큰 조직으로 구성되어 있다. 미국낙농업자협동조합에 따르면, 1년에 약 281억kg의 우유를 생산하고 80억 달러의 순이익을 내는 농부가 1만 6천 명 정도 된다고 한다. 그리고 전미유제품협회가 있다. 이 협회는 우유 캠페인으로 어린이의 건강과 웰빙을 증진하는 데 주도적 역할을 하는 조직과 협력한다는 강령이 있다. 미국유제품협회와 전미유제품협회(ADADC)는 흥미로운 목표가 있다. 기업 웹사이트를 살펴보니 확실한 동기가 금방 보였다.(강조를 위해 굵은 글씨를 사용했다.)

강령: "ADADC는 **유제품 판매 및 수요 증대를 목적으로** 낙농가가 자금을 지원하고 감독한다. ADADC는 유제품관리업체(유제품 홍보 기업)와 긴밀히 협력해 **미국산 유제품에 대한 수요를 증가시키고 있다….**"

목적: 미국의 낙농가를 대신해 미국의 유제품 및 재료 **판매와 수요를 증가시킨다.**

역할: **유제품 시장을 키우기 위한 기회를 극대화할** 지식을 쌓고 적용하기 위해 선도적인 노력을 기울이고 지도자 및 혁신자와 협력한다.

비전: 진보적 사고를 위해 적극적으로 새로운 기회를 모색하고 **유제품 시장을 강화하기 위한** 최첨단 프로그램을 도입한다.

그러니까 ADADC의 임무 · 목적 · 역할 · 비전은 오직 돈 버는 것에만 집중한다. 판매 증가, 강세시황 구축(본질이 아님) 그리고 그런 시장을 확장하기 위한 기회의 극대화라는 동기를 장황하게 표현한다. 왜 인도적인 강령은 없는가? 가난한 사람들에게 음식을 주는가? 뼈와 근육을 튼튼하게 하거나 체중을 감량하는 데 도움이 되는가? 이런 유제품 광고는 광고대행사가 맡고 있다. 오직 소만 젖을 짜는 것은 아니다.

유제품 – 뼈가 없다

노년층의 주 사망 원인 중 하나는 고관절 골절인데, 이는 유방암 · 자궁암 · 자궁경부암의 복합 위험보다 더 흔하다. 전 세계적으로 골다공증성 골절이 3초마다 발생하는 것으로 추정된다! 50세 이상 여성 2명 중 1명, 남성 8명 중 1명은 골다공증과 관련된 골절을 겪는다. 고관절이나 다리뼈가 골절된 65세 이상의 75%는 90일 이내에 사망한다. 많은 사람들이 우유의 칼슘 덕분에 뼈가 튼튼해진다고 믿는다. 실제로 젖소에서 갓 짠 우유를 마시면 유용한 칼슘을 조금 얻을 수 있다. 그러나 우유병에 담기 전에 살균작용이라는 가열 과정을 거치면서 유해한 박테리아를 파괴해야 한다. 당신이 식료품점에서 사는 대부분의 우유는 280도까지 가열하는 초저온살균 처리를 한 것이다. 우유가 과도한 열에 노출되면 해로운 박테리아가 죽지만, 칼슘 함량에 악영향을 주어서 인체에 쓸모없는 미네랄이 생긴다. 미국에서는 저온살균되지 않은 (생)우유 판매를 금지했다. 하지만 생우유를 마실 수 있다면 어떨까? 가열되지 않은 우유는 뼈를 튼튼하게 해주는 좋은 칼슘 공급원이 될 수 있는가? 해답을 찾기 위해 소가 그들의 크고 튼튼한 뼈를 위한 칼슘을 어디서 얻는지 스스로에게 물어보라. 바로 그들이 먹는 식물과 곡물에서 얻는다. 식물성 칼슘은 소가 칼슘을 흡수하고 사용하기 위해 필요한 미네랄인 마그네슘도 풍부하다. 적당량의 마그네슘이 없으면 칼슘은 사람뿐만 아니라 소에게도 쓸모가 없다. 그래서 생우유나 저온살균된 우유를 마신 경우 마그네슘이 몸에 흡수될 만큼 충분한지 확인해야 한다.

많은 영양학자들은 뼈를 튼튼하게 만들기 위해 영양보조제로 칼슘

2, 마그네슘 1의 비율을 권장한다. 이것이 대부분의 영양보조제에 칼슘이 66%, 마그네슘이 33%인 이유이다. 식물계에서는 비율이 1:1에 더 가깝다. 우유 속 칼슘 비율은 9:1(칼슘 90%, 마그네슘 10%)이다. 이는 칼슘이 뼈에 흡수되어 사용되는 것에 비해 마그네슘의 양이 불충분하다는 뜻이다.

인간의 모유는 어떤가? 사실 칼슘 91%, 마그네슘 9%로 우유보다 마그네슘이 약간 적다. 즉, 모유에는 유아가 가진 뼈를 만드는 칼슘을 적절히 활용하는 데 필요한 마그네슘이 충분하지 않다는 뜻이다. 왜냐하면 인간은 우유에서 칼슘을 얻지 못하기 때문이다. 소의 경우도 마찬가지다. 우리도 소처럼 식물에서 칼슘을 얻어야 한다!

우리는 비율이 완벽히 균형잡힌 식물에서 칼슘과 협력자인 마그네슘을 얻을 수 있다. 아몬드 · 호박 · 참깨 · 시금치와 같은 식품은 마그네슘과 칼슘의 비율이 거의 완벽하게 1:1이다. 이는 뼈를 만드는 두 파트너가 맡은 임무를 다할 수 있는 비율이다. 우유가 살균처리됐든 안 됐든 우유에는 마그네슘이 거의 없기 때문에 뼈를 튼튼하게 하는 데 도움이 되지 않는다.

모유는 아기에게 필요한 모든 영양소를 제공해야 하는데, 왜 아기의 뼈에 필요한 마그네슘과 칼슘의 균형이 완벽하지 않은가? 좋은 질문이다. 답을 알기 위해 인체해부학 101에 대해 이야기하고자 한다. 신생아는 완전히 골화된 뼈가 없다. 신생아의 뼈는 자궁에서 부드러운 연골 상태이고 대부분의 뼈대는 출생 후에도 여전히 물렁뼈이다. 아기의 정수리를 만져본 적이 있으면 '부드러운 부위'라고 느꼈을 것이다. 이것은 성장판이다. 아기는 모든 뼈에 성장판이 많다. 연골이 발달하면서 골아세포라는 작은 세포가 연골의 안쪽을 따라 형성되기 시작한다. 아기의 팔과 다리, 심지어 척추골까지도 연골 조각으로 분리되어 결국 수년 간 연골이 석회화된다. 심지어 아기의 무릎뼈는 걷기 시작할 때인 2년 후까지 완전한 뼈가 되지 않는다. 아기의 뼈 발달이 신체의 주기능이 아닐 때인 생후 6개월 동안은 모유수유를 하도록 권장한다. 뼈 발달을 위한 칼슘과 마그네슘이 유아에게 가장 필요한 영양소는 아니다. 뇌기능 발달, 특히 감각과 언어 발달을 위한 영양소가 가장 중요하다.

모유는 신생아의 발달에 필수적인 영양소가 적절하게 균형잡혀 있지만, 설계상 뼈 발달 2인조인 칼슘과 마그네슘은 빠져 있다.

노화와 연약한 뼈를 위한 묘약

성인이 되면서 우리는 뼈에 필요한 2인조인 칼슘과 마그네슘을 섭취해야 한다. 칼슘을 얻기 위해 우유를 마시면 퇴행성 질환으로 이어지고 노화가 가속화된다! 제대로 이해했다. 우유는 당신을 노화시킨다. 미토콘드리아라는 인체 내 강력한 세포가 있다. 이는 신체 발달의 조절을 돕는다. 이 세포가 에너지를 생산할 때마다 세포막 내부의 칼슘펌프라는 것을 사용한다. 이 펌프가 제대로 작동하려면 충분한 마그네슘이 필요하다. 칼슘이 너무 많고 마그네슘이 부족하면, 최소한의 에너지만 생성되고 펌프가 굳어 효과가 훨씬 떨어진다. 미토콘드리아가 신체의 세포를 노화시키는 석회화를 유발하는 것이다.

쉽게 말해 선체 바닥에 따개비가 붙은 보트를 생각해 보라. 그들은 결국 추진기로 퍼지고, 그 다음에 배 밖의 모터 주위로 퍼진다. 보트를 출발시키려면 어느 정도의 힘이 있어야 하는가? 출발은 할까? 우유를 마시면 이런 석회화 과정이 몸에서 일어날 수 있다. 이는 근육 및 인대를 타고 내려가 결국 신체 퇴화를 촉진시키고 노화를 가속화시킨다. 우유는 칼슘과 마그네슘이 적절히 균형잡혀 있지 않기 때문에, 에너지 생산량이 줄어들고 세포 동력원이 1단 기어에 머물러 있게 된다.

유제품이 뼈를 튼튼하게 해준다고 선전하는 광고와 이 주장을 뒷받침하는 연구가 꼭 필요한가? 사실 당신이 편향된 연구를 신뢰한다면 필요하다.

2000년 9월, 두 명의 연구원이 1985년 이후 학술 문헌에서 발표한 유제품과 뼈 건강에 관한 연구의 리뷰 57개를 집계했다. 이 리뷰는 「미국임상영양학저널」에서 출간했다. 대부분의 연구가 낙농업의 지원을 받았다. 놀라운가? 연구원들은 연구의 53%가 유제품에서 얻을 것이 없다고 보고했다. 그런 다음, 그들은 증거가 불충분하거나 기술이 부족한 연구를 배제해서 절반 이상의 연구를 제거했다. 나머지 21건의 연구 중 57%에서도 유제품에서 얻을 것이 없다고 나타났으며, 14%에서는 유제품이 사실 뼈를 약화시킨다고 나타났다. 이는 연구의 71%가 우유의 건강상 이점이 가짜임을 '뒷받침하는 증거'가 된다는 뜻이다. 실제로 바로 이 연구가 우유는 사실 몸에 해를 끼칠 수 있다는 증거가 되는 것이다.

우유가 뼈를 튼튼하게 해준다는 구체적인 증거는 없지만, 우유가 골다공증을 일으킨다는 반대의 증거는 굉장히 많다. 영국의학신문에서는 칼슘 섭취와 뼈 손실은 전혀 관련이 없다고 보고했다. 뼈 손실은 칼슘 부족 때문이 아니라 과도한 동물성 단백질 때문이라는 것이다. 우유가 뭐냐고? 동물성 단백질이다. 나에게 이것은 충치유발성 감미료가 첨가된 불소치약으로 이를 닦는 것과 같다.

어떻게 우유가 뼈 손실을 일으키는가? 우유에는 유황 함유 아미노산이 있으며 이 아미노산은 황산으로 대사된다. 우유는 조기 파골세포 활동을 자극하고 조골세포 형성을 억제하는 산성의 전구체가 많다. 이것은 뼈를 일찍 노화시킨다.

좋다, 충분히 이상한 소리다. 다음은 뼈를 더 간단한 용어로 구성하는 방식이다. 비디오 게임 팩맨을 기억하는가? 피질 속 구멍을 파먹는 사악한 팩맨을 상상해 보라. 파골세포가 그런 짓을 한다. 이 세포는 몸 어디서든 사용하기 위해 칼슘을 분해한다. 이는 흰개미가 나무를 갉아먹는 것과 같다. 이제 슈퍼마리오가 와서 시트락의 구멍을 메우는 것처럼 보호 화합물로 피질 구멍을 메우는 광경을 상상해 보라. 30세가 될 때까지 슈퍼마리오(골아세포)는 팩맨(파골세포)보다 많으며 뼈를 더 많이 만든다. 30세가 되면 팩맨이 우세해지고 정상적인 노화 과정으로 점차 골량을 잃는다. 우유는 팩맨을 더 많이 만들어 조기 골절을 일으킨다.

DIG 해볼까?

동물성 단백질과 골다공증

국제연구에 따르면, 미국, 스웨덴, 이스라엘, 핀란드, 영국처럼 유제품 소비량이 많은 국가에서 골다공증 관련 고관절 골절 수치가 가장 높다고 한다.

유제품 소비량이 적은 홍콩, 싱가포르, 아프리카의 몇몇 국가는 골다공증 발생률이 가장 낮았다. 아프리카 대부분 국가의 여성은 미국의 일일 권장 칼슘 허용량보다 70% 적은 350mg을 섭취하고 있지만 골다공증 발병률이 매우 낮았다. 하루에 칼슘을 얼마나 많이 섭취했는지에 상관없이 동물성 단백질을 매우 적게 먹기 때문에(가설대로) 뼈가 계속 튼튼하다. 반면에 북극의 이누이트족은 칼슘을 가장 많이 섭취해서 일일 권장량을 훨씬 능가하지만, 동물성 단백질을 많이 섭취해 골다공증의 발병률이 가장 높았다.

우유가 뼈 골절을 막는다는 주장이 사실인지 알아보기 위해 장기간의 간호사 건강 연구를 실시한 연구원들은 7만 8천 명의 여성 간호사의 우유 섭취량을 조사했다. 남성보다 여성이 골다공증을 더 앓기 때문에 이 질병에 대한 대부분의 연구는 여성을 대상으로 한다. 결과는 놀라웠다. 우유를 하루에 한 잔 이상 마신 여성들은 둔부골절의 확률이 45% 더 높았다. 유제품이 아닌 제품에서 같은 양의 칼슘을 섭취한 여성의 골절 위험은 증가하거나 감소하지 않았다. 연구원들은 하버드공중보건대학에서 운영하는 장기간의 건강 전문가 연구를 중점으로 이번에는 남성을 대상으로 비슷한 연구를 실시했다. 그들은 우유를 하루에 석 잔 이상 마시는 남성이 일주일에 한 잔이나 더 적게 마시는 남성에 비해 엉덩이 골절이 약간 적다는 것을 발견했다. 하지만 이들은 팔 골절이 약간 더 많이 발생해 균형이 맞았다.

고관절 골절은 노인 여성에게 더 흔하다. 엉덩이뼈가 골절된 65세에서 69세 여성은 그렇지 않은 같은 나이의 여성보다 1년 이내에 사망할 확률이 5배 더 높다. 「미국역학학회지」에서 노인 여성에 관한 연구를 발표했는데, 유제품을 많이 먹는 사람들은 적게 먹는 사람들에 비해 둔부골절의 위험이 두 배가 된다고 한다.

우유 콧수염 광고에서 주장하는 것처럼 우유가 뼈에 좋지 않다는 편향된 연구가 많다면, 미국골다공증재단에서는 왜 이 문서화된 연구를 우리에게 알려주지 않는지 의문이 생길 것이다. 나는 숨겨진 비밀을 알려줄 것이고, 당신은 해답을 스스로 찾을 수 있을 것이다. 미국골다공증재단의 최대 재정 후원자는 보젤이라는 회사다. 이 회사는 낙농업을 위한 성공적인 우유 콧수염 캠페인을 만든 마케팅 대행사다. 미국골다공증재단에서 이 정보를 알리고 최대 재정 후원자 중 한 명이 밀어붙이는 메시지에 반대해서 돈을 잃을 위험을 감수할 것이라 생각하는가? 본능적으로 어떤가?

우유가 뼈를 튼튼하게 해주지 않으면 무엇이 하는가? 채소 · 콩 · 씨앗 · 견과류와 같은 자연식품을 많이 섭취하면 마그네슘뿐만 아니라 뼈를 만드는 칼슘도 충분히 얻는다. 이런 식물성 식품을 많이 섭취하면 실제로 뼈가 튼튼해진다는 연구 결과가 있다. 우유 속 단백질이 칼슘을 소변으로 배출시키는데 식물성 칼슘 공급원에서는 그렇지 않다.(우리는 이것을 제9장에서 더 논의하고 칼슘 보충제에 대해 탐구할 것이다.)

비타민 D의 기만

비타민 D는 많은 유익한 기능이 있다. 뼈를 튼튼하게 하는 적절한 혈청 칼슘 수치를 책임지는 것이 그중 하나다. 두 가지 흔한 뼈 질환인 구루병(어린이)과 골연화증(성인)은 비타민 D 부족으로 인해 생긴다. 두 가지 다 신체 통증을 확산시키고 근력과 뼈를 약화시킨다. 엄밀히 따지면 비타민 D는 비타민이 아니다. 햇빛에 노출되면 몸에서 생성되는 스테로이드 호르몬이다. 비타민 D가 없으면 칼슘이 맡은 일을 할 수 없기 때문에 뼈에는 비타민 D가 필요하다.(제9장에서 나는 왜 사람들이 비타민 D가 '부족한지'를 알리고 해결책을 줄 것이다.) 한 가지 확실한 것은 비타민 D 수치가 낮다고 우유를 마시는 것이 해답이 아니라는 사실이다. 나는 유업에서 우유에 비타민 D가 풍부하다고 사람들을 세뇌시키는 것에 소름이 돋았다. 나는 한때 우유를 '액체 햇빛'이라고 칭하는 광고를 보았다. 좋아! 이제 유업은 소의 젖꼭지에서 나오는 하얀 액체가 햇빛보다 더 낫다고 말한다.

낙농업은 비타민 D가 우유 속에 당연히 있다고 믿지만 사실은 가공 공장에서 첨가하는 것이다. 역사적으로 1930년대에는 부적절한 식단과 햇빛 부족으로 인해 가난한 아이의 구루병이 공중보건 문제였다. 낙농업에서 이 문제를 해결하고 판매를 늘리기 위해 우유에 비타민 D를 첨가하는 엄청난 아이디어를 냈다.

인체는 90% 이상의 비타민 D를 햇빛에서 얻는다. 비타민 D의 인체 혈중 농도는 우유와 같은 식이 공급원의 영향을 거의 받지 않는다는 연구 결과가 있다. 우유에 비타민 D가 풍부하더라도 하루 10분 햇빛에 노출될 때 생기는 비타민 D를 얻으려면 매일 약 3.8L 이상의 우유를 마셔야 한다.

우유 질병

이제 우리는 뼈를 튼튼하게 만들어준다는 근거 없는 이야기에 대해 설득력을 잃었으므로, 우유가 건강에 어떤 유익한 점이라도 있는지 탐구해 보자. 답을 찾기 위해 더 깊게 DIG하고 거기에 좋은 옛 상식과 본능을 더하면 금상첨화다.

우유에 맞서는 카제인

우유 속 대부분의 단백질이 카제인이다. 인간이 이 카제인을 마시면 몸에서는 이 단백질을 유해한 것으로 보고 공격하기 위한 항체를 생산한다. 플라스틱을 만들 때 사용하는 중합체와 목재를 붙이는 접착제(엘머스 접착제의 소 로고를 생각해 보라.)를 만드는 데 우유 속 카제인을 사용한다. 접착제를 먹는다면 몸에서는 침략으로 간주하고 공격할 것이다. 당신이 우유의 카제인이나 접착제를 먹으면, 예를 들어 기관지염 · 알레르기 · 천식 · 인플루엔자 · 축농증 · 중이염 · 과민대장증후군 · 설사 등으로 이어질 수 있는 점액 생성을 유발하는 히스타민이 생겨 몸을 공격한다. 세계보건기구의 데이터를 비롯한 수많은 연구 결과에 따르면, 심장병 · 고콜레스테롤 · 제1당뇨병 · 영아돌연사증후군 · 신경 및 행동학적 장애의 위험 증가가 카제인 섭취와 관련이 있다고 한다.

토머스 콜린 캠벨 박사는 세계 최고의 영양연구원 중 한 명이다. 그의 베스트셀러인 『무엇을 먹을 것인가』는 지금까지 건강과 영양에 대해 가장 포괄적인 연구를 시행한 책으로 여겨진다. 캠벨은 이때까지 발견한 것 중 암을 가장 촉진하는 것으로 우유 속 카제인을 목록에 포함시켰다. 캠벨은 "우유 단백질의 87%를 차지하는 카제인은 암 발달의 모든 단계를 촉진시킵니다."라고 말했다. 그는 카제인의 양에 따라 암 발달이 조절될 수 있다고 결론지었다.

카제인은 정신분열증과 자폐증을 일으키기도 한다. 1996년 논문에서 노르웨이 오슬로대학의 소아과연구소 소장인 칼레 레이셸은 조현병 및 관련 정서장애가 '병 촉진 효과가 있고 행동 변화를 일으키는 음식 성분(카제인)으로 인해 유발된다.'라는 이론을 발전시킨 200개 이상의 국제학술자료를 인용했다. 이 이론은 조현병 환자가 이중 맹검(盲檢) 조건에서 카제인이 없는 식단을 했던 1960년대에 비롯되었다. 결과는 놀라웠다! 많은 환자가 정상이 되었고 갇혀 지내던 정신병원에서 돌아올 수 있었다. 레이셸은 카제인이 없는 식단을 한 자폐아에게서 극적인 학습 및 행동개선을 발견한 것이다.

우유 - 그렇게 좋은 음료가 아니다

'우유는 심장 발작의 위험을 줄여 준다.'라는 표제를 보았다. 1991년 「뉴사이언티스트」는 영국의 한 대형 병원의 역학 책임자인 피터 엘우드가 5천 명의 남성을 대상으로 생활방식을 조사한 결과를 발표했다. 결과는 놀라웠다. 엘우드는 지방이 많은 우유를 마시고 버터를 많이 먹은 남성의 심장 발작 위험이 낮다는 사실을 발견했다! 그는 10년 동안 45세에서 59세 영국 남성 5천 명의 데이터를 수집했다. 하루에 최소 1파인트 정도의 우유를 마시는 사람 중 단 1%만 심장마비를 일으켰다. 이것은 당시 중대 뉴스였지만, 연구원들은 뒤늦게 그 결과에 의문을 제기했다. 그들은 전반적으로 우유와 버터 소비자들의 생활방식이 건강해서 나타난 차이일 수 있다고 지적했다.

같은 해 심장병 전문의이자 연구원인 의학박사 스티븐 실리는 「국제심장학회지」에 '서양 식단에서 칼슘 과다가 동맥질환의 주원인인가?'라는 기사를 썼다. 이 연구 결과와 엘우드의 연구 결과는 정반대였다. 실리는 매일 200mg에서 400mg의 칼슘을 섭취하는 국가에서는 관상동맥질환이 거의 없다고 말했다. 일일 칼슘 섭취량이 800mg인 나라에서는 관상동맥질환이 사망의 주원인이다.

관상동맥질환으로 인한 사망과 우유 섭취는 큰 관련이 있다. 몇 년간 많은 연구로 엘우드의 결과가 틀렸다는 것이 드러났다. 「영양 및 환경의학저널」에서는 다양한 국가의 우유 소비와 관동맥성심장병(CHD) 사망률 간의 연관성에 대한 여러 연구를 발표했다. 이 조사 결과에 따르면, 우유 소비가 낮은 국가의 경우 CHD로 인한 사망률이 낮았으며, 우유 소비가 높은 포르투갈과 같은 국가의 경우 CHD로 인한 사망률이 증가한 것으로 나타났다. 「고혈압저널」에서는 우유 소비와 고혈압의 상관관계에 대한 증거를 발표했다. 유제품을 적게 먹으면 CHD의 전조가 되는 낮은 고혈압이 생기기도 한다는 것이다.

의학박사 프랭크 오스키는 존스홉킨스의과대학 소아과의 책임자이자 존스홉킨스아동센터의 수석 의사이다. 그는 19권의 의학 교재와 290권의 의학 저널을 단독 및 공동으로 저술 및 편집했다. 그의 책 『우유의 독』에서 그는 다음과 같이 말한다. "우유를 마시면 유아와 어린이에게 철분결핍성 빈혈을 일으킬 수 있습니다. 우유는 세계 대부분 인구의 경련과 설사의 원인이고, 여러 형태의 알레르기 원인이기도 합니다. 죽상동맥경화증과 심장마비를 일으키는 데 중심 역할을 할 가능성이 제기되었습니다."

그래, 우유가 심장에 안 좋다고? 이유가 뭐야? 우유는 실제로 동맥경화를 일으키기 때문에 몸에서는 콜레스테롤 보호막을 내려놓음으로써 치유를 시도한다. 그 결과로 반흔조직(瘢痕組織), 석회화된 플라크 및 콜레스테롤 침전물이 생긴다. 이것을 죽상동맥경화(동맥 막힘) 및 동맥경화증(동맥경화)이라고 한다. 심장마비를 일으키는 수백만 개의 원인 중 우유 및 유제품 섭취가 가장 주된 원인일 수도 있다.

고름이 생겼니?

그래, 지금 여드름에서 튀어나오는 그 불쾌한 것에 대해 이야기하고 있다. 얼마나 많은 고름세포를 마셔도 괜찮을까? 12개? 100개? 모르겠는가? 글쎄, 그 우유 잔은 내려놓는 것이 좋을 것이다! 전미낙농업의 잡지 「호즈 데어리맨」에서 '우유에는 수백만 개의 고름세포가 있다!'라고 한다. 캘리포니아산 우유 1L(약 1쿼트)에는 2억 9,800만 개의 고름세포가 있다. 앨라배마산 우유에는 4억 4,400만 개의 고름세포가 있었으며, 4억 4,300만 개인 네바다산 우유보다 약간 더 많았다. 하지만 고름세포는 5억 4,800만 개로 플로리다산 우유에 가장 많았다. 너무 많은가? 이것은 여전히 미농무부의 허용량인 1L당 7억 5,000만 이하이다. 그렇다, 당신은 올바른 고름 허용량을 잘 이해했다. 상업용 우유 1cc(약 2분의 1티스푼)에는 100만 개의 체세포 중 최대 4분의 3의 체세포와 2만 개의 살아 있는 박테리아가 있다. 좋아, 우유에는 고름이 있다. 이유가 무엇인가?

공장식 농장에서는 평소보다 훨씬 많은 우유를 생산하기 위해 호르몬을 강제로 생성시키기 때문에, 소는 유선염이라는 유방염에 더 쉽게 감염된다. 유방염에 걸린 소의 우유에는 여드름으로 더 잘 알려진 박테리아, 세포 파편, 혈청, 끈적한 것과 함께 여분의 체세포가 있을 수 있다. 농부들은 각 소의 우유에서 박테리아와 체세포 검사를 하지 않아도 된다. 그들은 모든 소의 젖을 짜내기만 하면 된다. 그러니까 유방염에 걸린 소의 고름 가득한 우유가 다른 많은 건강한 소의 우유와 결합해도 체세포와 박테리아 수는 미농무부 한도 내라는 것이다.

우유에는 성장호르몬이 있다

소는 보통 하루에 약 30L에서 38L의 우유를 생산한다. 농부들은 우유 생산을 늘리고 더 많은 돈을 벌기 위해 소 성장호르몬(BGH)을 주사한다. BGH를 맞은 소의 우유는 유기농 인증을 받을 수 없다. 코넬대학의 연구에 따르면, 매일 BGH를 주사하면 우유 생산량이 41%나 증가한다고 한다. 즉, BGH를 사용하면 암소당 연평균 약 1,100L였던 생산량이 약 1,600L로 증가한다. 이로 인해 생산량이 늘어서 돈을 더 많이 번다!

그 호르몬은 많은 소비자들의 건강에 위험하지만 농부들은 BGH를 주사할 수 있다. BGH를 먹은 사람은 초기 사춘기부터 갑상선 질환, 암에 이르기까지 호르몬 불균형 및 기타 건강문제를 겪게 된다. 캐나다, 일본, 호주, 뉴질랜드 및 유럽연합 27개국을 포함한 많은 국가에서 BGH의 사용을 금지하고 있다. 그러나 미국에서는 여전히 널리 사용하고 있다. 책 말미에 세계에서 가장 강력한 기업인 몬산토(Monsanto)를 살펴볼 것이다. 나는 이 회사를 식품산업의 상당 부분을 통제하는 기업 마피아의 두목과 비교한다. 몬산토는 엄청난 정치권력이 있는데, 이는 수많은 로비 협회, 살인 청부 로비스트 및 과학자들이 BGH가 합법임을 대변하는 것을 보면 알 수 있다. 몬산토는 흔히 환경단체와 공개적 파트너 관계를 맺음으로써 그들의 부적절한 활동에서 벗어난다.

모든 인체에는 인간세포가 제대로 자라는 데 필수적인 성장호르몬이 있다. 소의 세포 성장을 증가시키는 호르몬이 든 우유를 마시면 인체세포가 위험할 정도로 가속화되어 걷잡을 수 없는 속도로 성장해 질병이 생길 수 있다. 소는 성장호르몬으로 약 900kg까지 큰다는 것을 잊지 마라! 소는 위 · 폐 · 간 · 심장 등이 있다. 장기를 확대시키는 호르몬이 몸안에 들어가 잠재적으로 당신의 장기를 확대시키기를 원하는가?

우유 밀수품?

나는 '우유가 아니라 의사에게 항생제를 받으세요.'라고 적힌 범퍼 스티커를 본 적이 있다. 젖을 과하게 짜서 걸리는 유방염은 항생제로 치료할 수 있다. 이런 마약 잔여물은 식료품점에서 사는 우유에도 들어 있다. 사실 우유에는 최대 80가지 항생제의 흔적이 있다! 2011년 4월 19일 미국식품의약국의 보고서에 따르면, 동물에게 쓰는 항생제의 87%는 인간의 약으로 사용된 적이 없거나 사용된다 해도 굉장히 드물다. '우리가 먹는 의약품의 안전성에 대해 걱정해야 하지 않나?'

「월스트리트저널」에서 20%의 우유에 불법 항생제가 있다는 연구 결과를 발표한 후, 1989년 12월에 우유에서 항생제를 제거하려는 노력이 펴졌다. 그런 다음 1992년 5월 소비자보고서에 따르면, 38%의 우유가 불법 항생제에 오염된 것으로 나타났다. 그 이후 FDA는 모든 생유가 유제품 공장으로 가기 전에 마약 잔여물을 확인해야 한다는 규정을 만들었다. 그러나 경제적 혜택이 더 중요한 농부들에게 소비자들이 항생제를 먹지 못하게 막을 이유는 별로 없었다. 오늘날 검사를 하지 않을 것을 알고 있기 때문에 그 마약을 계속해서 사용한다. 악순환이 계속되는 것이다. 성장호르몬은 소가 우유를 많이 생산하도록 사용하기 때문에 정상보다 10배나 더 젖을 짠다. 이로 인해 유방이 감염되어 항생제가 필요하다. 이건 진짜 말도 안 된다!

우유를 마시면 살찐다!

왜 소는 위가 네 개인지 궁금하지 않나? 그래서 하루 종일 먹을 수 있다. 네 번째 위가 다 차도 첫 번째 위가 비어 있기 때문에 더 먹을 수 있다. 소가 그렇게 큰 것은 당연하다! 인간 위의 4배 이상의 위가 있는 동물용으로 만들어진 액체를 마시면 우리의 작은 위도 그 액체를 계속 먹고 싶어 한다!

2003년에서 2007년 사이에 낙농업은 우유를 마시면 살이 빠진다고 광고하는 데 수억 달러를 썼다. 이 미디어 블리츠(media blitz, 매스컴을 총동원해서 집중적으로 하는 대선전) 배후에는 누가 있었는가? 바로 우유와 치즈 판매 홍보에 매진한 유제품관리업체(DMI)이다. 그들은 마케팅, 홍보 및 교육과 영양, 제품 및 기술연구 프로그램을 통합해 유제품의 미래 성공을 보장하기 위해 주 및 지역 낙농진흥단체와 협력했다.

조지 워커 부시와 버락 오바마 행정부의 농업장관이 승인한 일련의 기밀 협약에서, DMI는 치즈가 든 제품으로 메뉴를 확장해 수익을 높이려는 식당과 함께 일했다. 연간 예산이 1억 4천만 달러인 DMI는 정부가 대부분의 자금을 조달해 준다. 기록에 따르면, 농업 제품의 마케터이자 규칙 제정자로서의 미농무부의 역사적 역할에 대한 심각한 이해의 충돌이 있었다. 미농무부는 우유의 약간의 조합비(유제품으로 판매되거나 사용된 우유 약 45kg당 15센트)를 징수하고, 매년 수억 달러를 모으는 '낙농의 노동조합비 공제 프로그램'을 운영한다. DMI는 우유 및 치즈와 같은 제품을 홍보하기 위해 이 돈을 조금 사용한다.

실제로 DMI는 '우유 있어?' 캠페인의 자금을 조달하기 위해 이 '노동조합비' 기금을 사용했다. DMI에는 전국유업진흥위원회 및 미국유제품산업협회의 회원도 있다. 연방 세금 기록에 따르면, DMI를 책임지는 최고경영자 토머스 P. 갤러거는 일등석 특권과 연간 63만 3475달러라는 막대한 보수를 받았다.

2003년 정부는 비만을 질병으로 분류하는 동시에 '우유 마시고 체중감량' 캠페인에 자금을 지원하기도 했다. 우연의 일치? 나는 그렇게 생각하지 않는다. 비만은 이제 언론의 주제가 되었다. 잡지, 신문 및 TV 특집뉴스에서 DMI의 체중감량 캠페인을 다루었다. 이 유제품 광고가 전국을 휩쓸고 과체중인 사람들에게 우유를 더 많이 마시도록 설득했지만, 연구원들은 이런 주장을 입증할 자료가 전혀 없다는 것을 발견했다. 이런 허위 주장을 제기할 때마다 DMI 변호사들은 "미농무부에서 프로그램을 계속 검토하고, 승인하고, 감독하고 있습니다."라고 대답할 것이다. 의사변호단체는 마침내 거짓말과 사기성 광고에 대한 낙농업의 끈질긴 반대 주장에 지쳤고, 우유를 마시면 체중을 감량할 수 있다는 데 대한 근거가 없다는 것을 법정에서 입증했다. 실제로 많은 이중 맹검 연구 결과는 정반대이다. 우유를 많이 마시는 사람들이 살이 가장 많이 쪘다.

하버드공중보건대학 및 기타 기관의 연구원들은 전국 9세에서 14세 어린이 1만 2,829명의 체중과 우유 섭취량을 조사했다. 그들은 아이들이 우유를 많이 마실수록 살이 더 찐다는 결론을 내렸다. 매일 석 잔 이상 마시는 사람들은 과체중이 될 확률이 약 35% 더 높았다. 마침내 진실이 밝혀졌고, 미국의 유제품 생산자는 거짓 주장을 중단할 수

밖에 없었다. 하지만 우유가 체중을 증가시킨다는 사실을 깨닫기 전에 사람들이 이 연구를 공개할 필요가 있었을까? 당신의 본능에게 물어보라. 본능은 대부분 맞다. 송아지는 모유를 먹고 약 680kg까지 자랄 수 있다!

무지방 우유에 대해 잘 알려지지 않은 정보

사람들이 살을 뺄 때 '무지방'이나 '탈지유'가 전유(全乳)보다 더 낫다고 생각할 수 있다. 그렇지 않다. 코넬대학의 세계적으로 유명한 생화학자인 토머스 콜린 캠벨 박사는 장기적인 건강에 대한 식이요법의 효과 전문가이다. 그는 라디오 인터뷰에서 우유에 대한 자신의 생각을 말했다. "탈지유는 심각한 문제입니다. 탈지유나 저지방 우유에는 지방은 없지만 단백질은 훨씬 더 많이 함유되어 있습니다. 탈지유는 사실 전유보다 더 나쁠 수도 있습니다."

우유 속 동물성 단백질, 특히 카제인은 단순히 지방 함량의 문제가 아니라 심각한 건강문제를 일으킬 수 있다. 탈지유가 체중감량에 도움이 된다는 증거가 있는가? 없다. 사실 그 반대의 증거가 있다. 농부가 돼지에게 탈지유를 먹이면 체중이 더 많이 증가하고 전유를 먹이면 사실 더 날씬해진다. 2005년 「소아 및 청소년의학회보」에 실린 연구에 따르면, 이런 역설은 인간에게도 해당된다고 한다. 3년 간 1만 2천 명 이상의 청소년을 조사한 결과, 연구 저자들은 저지방 우유와 탈지유가 체중을 증가시킨다는 사실을 발견했다.

우유와 어린이

수십 년 동안 이 나라는 우유를 마시면 아이들이 더 크고 강하게 자란다고 언론에 선전을 쏟아부었다. 아이들이 우유를 마시면 약해지고 병이 들며 과체중이 된다는 증거가 있다. 그리고 이런 상태는 성인기까지 계속된다. 우유는 알레르기 외에도 헤모글로빈 손실 · 심장병 · 동맥경화증 · 관절염 · 신장결석 · 우울증 및 과민반응을 비롯한 다양한 건강문제를 일으킨다.

우유는 어린아이들에게 성인기까지 계속되는 알레르기의 원인이 된다. 「소아알레르기 및 면역학저널」에서는 다음과 같이 말한다. '대부분의 포유동물은 생후 한 달이 되기 전에 우유 단백질에 대한 알레르기 거부 증상을 나타냈습니다. 약 50%에서 70%가 뾰루지나 다른 피부 증상을 겪었고, 50%에서 60%는 위장 증상이 있었으며, 20%에서 30%는 호흡기 증상을 보였습니다. 권장 치료법은 우유를 끊는 것입니다.'

「자연건강」에서 발표한 보고서에서는 다음과 같이 말했다. '미국 어린이의 50% 이상이 우유에 알레르기가 있지만 많은 사람들이 진단받지 못합니다. 유제품은 음식 알레르기의 주원인이며 종종 변비나 설사 및 피로로 나타납니다. 대부분의 천식 및 축농증은 유제품을 끊음으로써 완화되거나 심지어 사라진다고 보고되었습니다.'

관련 증거가 많은 20개 이상의 연구에 따르면, 우유와 제1형 당뇨병은 관련이 있는데, 대부분 유년기나 초기 사춘기에 발병하기 때문에 청소년 당뇨병이라고도 한다. 「뉴잉글랜드의학저널」에 따르면, 우유는 췌장이 인슐린을 생성하는 능력을 손상시켜서 청소년 당뇨병과 자가면역질환을 일으킬 수 있다고 한다.

어떤 사람들은 이것을 그냥 유전학이라고 말하지만, 그렇지 않다. 제1형 당뇨병에 DNA가 어떤 역할을 한다는 공통 가설은 한 나라에서 다른 나라로 이주하고 식단을 바꾼 사람들을 분석함으로써 틀렸다고 밝혀졌다. 「미국임상영양학저널」에서 발표한 연구에 따르면, 폴리네시아 원주민들이 호주로 이주한 뒤 어육 단백질에서 소 단백질로 식단을 바꿨더니 제1형 당뇨병의 위험이 2배 증가했다고 한다. 생후 첫 3개월 동안 우유를 먹은 아이들은 그렇지 않은 아이들보다 제1형 당뇨병이 발생할 확률이 52% 높았다. 제1형 당뇨병 발병률이 34% 낮은 모유를 먹은 유아와 그렇지 않은 유아를 비교해 보라.

주도적인 부모님이 우유를 못 마시게 하더라도, 미농무부의 전국 학교 급식 프로그램의 일환으로 오늘날 대부분의 학교에서는 우유를 제공해야 한다. 왜? 40억 달러가 그 이유다! 미농무부가 수십억 달러 산업과 '협력'한 것은 이번이 처음이 아니다. 맥도널드는 해피밀(Happy Meal)에 소다 대신 '더 건강한 대안식품'인 우유를 첨가했다. 소다와 우유의 건강 대안식품은 물이다.

5세가 지나면 대부분의 아이들은 우유에 들어 있는 당의 형태인 락토스를 소화하는 데 필요한 효소인 락타제 생산 능력을 점차적으로 잃어버린다. 그것은 정상이다. 일단 모유수유가 끝나면 더는 효소가 필요하지 않기 때문이다. 락타제를 만들지 않으면 가스 · 경련 · 팽창 · 설사를 일으켜 우유와 아이스크림 같은 유제품을 소화하기가 어려워진다. 이것을 젖당 소화장애증이라 하지만 오해의 소지가 있다. 이에 대한 보다 정확한 견해는 유전적 돌연변이로서 락토스 내성이 있는 소수의 사람들을 확인해야 한다. 전 세계적으로 대부분의 북유럽 조상들과 아프리카 일부 지역 사람들만이 락타제를 생산하며, 어릴 때부터 우유를 소화할 수 있다. 북유럽인이 아닌 대부분의 학생들은 아침 · 점심 · 간식 시간에 우유나 아이스크림을 먹으면 하루에 몇 번씩 아프다. 그러나 정부는 학교 급식 프로그램에서 우유를 의무화하고 있으며 낮은 예산으로 이 프로그램을 지원한다.

낙농업에서는 당을 많이 첨가해서 맛을 낸 요구르트 및 우유를 아이들에게 적극적으로 홍보한다. 당신의 아이가 학교에 잘 적응하지 못하거나 소화장애를 자주 일으키거나 괴팍하다면, 우유가 범인일 수 있다. 어쨌든 당신이 마신 우유 때문에 경련이 일어나고, 붓고, 가스가 차면 수업에 집중할 수 없고 기분도 안 좋아진다. 그리고 당신의 아이가 왜 자꾸 살이 찌는지 모르겠다면 학교가 향료 첨가 우유를 제공하는지 확인해 보라. 작은 초코우유는 설탕으로 가득하고 226kcal나 된다!

중이염

부모라면 아이가 중이염(분비성중이염)에 걸린 경험이 있을 것이다. 만성 중이염에 대한 일반적인 의료 절차는 배액관을 어린이의 귀에 삽입하는 것이다. 매년 약 50만 명의 어린이들이 외과적으로 고막에 구멍을 뚫고 플라스틱 중공 튜브를 이식받는다. 의사는 중이염이 반복되는 환자나 항생제 치료 후 고막 뒤에 체액이 생긴 어린이에게 신속하게 이를 수행한다.

의사가 외과적으로 어린이 귀에 튜브를 삽입하면 고막에 구멍이 뚫려 부분적으로 난청을 일으킬 수 있는 반흔조직이 생긴다. 부모님, 만약 의사가 이와 다르게 말하면 그 사람은 진실하지 않은 사람이다. 피부를 자르고 치료하면 흉터가 생긴다. 고막을 관통하면 흉터가 생긴 채로 아문다. 반흔조직으로 인해 소리가 울리지 않기 때문에, 고막의 그 부분은 소리를 전달하지 않아 부분적으로 난청을 일으킨다. 의사가 외과용 튜브를 고막에 삽입하면 그 뒤쪽으로 액체가 배출된다. 임무 완수? 사실 이것은 누수의 원인을 막지 않고 보트에서 물을 과도하게 빼내는 것과 같다. 튜브는 결국 고막에서 빠져 나오지만 근본적인 원인을 해결하지 않으면 다시 감염되고, 다른 튜브 세트로 절차를 반복해 더 많은 반흔조직이 생긴다. 어린이의 고막에 구멍을 뚫는 것은 문제의 해결책이 아니다. 어린이의 식단에서 유제품을 제거하는 것만큼 만성 중이염에 대한 간단한 해결책이 있을까?

『중이염을 치료하던 어린 시절: 예방, 가정 치료 및 대안 치료』에서 마이클 A. 슈미트 박사는 16가지가 넘는 과학적 연구로 만성 중이염이 식품 알레르기로 인한 것임을 증명했다. 그는 어린 시절 중이염의 가장 큰 원인으로 유제품을 꼽았다. 어린아이는 원래 큰 송아지가 마시는 우유를 소화할 수 없기 때문에 고막 뒤에 액체나 점액이 생길 수 있다는 것이다. 미국알레르기천식면역학회는 우유를 어린아이의 음식 알레르기의 주원인으로 꼽는다.

건강한 우유 대안식품

우유 애호가에게 좋은 소식이 있다. 계속 우유를 마셔도 된다! 그냥 생우유 빼고 말이다. 다음은 다섯 가지 건강한 대안식품이다.

아몬드밀크 간 아몬드로 만든 우유의 맛있는 대안식품인 아몬드 밀크는 산화방지제 · 단백질 · 칼슘 · 마그네슘 · 망간 · 셀레늄 · 비타민 E를 함유하고 있다. 아몬드밀크는 대부분의 요리에서 우유 대신 사용할 수 있다. 시판 아몬드밀크 제품은 일반 · 바닐라 · 초콜릿 맛이 있다. 아몬드밀크를 구입할 수 있는 사이트로 '실크 퓨어 아몬드(Silk Pure Almond, www.silkpurealmond.com)'와 '아몬드 드림(Almond Dream, www.tastethedream.com)'이라는 두 가지 브랜드를 추천한다. 유제품이 아닌 천연, 아몬드 기반의 냉동 디저트는 아이스크림 대안식품으로 훌륭하다.

대마씨 밀크 마리화나라고도 알려진 대마초 식물의 식용 부분의 씨로 만든 대마씨 밀크에는 허브 성분이 '많이' 함유된 테트라하이드로칸나비놀(THC, 환각을 일으키는 마리화나의 주성분)이 없다. 견과 맛 우유를 만들기 위해 씨앗을 사용하고, 아침 시리얼에 타 먹는 우유의 대안식품으로 아주 좋다. 이 우유는 오메가6 · 오메가3 필수지방산 · 마그네슘 · 베타카로틴 · 칼슘 · 섬유 · 철 · 칼륨 · 인 · 리보플라빈 · 니아신 · 티아민을 비롯한 건강을 증진시키는 영양소가 풍부하다. 또한 콩우유와 라이스밀크보다 더 부드럽고 커피와 디저트를 만들 때 자주 사용하기도 한다. 대마씨 밀크를 구입할 수 있는 사이트로 '살아 있는 수확물의 유혹(Tempt from Living Harvest, www.livingharvest.com)'을 추천한다.

라이스밀크 이 맛있는 음료는 현미로 만든다. 자연스럽게 달고, 가볍고, 상쾌하며, 비타민 · 미네랄 · 단백질이 함유되어 있다. 그냥 마시거나, 아침 시리얼에 부어 주거나, 좋아하는 요리를 할 때 사용하라. 라이스밀크를 구입할 수 있는 사이트로 '라이스 드림(Rice Dream, www.tastethedream.com)'과 '그로잉내추럴(Growing Naturals, www.growingnaturals.com)'을 추천한다. 라이스밀크는 유기농 · 완전 채식 · 글루텐 프리 · 락토스 프리이자 우유의 맛있는 대안식품이다.

캐슈넛밀크 캐슈넛밀크는 여러 용도로 사용할 수 있고, 크림 같은 식감으로 인해 우유 대체품으로 매우 인기 있다. 또한 캐슈넛은 채식 치즈 및 다른 유제품 요리에도 대체해서 사용할 수 있다. 캐슈넛은 건강한 지방과 식물성 단백질의 좋은 공급원이며, 심혈관 건강에 필요한 미네랄인 마그네슘과 칼륨이 풍부하다. 캐슈넛밀크를 구입할 수 있는 사이트로 '실크(www.silk.com)'를 추천한다.

코코넛밀크 이 우유 대체품에는 건강한 중간사슬지방산이 함유되어 있어, 몸에서 지방으로 저장되기보다는 에너지로 사용된다. 또한 코코넛밀크는 우리 몸에 필요한 단백질 · 비타민 · 미네랄이 가득 들어 있다. 식욕을 줄이는 데도 도움이 된다. 만약 당신이 유제품의 진하고, 풍부하고, 크림 같은 식감을 좋아한다면, 코코넛밀크를 우유 대용으로 사용하면 좋을 것이다. 코코넛밀크를 구입할 수 있는 사이트로 '캘리피아 농장(www.califiafarms.com)'을 추천한다.

DIG

D(발견): 일류대학을 비롯, 과학자 · 의사 · 저자는 편견 없는 연구로 우유 섭취와 심혈관질환 · 골다공증 · 중이염 · 알레르기 · 당뇨병 · 암 등 특정 질병 사이의 연관성을 발견했다. 우유에는 혈액 · 박테리아 · 성장호르몬 · 항생제가 있다. 편향된 연구, 부패한 법률 및 이해의 충돌은 기업 · 거대 제약회사 · 거대 기업농장 · 정치인 및 기업과학자들의 주머니를 채워준다. 이들은 우리에게 우유를 권하는 사람들이다.

I(본능): 당신은 쉽게 외부의 영향에 휘둘릴 나이에 초등학교에서 배운 정부의 편향된 음식 피라미드를 무시하라. 좋아하는 운동선수 · 모델 · 가수 · 배우 · 정치인의 우유 콧수염 광고와 자금조달이라는 주요한 이해의 충돌에서 벗어나려고 노력하라. 좋다, 이제 소가 사육된 동물이라는 단순한 사실을 살펴보자. 그들의 우유는 인간이 아닌 송아지라는 특정한 종이 마시는 것이다. 모유수유 중인 여성의 젖꼭지를 빠는 아기송아지에 대해 생각하지 않을 수 없다. 젖소의 우유를 빨고 있는 인간 아이를 생각해 보라. 위가 4개인 동물의 우유를 마시는 것에 대해 위가 말하는 것을(장의 반응을) 믿어라.

G(신): 모유는 성장을 촉진시키는 호르몬과 효소 및 영양소가 완벽하게 균형을 이루고 있기 때문에, 지구에 존재하는 모든 새끼 포유류는 모유를 먹는다. 소의 우유는 설계상 송아지가 0.5t의 네 발 달린 동물로 자랄 수 있도록 만들어졌다. 인간을 제외한 모든 종은 걸음마 단계에서만 우유를 마시고 어른이 되면 절대 마시지 않는다. 모든 신의 피조물(인간의 아기를 포함한)은 한 살 전에 젖을 뗀다. 어린이와 청소년 및 성인은 더 이상 모유가 필요없다. 왜 우리는 동물 어머니의 우유를 계속 마셔야 하는가?

세상에

-소고기란 무엇인가?-

"나는 지방·고기 없이도 잘 지내고 있다.
인간은 육식동물로 태어난 게 아닌 것 같다."

알베르트 아인슈타인

운동선수나 임산부 또는 단순히 체중감량 중인 사람에게, 단백질 과다 섭취가 근육을 만들고, 신진대사를 가속화시키고, 살이 빠지고, 에너지가 많아지고, 건강해지는 가장 좋은 방법이라고 선전해 왔다. 많은 사람들이 단백질이라 하면, 소고기 · 사슴고기 · 양고기 등의 붉은 고기를 떠올린다. 미국의 육류 소비량은 최근 몇 년 동안 1년에 약 123kg로 약간 줄었지만, 지구상의 어느 나라보다 1인당 육류 소비량이 높다.

이 육류 소비의 70%가 소고기이다. 즉, 일생 동안 평균적인 미국인은 약 4,500kg의 소고기(1인당 5t의 소고기)를 먹을 것이다! 이 장에서는 미국에서 가장 많이 먹는 붉은 고기인 소고기에 주목하려고 한다. 한 가지 혼란스러운 것은, 보디빌더들이 근육을 키우기 위해 붉은 고기를 얼마나 많이 먹는가이다. 왜 인간은 근육을 키우기 위해 소 근육을 먹어야 한다고 생각하는가? 말도 안 되는 소리다.

식물: 단백질의 풍요로움

미국인들은 붉은 고기의 단백질이 필요하다고 오해하고 있다. 전 세계 수백 개의 검증된 연구에 따르면, 채식 식단으로도 필요한 양의 단백질을 충분히 채울 수 있다고 한다. 반대로 붉은 고기의 과도한 단백질은 골다공증 · 관절염 · 암과 관련이 있다. 식물에서 얻은 단백질은 동물의 단백질보다 안전하고 혈류에 더 잘 동화된다.

우리는 어느 정도의 단백질이 필요한가? 「미국임상영양학저널」에 따르면, 우리는 단백질에서 하루 칼로리의 2.5%만 필요하다. 즉, 하루에 2천kcal를 섭취하면 단백질 공급원에서 섭취하는 칼로리는 50kcal에 불과하다는 것이다. 과일 · 채소 · 콩 · 견과류 · 곡물에서 단백질을 얻는 것은 아주 쉽다.

여러 식품의 단백질 함량은 표 3-1을 참조하라.

[표 3-1] 총 칼로리의 백분율로 본 식품의 단백질 함량

식품	단백질	식품	단백질	식품	단백질
시금치	50%	밀배아	31%	현미	8%
물냉이	46%	애호박	28%	딸기	8%
브로콜리	45%	흰 강낭콩	26%	오렌지	8%
케일	45%	양배추	22%	체리	8%
콩나물	43%	호박씨	21%	살구	8%
꽃양배추	40%	통밀	17%	수박	8%
죽순	39%	레몬	16%	포도	8%
버섯	38%	귀리	15%	피칸	5%
상추	34%	호두	13%		
배추	34%	감로멜론	10%		

보다시피 다양한 식물성 식품은 단백질을 충분히 제공한다. 간 소고기(100kcal)의 단백질은 10g이고, 어린 시금치(100kcal)의 단백질은 12g이다. 시금치는 단백질 30%에 지방이 0%이고, 소고기는 단백질이 40%지만 지방은 60%이다. 흰 강낭콩 한 컵에는 16g의 단백질이 있다. 또 다른 10g 정도를 위해 85g의 피칸을 넣으면 채식주의 식단에 단백질이 얼마나 많은지 알 수 있다. 평균적인 사람들에 대해서만 이야기하는 것이 아니다. 잔 근육을 만드는 것을 목표로 하는 운동선수와 보디빌더에게도 해당된다. 만약 보디빌더들이 엄격하게 식물성 단백질만 먹어서 전문적으로 경쟁할 수 있을 정도로 근육을 키울 수 있다는 사실이 반직관적으로 들린다면, 어떻게 식물만 먹는 코끼리가 약 4,500kg까지 자랄 수 있을까? 식물에 단백질이 충분하지 않으면 그렇게까지 클 수 없다. 여러분 중 일부는 '물론 코끼리는 식물에서 단백질을 충분히 섭취한다. 왜냐하면 코끼리는 사람보다 훨씬 더 많이 먹

기 때문이지!'라고 생각할 수도 있다. 사실 그렇지 않다. 몸무게에 맞게 조정해 보면 사실 코끼리는 우리보다 적게 먹는다. 전형적인 미국인은 체중 약 45kg당 하루 약 1.3kg의 음식을 먹는다. 코끼리가 인간보다 훨씬 크지만(무게가 약 9천kg까지 나가기도 한다.), 그들은 체중 약 45kg당 약 0.8kg의 음식만 먹는다.

보디빌더들은 체중을 늘리기 위해 역기를 들어올리는 것 외에도 근육 성장과 지방 감량을 위해 굉장히 엄격한 식단을 따른다. 세계 챔피언 보디빌더들 중 채식주의자는 없다고 생각할 수도 있지만, 1980년 미스터 인터내셔널 타이틀을 획득한 스웨덴 보디빌더 안드레아스 칼링은 오랫동안 채식주의자였다. 그가 처음 현장에 왔을 때 이렇게 말했다. "칼링은 미스터 유니버스 대회와 전문 보디빌딩 세계 챔피언십에서 차세대 아놀드 슈왈제네거가 될 수 있다는 느낌을 주었습니다." 안드레아스 칼링은 더 많은 보디빌딩 타이틀을 따냈다. 그의 유명한 체격은 전 세계 수백 권의 잡지 표지에 실렸다. 그는 여전히 채식주의자이다.

아놀드 슈왈제네거는 영화와 정치 분야에서도 경력을 쌓은 후에 보디빌딩 세계와 이 주제에 대한 선도적인 전문가로서 우상으로 남아 있다. '미스터 올림피아'를 일곱 번 따내면서 아놀드는 근육을 강하게 키우기 위해 필요한 유형의 식단을 정확히 알고 있다. 그는 『아놀드의 남성 보디빌딩』에서 '요즘 아이들은 지나치게 근육 단련 운동을 찾고 50%에서 70%의 단백질로 구성된 식사를 하는 경향이 있습니다. 나는 이것이 너무 과하고 불필요한 일이라고 생각합니다.'라고 썼다. 아놀드는 체중 약 1kg당 1g의 단백질을 권장한다. 즉, 근육을 강하게 만드는 것을 목표로 하는 보디빌더라면 시금치 · 브로콜리 · 아몬드 섭취로 아놀드의 일일 권장 단백질 요구사항을 채울 수 있다는 뜻이다. 물론 대부분의 보디빌더는 분지쇄아미노산 · 엘글루타민 · 크레아틴 등으로 식단을 보충하기도 한다.

DIG 해볼까?

세계 챔피언과 채식주의자들

다음은 세계 챔피언과 채식주의 선수들이다.

- 행크 아론: 야구 홈런 챔피언
- 빌 피어: 미스터 유니버스 4회
- 칼 루이스: 올림픽 챔피언 10회, 국제올림픽위원회에서는 '세기의 운동선수'라고 함.
- 토니 곤잘레스: 애틀랜타 팰컨스(미국의 프로미식축구팀)의 타이트엔드(태클 가까이에서 뛰는 공격수)
- 키스 홈즈: 미들급 복싱 챔피언
- 빌리 진 킹: 테니스 챔피언
- 마르티나 나브라틸로바: 테니스 챔피언
- 에드 템플레톤: 프로스케이트보드 챔피언
- 케니스 윌리엄즈: 미국 최초 완전 채식주의 보디빌딩 챔피언
- 릭키 윌리엄즈: 마이애미 돌핀스(미국의 프로미식축구팀)의 러닝 백(라인 후방에 있다가 공을 받아 달리는 공격 팀의 선수)
- 데스몬드 호워드: 하이먼즈 트로피(매년 뛰어난 대학 풋볼 선수에게 주어지는 상) 우승자, 그린베이 패커스(미국의 프로미식축구팀)의 전 와이드 리시버(공격 라인의 몇 야드 바깥쪽에 위치한 리시버)
- 로버트 패리시: 셀틱스(보스턴 프로농구팀)의 전 인기 선수
- 제임스 사우스우드: 킥복싱 챔피언

식물성 단백질과 달리 과도한 동물성 단백질 섭취는 탈수증으로 이어질 수 있고, 이것은 몸의 성능을 저해하고 심각한 건강문제를 일으킬 수 있다. 수분 섭취량은 같지만 고단백 식단을 한 운동선수 연구에 따르면, 단백질 섭취가 증가하자 수분 수치가 낮아졌다고 한다. 체수가 2% 감소하면 운동경기 성과와 심혈관 기능에 부정적인 영향을 미치는 것으로 밝혀졌기 때문에, 연구 결과는 붉은 고기가 운동경기력에 필요하지 않고 심지어 경기력을 억제할 수도 있다고 주장한다.

주름 펴기

단백질을 얻기 위해 붉은 고기를 먹어야 한다는 것 외에 널리 퍼진 또 다른 잘못된 믿음은, 필요한 철분을 얻기 위해서도 붉은 고기를 먹어야 한다는 것이다. 철분은 적혈구가 폐에서 전신으로 산소를 운반해주기 때문에 중요하다. 우리가 배운 것과는 반대로 균형잡힌 채식 식단은 건강을 위한 철분이 충분하다. 철분 부족은 채식주의자보다 비채식주의자에게 더 흔하게 발생한다. 하지만 철분이 필요한 성장 중인 아이들은 어떨까? 완전 채식주의자인 아이들은 철분결핍 발생률이 더 낮다.

철분이 풍부한 식물 식품에는 덩굴강낭콩 · 병아리콩 · 렌즈콩과 같은 콩류, 캐슈 · 대마씨 · 해바라기씨 등 견과류 그리고 통밀빵 · 오트밀 및 건포도 · 토마토 주스 · 당밀과 같은 전곡도 포함된다.

채소와 과일에 비타민 C가 많기 때문에 식물성 식품으로 비타민 C를 많이 섭취할 수 있다. 인체에 철분 흡수를 증진시키는 데 필요한 비타민 C는 붉은 고기보다 식물성 식품에 더 많다. 소고기에는 비타민 C가 없기 때문이다. 또한 꽤 큰 우유 한 잔을 마시면서 소고기를 먹는 사람들은 진정한 역설을 만든다. 유제품 속 단백질인 카제인은 철분 분자와 결합해 대변으로 배출된다. 즉, 붉은 고기와 유제품이 결합하면 철분결핍이 생길 수 있다는 것이다.(햄버거에 치즈를 넣을 때를 예로 들 수 있을 것이다.)

B12는 어디 있는가

비타민 B12를 얻기 위해 붉은 고기를 먹어야 한다. 이것은 인체의 모든 세포가 신진대사 활동을 정상적으로 하게 하는 중요한 비타민이다. DNA 합성과 세포분열, 정상 혈액세포 형성에도 필요하다. 인체는 비타민 B12를 만들 수 없기 때문에 음식이나 보충제로 섭취해야 한다. 소고기와 같은 동물성 식품에는 비타민 B12가 있지만, 동물이 스스로 만드는 것이 아니라 동물의 내장 속 박테리아가 대신 만드는 것이다. 동물의 몸에서 비타민 B12는 단백질 분자에 달라붙는다. 소고기나 달걀 같은 다른 동물성 식품으로 비타민 B12를 섭취할 수 있다.

식물은 비타민 B12를 만들 수 없다. 즉, 동물성 식품을 전혀 먹지 않는 완전 채식주의자는 비타민 B12가 부족할 수 있다는 뜻이다. 완전 채식주의자들이 붉은 고기를 먹지 않으면 비타민 B12가 부족할 것이라는 뜻인가? 그렇지 않다. 비타민 B12는 건강을 위해 아주 조금만 먹으면 된다. 성인의 하루 권장량은 2.4㎍(마이크로그램, 100만분의 1g)이다. 붉은 고기를 자주 먹었다면 아마 30년치 비타민이 쌓여 있을 것이다.

사실 채식주의자가 B_{12} 결핍으로 병에 걸릴 위험은 극히 드물며, 이는 100만분의 1의 확률도 안 된다.

B_{12}를 더 얻기 위해 붉은 고기를 먹을 필요는 없다. 달걀, 특정한 아침용 시리얼, 해조류 및 효모 추출물로 일일 섭취량을 쉽게 채울 수 있다. 영양 효모 제품은 분말이나 조각으로 판매한다. 견과 맛과 치즈 맛이 있으며, 부드러워서 유제품이 함유되지 않은 치즈의 훌륭한 대체품이다. 이들 중 마음에 드는 것이 없으면 B_{12}보충제를 먹으면 된다.

심장마비, 뇌졸중 그리고 죽음… 오, 이런!

뇌졸중과 심장마비를 일으키는 세 가지 주요 요인은 염증 · 콜레스테롤 · 플라크 형성인데, 이는 붉은 고기로 인해 발생한다고 볼 수 있다. 스테이크 없이 A1 스테이크 소스를 마음껏 먹는 것이 낫다. 그 이유가 있다.

미국 남녀의 주 사망 원인은 심장병이다. 미국 사망자의 약 3분의 1이 심혈관질환과 뇌졸중으로 사망한다. 붉은 고기를 먹으면 심장병과 사망의 위험이 증가할 수 있다.

또한 붉은 고기는 칼로리 · 단백질 · 포화지방이 높으며 과도한 칼로리는 염증과 체중증가, 콜레스테롤 수치 증가 그리고 심장과 뇌를 갉아먹는 동맥 내 플라크를 형성할 수도 있다. 심장에서 플라크 파열이 발생하면 동맥을 통한 혈액의 흐름이 차단되어 심장마비를 일으킨다. 마찬가지로 뇌동맥에 있는 플라크가 파열되면 뇌졸중이 발생한다.

2011년 8월, 「미국임상영양학저널」은 뇌졸중과 붉은 고기 섭취의 상관관계에 대한 가장 큰 연구 결과를 발표했는데, 이는 붉은 고기를 많이 먹으면 심장병과 뇌졸중의 위험이 높아진다는 것이다. 같은 해 「뇌순환저널」에 따르면, 하루에 적어도 102g의 붉은 고기를 먹는 여성들은 매일 25g의 붉은 고기를 먹는 여성들보다 뇌졸중에 걸릴 위험이 42% 더 높다고 한다.

붉은 고기를 먹으면 사망 위험도 증가한다. 국제의학기록보관소는 10년 간 붉은 고기를 많이 먹은 사람들을 분석한 연구 결과를 발표했다.(하루 1천kcal당 약 62.5g으로 이는 하루에 쿼터파운드 버거 한 개나 작은 스테이크를 먹는 것과 같다.) 붉은 고기를 많이 먹는 사람들은 그렇지 않은 사람들에 비해 사망률이 30% 더 높았다. 연구원들은 붉은 고기를 덜 먹으면 남성 사망의 11%와 여성 사망의 16%를 예방할 수 있다고 한다.

한 달에 8번 이상 붉은 고기를 먹으면 심장마비와 갑작스런 사망의 위험이 52% 증가한다. 「유럽임상영양학저널」에서 발표한 환자 통제 연구 결과에 따르면, 붉은 고기를 자주 먹었을 때 불안전형 협심증, 플라크 파열, 혈전 형성 및 심장마비의 위험이 크게 증가한다고 한다.

붉은 고기가 결장암을 일으킨다

흡연이 폐암의 주원인이라는 것은 모두가 아는 사실로 의심할 여지가 없다. 담배에 경고 라벨이 적혀 있지만, 의무가 아니기 때문에 사람들은 여전히 위험을 감수하고 담배를 피운다. 빅 타바코(Big Tobacco, 거대 담배회사)에서 흡연의 해악을 알리는 것이 의무화되기 전에는 흡연자들이 현명한 결정을 내릴 수 없었다. 축산업에서 붉은 고기의 위험과 대장암과의 관련성을 표시하도록 의무화하는 법은 어디에 있는가? 모든 암환자 중 여성과 남성의 두 번째 사망 원인은 대장암이다. 9분마다 누군가는 결장암으로 사망한다. 이는 1년 간 차사고 · 유방암 · 살인을 합한 것보다 더 많다.

2005년 유럽과 미국에서 두 가지 광범위한 연구를 실시했다. 유럽에서는 연구를 시작할 때 암환자가 아닌 47만 8천 명의 남성과 여성을 선정했다. 거의 5년 동안 진행된 연구에서, 붉은 고기를 많이 먹은 사람들(하루에 약 140g 이상)은 붉은 고기를 적게 먹은 사람들(하루 평균 약 28g 이하)보다 대장암에 걸릴 가능성이 3배 더 높았다. 미국에서 연구원들은 50세에서 74세 사이의 고기를 많이 먹는 성인 14만 8,610명의 체중, 활동 수준, 섬유질 섭취, 심지어 비타민 보충제까지 조사했고, 고기를 적게 먹은 사람들보다 대장암에 걸릴 위험이 50% 더 높다는 것을 발견했다.

나는 환자들이 대장암으로 죽거나 친구나 가족이 질병으로 죽는 것을 너무 많이 보았다. 어떤 환자가 그의 지인이 대장암에 걸렸다고 하면 나는 그 사람이 붉은 고기를 많이 먹었는지 물어본다. 나는 항상 같은 대답을 듣는다. "네, 그는 스테이크와 햄버거를 좋아했어요. 왜요? 이게 나쁜 건가요?"

2011년 5월, 세계암연구기금(WCRF)의 대장암 위험에 대한 가장 권위 있는 보고서로 붉은 고기가 대장암의 위험을 증가시킨다는 것을 확인했다. 이 연구에 따르면, 붉은 고기를 덜 먹으면 대장암을 43% 예방할 수 있다고 한다.

세계암연구기금(WCRF)에서 이 연구를 발표하자 소고기 산업은 격노했다. 미국소고기협회, 전국양고기협회, 전국농민연합이 협동해서 세계암연구기금의 연구는 사실상 부정확하고 명예를 훼손하는 발언으로 대중을 기만했다고 비난했다. 하지만 모든 증거는 세계 최고의 과학 저널에서 수행한 연구에 기초했고, 이해의 충돌 없이 서로 신중하게 평가한 것이었다.

붉은 고기가 암을 유발하지 않는다는 연구 결과가 있는가? 실제로 다분야적 과학자로 구성된 컨설팅회사인 엑스포넌트(Exponent)는 육류 소비와 관련된 역학 문헌에 대해 독립적으로 대규모 조사를 실시했다. 모든 육류와 붉은 고기, 가공육 및 고기 섭취와 관련된 요인과 대장 · 유방 · 전립선 · 췌장 · 신장 및 위암과의 관계도 조사했다. 소고기 섭취와 암유발의 연관성에 대한 1만 4천 개 이상의 과학연구를 평가한 결과에 따르면 "붉은 고기와 암의 인과관계에 대한 결정적인 증거는 없습니다. 관련 역학 연구 속 자료는 일관성이 없어서 붉은 고기와 가공 고기가 결장암이나 위암을 일으킨다는 것을 결정적으로 뒷받침하기엔 불충분합니다."라고 한다.

사건 종결! 1만 4천 건의 연구는 다 틀렸다! 글쎄, 그렇게 가정하기 전에 돈을 쫓아가 보자. 이 과학 패널은 붉은 고기와 암유발에 관한 모든 연구에 다름 아닌 미국가축업자소고기협회의 자금을 지원받았다는 비난을 받았다. 나는 이것을 매수된 연구라고 칭한다. 담배업계에서 담배는 중독성이 없고 폐암을 일으키지 않는다고 의회에 '그들의' 증거를 제시했던 방식이 기억나는가?

왜 붉은 고기가 결장암을 유발하는가

증거는 명확하지만 정확히 왜 붉은 고기가 대장암의 위험을 증가시키는가? 왜 닭이나 생선은 그렇지 않은가? 몇 가지 연구로 이해해 보

자. 한 연구에서, 신진대사 연구실에서 지내기로 동의한 건강한 지원자들을 데리고 그들의 식단을 신중하게 관리했다. 그리고 그들의 대변을 모아 분석했다.(당신의 직업이 이젠 그렇게 나빠 보이지 않는 게 아니잖은가?) 지원자들은 15일에서 21일 동안 세 가지 시험 식단 중 하나를 택했다. 첫 번째 식단에는 하루 약 396g의 붉은 고기가 있었다. 두 번째 식단은 엄격하게 채식 위주였고, 세 번째 식단은 붉은 육류와 식이섬유가 다 있었다. 육류가 많은 식단을 택한 지원자 21명의 대변 검체에는 암을 유발하는 니트로소 화합물(NOCs)의 수치가 높았다.

채식 위주의 식단을 택한 지원자 12명은 NOCs 배출 수치가 낮았고 고기와 고섬유 식단을 한 13명의 배출 수치는 중간 정도였다. 대장 안쪽의 세포를 분석했더니, 이 세포들은 보통 대변으로 떨어져 나갔다. 붉은 고기를 가장 많이 먹은 집단의 대변 샘플에는 DNA를 변형시키는 NOC 유도세포가 많았다. 채식 위주 식단을 한 지원자의 대변에는 유전적으로 손상된 세포가 가장 적었고, 많은 고기와 고섬유 조합 식단을 한 사람들은 손상된 세포수가 중간쯤이었다. 붉은 고기와 가공육은 NOCs 수치를 높이기 때문에 대장암 위험이 증가한다. 닭고기와 생선은 NOCs 수치를 높이지 않기 때문에 위험이 줄어든다.

첫 장에서 우리는 조상들의 해부학과 육식동물의 생물학을 인간의 것과 비교해 보았다. 이로 인해 우리는 붉은 고기를 많이 먹을 수 없다는 상식적이고 일반적인 과학적 견해를 가질 수 있었다. 인간은 붉은 고기로 인한 암 위험이 높은 유일한 동물이라는 것도 고려해야 할 점이다. 다른 육식동물들은 부작용 없이 붉은 고기를 잘 먹는다. 2014년 12월 29일, 「국립과학원회보」에서 발표한 연구에 따르면, 인간을 제외한 대부분의 포유동물에서 엔글리콜뉴라민산(Neu5Gc)이라는 독특한 당을 발견했다고 한다. 이 당은 면역반응을 일으켜 염증을 유발한다. 대부분의 다른 육식동물은 이 당을 처리할 수 있지만, 인간은 그렇지 않다. 인간이 붉은 고기를 먹으면 이 당 분자가 이와 싸울 항체를 끊임없이 생산하도록 면역체계를 자극한다. 이로 인해 암을 유발하는 종양의 성장을 촉진시키는 만성적인 염증이 생기기도 한다.

인간은 육식동물에 비해 장이 길기 때문에 붉은 고기의 잔해가 대장에 더 오래 남아서 대장의 아랫부분을 부패시키기도 한다. 그것은 암모니아로 변해 독성이 될 수 있다. 또한 붉은 고기가 역류하면 요산이라는 노폐물이 생긴다. 이 산은 소장의 장내세균총을 파괴시켜 대장암에 걸리기 쉽다. 이 요산이 대장에 너무 오래 있으면 혈류로 흡수되는데, 이로 인해 관절염 · 고혈압 · 제2형 당뇨병의 위험이 증가한다.

다른 동물성 식품보다 붉은 고기를 소화하기가 가장 어렵다. 생선은 소화하는 데 30분이 걸리고, 닭은 1시간 반에서 2시간이 걸리고, 붉은 고기는 3시간에서 5시간이 걸린다. 붉은 고기는 생선과 가금류에 비해 단백질이 풍부한 동물의 근육이기 때문에, 더 꼭꼭 씹어야 하고 위장의 벽세포에서 산이 많이 분비되어야 소화가 잘 된다. 붉은 고기의 잔여물은 14일에서 21일 동안 내장의 벽에 들러붙어 있을 수도 있다. 그러나 변비가 있다면 썩은 고기는 몇 달 동안 내장에 머물 수도 있다. 사람은 아기처럼 식후 하루에 2번에서 3번 건강한 배변을 해야 하는데, 이보다 빈도가 낮으면 변비에 걸린다. 집에 있는 파이프가 끈적한 물질이나 파편들로 꽉 채워져 있다고 생각해 보라. 동물성 단백질과 지방이 축적되면 제대로 소화되지 않은 음식 찌꺼기를 둘러싼 두껍고 끈적거리는 점액이 결장에 쌓인다. 집에 있는 파이프의 좁은 통로의 흐름이 늦어지듯 결장의 축적도 마찬가지다.

붉은 고기 섭취, 식이섬유 부족, 수분 부족이 변비의 세 가지 주요 원인이다. 암 생화학자인 H. 아빌레스 박사는 15년 동안 본 7,715명의 암환자 중 99%가 만성변비였으며, 악성종양의 정도와 변비의 강도가 유사하다는 것을 발견했다.

붉은 고기로 인한 담석

켄터키대학 의학센터의 연구원들은 16년의 대규모 연구로 붉은 고기에 헴철(heme iron)이 과하게 있어 담석을 일으킨다는 안 좋은 사실을 「미국임상영양학저널」에 실었다. 담석은 서양 국가에서 흔히 발생하며, 계속해서 복부 질환의 주요 원인이 되고 있다. 담낭 제거수술은 오늘날 미국에서 가장 흔한 수술 중 하나로 매년 50만 명 이상의 사람들이 한다.

소고기가 당뇨병 위험을 증가시킨다

2011년 「미국임상영양학저널」에 발표한 하버드대학의 연구에 따르면, 붉은 고기를 한 달에 한 번 먹는 사람에 비해 하루에 1인분 정도 먹는 사람의 제2형 당뇨병 발병률이 50% 증가한다고 한다.

몇 가지 이유가 있다.

- 붉은 고기는 철분 수치가 높아서 췌장에 인슐린을 생성하는 베타 세포를 파괴하는 염증성 화학물질을 증가시킬 수 있다.

- 가공육의 질산염도 베타 세포에 독성이 있다. 이것이 제2형 당뇨병의 위험이 더 높아지는 이유다.
- 붉은 고기를 너무 많이 먹는 사람들은 체중이 증가하기도 하는데, 이것도 당뇨병의 위험 요인이다.

이번 연구 결과가 소고기 업계의 비난을 받은 것은 확실하다. 미국가축업자소고기협회의 인간영양연구 전무인 샬린 맥닐은 이렇게 말했다. "붉은 고기가 실제로 제2형 당뇨병의 위험을 낮출 수 있다는 연구 결과가 많았습니다. 이 최근의 하버드 연구에는 사람들이 건강하고 균형잡힌 식단의 일부로 영양분이 풍부한 소고기를 즐기는 방식을 바꿀 만한 것이 전혀 없습니다."

맥닐은 소고기를 먹으면 제2형 당뇨병에 걸릴 위험이 줄어든다는 증거를 결코 제시하지 않았다. 우리는 그냥 그녀의 편파적인 의견을 믿어야 하는가?

하버드대학의 연구가 붉은 고기를 먹는 것과 제2형 당뇨병 발병의 상관관계를 보여준 것은 이번이 처음이 아니다. 또 다른 예는 현재 진행 중인 여성건강연구로 3만 7,309명 참가자의 제2형 당뇨병 비율을 조사했다. 심혈관질환 · 암 · 제2형 당뇨병이 없는 45세 이상 여성을 대상으로 조사했다. 연구팀은 연령 · 체질량 지수 · 총에너지 섭취량 · 활동 수준 · 음주량 · 흡연 · 당뇨 가족력을 조정해 조건을 완전히 동등하게 만들었다. 이 여성들을 조사한 지 거의 9년이 지난 2004년, 「당뇨관리저널」에서 발표한 하버드의 연구 결과는 붉은 고기 섭취와 제2형 당뇨병 발병은 관련이 있다는 것이었다.

45세에서 75세 사이의 남성 4만 2,504명을 대상으로 실시한 유사한 연구가 있다. 식습관에 영향을 주지 않기 위해 당뇨병 · 심혈관질환 · 암에 걸리지 않은 남성들을 대상으로 연구를 진행했다. 그들에게는 하루에 800kcal 이상을 섭취해야 하며 4,200kcal는 넘지 않도록 했다. 12년 간 이어진 조사에 따르면, 붉은 고기와 가공육을 많이 먹을수록 제2형 당뇨병의 위험이 더 높다는 결론이 나왔다.

➿ 유전자 변형 고기: 스테이크에 진짜 뭐가 있지?

소의 DNA를 변형시켜 정확한 임신기간, 송아지가 태어날 날짜 및 크기까지도 조절할 수 있다고 상상해 보라. 그것은 실제로 매일 일어나고 있다. 수익을 내기 위해 송아지가 약 45kg에서 약 680kg 이상으로 자라도록 하는 데는 불과 14개월밖에 걸리지 않는다. 소는 빨리 크기 위해 성장호르몬 주사를 맞는데, 덕분에 20% 더 빨리 자란다. 성장호르몬은 소의 무게를 증가시키는데, 이것은 기록적인 시간 내에 도살장에 가게 된다는 것을 의미한다. 당연히 농장주에게 가장 수익성이 높은 해결책이 소비자들에게 가장 좋은 것은 아니다.

1956년에도 가축에게 합성호르몬을 주사했었다. 1970년대에 FDA는 6개의 호르몬성장촉진제(HGPs)를 승인했다. 그것은 자연발생호르몬인 에스트라디올 · 프로게스테론 · 테스토스테론이라는 세 가지 호르몬과 합성호르몬인 제라놀 · 트렌볼론 · 멜렌게스톨이다. 우리가 성장호르몬 주사를 맞은 소로 만든 스테이크와 햄버거를 먹으면 그 호르몬까지 같이 먹는 것이다. 이런 호르몬은 몸속에서 순환하며 약효대로 성장을 촉진시킨다. 연구에 따르면, 호르몬이 종양의 성장을 증가시킨다고 한다.

오하이오주립대학교의 암 연구원들은 인간의 유방암 세포와 소량의 제라놀을 섞었다. 결과는 FDA가 안전하다고 주장하는 것보다 30배나 낮은 호르몬 수준에도 종양 성장이 엄청나게 급증했다. 종양이 증가하는 이유는 성장촉진 호르몬이 신체를 순환하면서 미성숙한 세포를 찾기 때문이다. 그들이 잠복 중이던 미성숙한 암세포를 발견하면 그 세포에 붙어 자라게 한다. 잠복성 피부암 세포가 있는 상태에서 성장호르몬을 섭취하면 잠자던 세포가 깨어나 피부암이 퍼질 수 있다.

소에게 주사하는 몇몇 성장호르몬은 여성이 자연적으로 생산하는 호르몬과 유사한 합성 에스트로겐으로 구성되어 있다. 60년 전에는 보통 여성이 15세 이후 사춘기가 시작될 때 자연 형태의 에스트로겐이 생산되었다. 오늘날 소녀의 월경주기가 10세, 혹은 더 일찍 시작하는 일은 흔하다. 여자아이들이 태어날 때부터 동물성 제품이 없는 엄격한 채식주의 식단을 하면 보통 15세 이후에 월경주기를 시작한다. 오늘날 동물성 제품을 거의 먹지 않는 중국 시골지역의 평균 사춘기 연령은 17세에서 19세 사이다. 서구식 패스트푸드 식당이 보편화되고 있는 지역에서는 소녀들의 사춘기가 비교적 더 일찍 시작된다. 소년의 경우, 에스트로겐이 증가하면 여성형 유방이라는 유방이상비대현상이 발생할 수 있다. 다른 질환으로는 근긴장도(筋緊張度) 상실, 고환 축소, 우울증, 피로, 낮은 에너지 수준 및 기억력 감퇴 등이 있다.

FDA는 현재 소고기 및 가금류 산업에서 사용하는 호르몬이 안전하다고 한다. FDA는 1950년대와 1960년대에 디에틸스틸베스트롤(DES)이라는 호르몬이 안전하다고 말한 바로 그 기구이다. 소고기 및 가금류 산업에서는 DES를 성장호르몬으로 사용했다. 1979년 DES가 심각한 발암물질이라는 것이 실험으로 명백하게 밝혀지자, FDA는 그것을 동물성장촉진제로 사용하는 것을 금지했다. 이로 인해 제약회사들은 DES의 재고가 엄청 많이 남았다. 그래서 제조업자들은 재고를 폐기하지 않고 그것이 가축과 가금류의 성장을 촉진시킨다고 홍보하면서 세계 저개발 지역에 있는 농부들에게 보냈다. 그중 한 곳이 푸에르토리코였다.

많은 푸에르토리코 농민들이 가축과 가금류에 DES를 주사했으며, 결과를 보고는 매우 흥분했다. 그들이 들은 대로 DES 덕분에 소와 닭이 더 커진 것이었다. 그러나 얼마 지나지 않아 푸에르토리코 보건당국은 끔찍한 여파를 발견했다. 수천 명의 아기들과 아이들이 완전한 성적 성숙도를 보이고 있었다. 5세짜리 여자아이들의 생식샘이 완전히 발달하고, 음모가 생겼으며, 심지어 생리까지 했다!

미국 제약회사들의 이런 '선물'은 결국 푸에르토리코에 암과 죽음이라는 여파를 남기게 된 것이다. FDA는 DES를 소에게 '안전한' 성장호르몬으로 여겼다. 안전하지 않다는 수많은 증거가 있는데도 FDA의 확고한 입장을 믿어야 하는지 의문이 생길 것이다.

DIG 해볼까?

소고기와 성장호르몬

국립보건원에서 에스트로겐과 프로게스테론이 과하면 발암 가능성이 있다고 하지만, 90% 송아지에게 이 호르몬을 투여하고 있다. 에스트로겐은 여성의 유방암을 일으키며 프로게스테론은 난소, 유방 및 자궁 종양의 성장을 촉진시키는 것으로 드러났다. 소고기 성장호르몬에 노출되면 불임이 될 가능성도 있다. 일상적으로 소고기를 먹는 여성은 정자수가 정상보다 적은 아들을 낳을 확률이 훨씬 높다. 실제로 정자수는 소고기를 거의 먹지 않는 산모의 아들의 경우는 24.3% 더 높은 것으로 밝혀졌다.

과학자들은 소 비료에 남아 있는 호르몬이 환경에 미치는 영향에 대해서도 우려하고 있다. 성장을 촉진하는 호르몬은 우리가 먹는 고기에 남아 있거나 소 배설물로 배출된다. 비료가 주변환경에 유입되면 비료 속 호르몬이 땅과 지하수를 오염시키고, 가축 사육장 근처에 거주하는 주민에게 부정적인 영향을 줄 수 있다. 수생 생태계는 특히 호르몬 잔류물에 취약하다. 이 호르몬이 물을 오염시키면 물고기의 성별 및 생식능력에 중대한 영향을 미쳐 자연적 주기를 방해한다. FDA에서 발표한 소고기 속 호르몬의 잠재적 위험성을 보여주는 전 세계적인 연구에도 불구하고, 인간에게 사용된 호르몬 수치가 위험할 정도로 높은 것은 아니라는 입장은 여전하다.

소고기에는 항생제가 들어 있다

우리 모두 목이 아파서 병원에 간 적이 있다. 의사는 작은 손전등을 들고 '아' 하라고 한 뒤 패혈증 인두염이라며 항생제를 처방한다. 약 10일에서 14일 동안 먹을 양의 약을 처방해 준다. 왜 항생제를 몇 주간 복용하지 않는지 생각해 본 적 있는가? 항생제라는 단어에서 답을 찾아보자. 단어 anti는 '반대'를 의미하고 생물학적 의미는 '생명'이다. 정의상 '항생제'는 '생명에 반하는 것(즉, 사망)'을 의미한다. 이 약이 죽음을 초래하는 것은 확실하다. 그것들은 몸속을 돌아다니면서 박테리아를 파괴한다. 그리고 10일에서 14일 동안 좋은 박테리아보다 나쁜 박테리아를 더 많이 파괴한다.

그런데 평생 동안 항생제를 매일 복용해야 한다면 어떨까? 항생제를 매일 복용했을 때 몸에 미칠 영향을 상상해 보라. 여러분, 소의 삶에 오신 것을 환영합니다. 그들에게 매일 이런 '생명에 반하는' 약을 먹인다. 왜 매일 먹이는가? 분명한 이유 중 하나는 제2장에서 다루었듯이, 우유 짜는 기계 때문에 유방이 박테리아 감염에 지속적으로 노출되기 때문이다. 그러나 목장 주인과 농부가 이 약물을 복용시키는 또 다른 이유가 있다. 소량의 항생제를 매일 투여하면 동물의 체중이 3%까지 증가하기 때문이다. 소가 무거울수록 더 비싸진다는 사실을 잊지 마라. 매일 항생제를 먹으면 일반적으로 동물의 장에 있는 자연적인 식물군이 변화되어 소들이 살찌는데, 이것은 소가 음식을 보다 효과적으로 활용할 수 있게 한다.

당신은 항생제 사용량을 매일 기사로 보진 않지만, 매년 축산업에서는 약 680kg에서 700kg의 항생제를 사용한다. 의사가 처방한 항생제를 먹든지, 소량의 약물 성분으로 오염된 소고기를 먹든지, 그것은 여전히 당신의 몸에 침투한다. 하지만 무서운 사실이 있다. 의학 교육을 받은 의사만이 법적으로 항생제를 처방할 수 있지만, 동물에게 사용되도록 승인된 약의 93%는 수의사의 감독 없이 농장주가 관리할 수 있다는 것이다. 고양이와 개의 주인들은 수의사 처방 없이 애완동물에게 항생제 투여를 할 수 없지만, 이 법에 따르면 처방약 투여에 익숙하지 않은 목축업자들과 농부들도 자유롭게 투여할 수 있다.

농부들이 사람의 병을 치료하는 데도 쓰이는 피하주사약을 소에게 투여하면 그 고기를 먹는 사람들에게 건강상의 위험을 줄 수 있다. 소의 박테리아는 결국 항생제에 내성을 갖게 된다. 인간이 이 저항성 박테리아를 섭취해 병에 걸리면 항생제에 반응하지 않을 수도 있다.

2002년 「뉴잉글랜드의학저널」에 발표한 연구에서 연구원들은 항생제 시프로플록사신에 내성을 가진 박테리아가 있는 사람들이 살모넬라 박테리아에 오염된 고기를 먹음으로써 그 박테리아를 얻었다는 사실을 발견했다. 슈퍼마켓에서 파는 육류의 20%는 살모넬라균을 함유하고 있다. 오염된 고기의 84%는 적어도 하나의 항생제에 대해 내성이 있다.

세계보건기구는 가축에 사용하는 항생제의 양을 대폭 줄일 것을 권고하고 있다. 스웨덴, 핀란드, 벨기에, 덴마크 및 캐나다를 포함한 여러 나라들이 선두로 나서 비치료적인 항생제 사용을 금지했지만, 미국에서는 여전히 합법이다.

소고기에는 농약이 들어 있다

살충제는 곤충과 해충을 통제, 퇴치, 혹은 죽이기 위해 사용하는 화학물질이다. 제초제는 원치 않는 식물을 죽이는 데 사용한다(살초제). 둘 다 농약의 한 종류이다. 미국의 모든 제초제와 살충제의 80%는 옥수수와 콩에 뿌리며, 이는 소와 다른 가축의 사료가 된다. "당신이 먹는 것이 바로 당신이다."라는 말은 "당신의 음식이 당신이다."가 되었다. 동물이 이 화학물질을 먹으면, 그 물질이 몸에 축적되고 결국 우리가 먹는다. 농약과 제초제 모두 단순 피부발진에서부터 죽음에 이르는 여러 가지 증상을 일으킬 수 있다. 제초제 및 농약산업에서는 제품의 안전성에 대해 허위 또는 오해의 소지가 있는 주장을 한다. 1996년 업계 최대의 제조업체인 몬산토는 뉴욕 검찰총장 데니스 바코의 압력을 받아 광고를 바꾸기로 했다. 몬산토는 회사 브랜드인 제초제 라운드업(Roundup)이 식용 소금보다 안전하고 포유류 · 조류 및 어류에 '실질적으로 무독성'이라고 주장했지만, 바코는 오해의 소지가 있다고 판단했다.

라운드업은 가장 대중적인 제초제이며 유독 성분이 있다. 이는 극소량을 섭취해도 인간 배아 · 태반 · 체외 탯줄세포를 죽이는 것으로 밝혀졌다. 다우화학회사에서는 토돈101이라는 대중적인 제초제를 만든다. 그들은 토돈101의 활성성분이 강력한 발암성이라는 증거가 있음에도 불구하고, 동물과 곤충에 아무런 영향을 미치지 않는다고 주장한다. 또 다른 대중적인 제초제인 파라쿼트는 파킨슨병을 일으킨다.

2005년 국립과학원의 국가연구위원회(NAS)는 소고기가 미국에서 판매되는 어떤 음식보다도 제초제를 가장 많이 함유하고 있다는 것을 발견했다. NAS에서 소고기는 농약에 오염되어 암을 일으킬 위험이 가장 큰 식품으로서 토마토 다음으로 2위를 차지하며, 살충제 오염에서는 3위를 차지했다는 것도 발견했다. 고기는 식물성 식품보다 농약 잔류물이 14배나 더 많고 유제품보다 5배나 더 많다.

소고기에는 박테리아가 있다

소들은 살면서 너무나 많은 항생제를 먹어서 이 많은 미생물에 대한 허용치를 만든다. 그것은 해로운 박테리아가 몸안에 남아 있다는 뜻이다. 소고기 속 특정 박테리아를 섭취하면 신부전 · 뇌 및 척수 손상 · 유산 등 영구적인 건강문제가 생길 수 있다.

좋은 소식은 날고기에 있는 대부분의 박테리아는 요리 과정에서 죽는다는 것이다. 하지만 큰 고기조각에 있는 박테리아는 뜨겁게 가열해야 죽는다. 예를 들어, 그릴에서 두꺼운 스테이크를 레어나 미디움레어로 구우면 바깥 표면의 박테리아만 죽는다. 남아 있는 선홍빛 부분에는 여전히 박테리아가 남아 있다. 아무리 버거나 스테이크를 요리한다고 해도 섭씨 70도(화씨 160도) 이하의 온도에서는 고기 안에 있는 모든 박테리아는 죽지 않는다. 하지만 적당한 온도에서 선홍빛이 안 보이게 될 때까지 버거를 구워도 여전히 교차오염이 발생한다.

버거 색깔만으로 판단할 수는 없다. 미농무부에 따르면, 버거 4개 중 1개는 섭씨 70도가 되기도 전에 갈색으로 변한다. 버거가 70도 이상으로 완전히 익었는지 확인하기 위해서는 육류용 온도계로 재야 한다. 일단 온도계를 고기에 넣고 적당한 온도로 요리되는지 확인하는 과정에서 고기는 온도계의 박테리아에 감염된다는 것을 명심하라. 고기가 완전히 익지 않았고 계속 요리 중일 때 재사용하면 안 된다. (깨끗이 씻지 않고) 주걱이나 집게를 사용해 그릴에 버거나 스테이크를 놓거나 뺄 때 이 기구들이 날고기와 접촉해 또 다른 형태의 교차오염이 발생한다. 당신이 완전히 박테리아가 없는 요리된 버거를 기구로 집는다면 그 기구에 있는 박테리아가 고기로 오염될 수 있다. 도마나 서빙 접시도 마찬가지다. 익힌 버거나 스테이크를 날고기를 담았던 쟁반에 놓으면 박테리아에 오염된다.

스테이크나 버거를 많이 익히면 위험한 병원균을 '연소'시키고 더 안전하게 먹을 수 있지만 그만큼 대가가 따른다. 남성들이 잘 구워진 고기를 자주 먹으면 전립선암에 걸릴 위험이 높아진다. 사실 버거와 스테이크를 좋아하는 사람들은 암 위험이 2배가 된다. 고기를 화로대에서 고온으로 구우면, 다핵방향족탄화수소(PAHs)와 헤테로사이클릭아민(HCAs)이라는 두 가지 화학물질이 형성된다. 이 화학물질들은 여성의 유방암과 남성의 전립선암을 초래한다. 미네소타주립대학의 공중보건 및 암센터의 연구원들은, 잘 익힌 고기나 탄 고기를 자주 먹으면 췌장암의 위험이 60%까지 높아질 수 있다고 한다.

붉은 육류에 서식하는 음식으로 전파되는 미생물

매년 미국에서 4,800만 명 정도의 사람들이 식중독을 앓고 있는데, 이로 인해 매년 3천 명이 사망한다. 식중독은 위장관 감염의 형태로 나타나며 해로운 박테리아 · 기생충 · 바이러스가 함유된 음식에 의해 발생한다. 식중독의 일반적인 증상은 구토 · 설사 · 복통 · 열 · 오한이다.

아래는 붉은 고기에서 가장 흔한, 음식으로 전파되는 미생물들이다.

대장균(Escherichia coli)

E. coli라고도 알려진 이 박테리아는 음식으로 전파되는 미생물 중 가장 흔하다. 대장균은 인간을 포함한 대부분의 온혈동물의 장관 하부에서 발견된다. 이 미생물들은 이미 몸안에 있으며, 우리가 먹는 음식을 소화시키고 유익한 비타민 K의 생산을 돕는다. 또한 장에 발생하는 다양한 질병을 막아주기도 한다. 이런 대장균이 어떻게 그런 '형편없는' 평판이 나 있는가? 이 박테리아는 온혈동물의 대변으로 배출된다. 대장균은 사람에서 사람으로 전염될 수 있지만, 심각한 대장균 감염은 박테리아로 오염된 음식을 먹었을 때 발생한다.(음식 속 소똥!) 어

떻게 이런 일이 생길까? 거름은 종종 비료로 쓰이고 오염된 물은 때로 농작물에 공급하는 데 사용된다. 소는 말 그대로 하루 종일 비료를 먹는다. 때로 소의 몸 전체가 비료로 덮여 있다. 소를 도살하기 전에 깨끗이 씻기기는 굉장히 어렵고 도축 과정에서 고기가 오염될 수 있다.

이 미생물은 우리에게 굉장히 심각한 식중독을 일으킬 수 있다. 매년 대장균 오염 때문에 수십만 kg의 소고기 제품이 회수된다. 현재까지 있었던 리콜 중 가장 큰 것은 2007년 10월에 발생했는데, 최고의 고기 회사가 대장균 오염을 일으킬 수도 있는 햄버거 고기를 회수당해 회사가 파산했던 일이다. 대장균 때문에 연간 7만 4천 건의 질병이 생긴다. 갈아놓은 소고기는 대장균에 오염된 가장 흔한 음식이다. 응가버거에 케첩을 조금 넣어 드릴까요? 대장균과 다른 병원체가 시금치, 딸기 및 기타 농산물까지 오염시킨다는 보고가 있다. 연구원들은 이런 과일과 채소가 어떻게 병원체에 감염되었는지 100% 확신하지 못한다.

시겔라균(Shigella菌)

이 작은 박테리아는 사실 대장균의 아류로 여겨지며, 보통 대변으로 오염된 고기에서 발견된다. 이번에는 보통 인간의 대변을 먹었을 때의 문제다. 대부분의 감염은 오염된 손가락이 입에 닿아 발생한다. 박테리아는 농작물과 수확물의 위생 관행이 좋지 않기 때문에 오염된 음식에서 생길 수 있다. 파리는 대변에서 음식에 이르기까지 시겔라의 매개체이다. 시겔라균은 장 내벽을 공격하는 독소를 만드는데 장벽의 궤양과 유혈 설사를 유발한다. 또한 신장기능부전을 초래할 수 있으며, 전 세계적인 반응성관절염의 원인 중 하나로 여겨진다.

소해면상뇌변증(Bovine spongiform encephalopathy, BSE)

광우병으로 더 잘 알려진 소해면상뇌변증은 소에게 가장 치명적인 신경퇴행성 질병이다. 이 질병은 영국에서는 가장 흔하게 발생하지만, 미국에서는 소수의 사례만 보고되었다. 이 병은 박테리아 섭취로 인한 것이 아니다. 대신 감염된 시체의 고기, 뇌, 척수 또는 소화관을 먹은 가축이 사람에게 전염시킨다. 연구에 따르면, 광우병은 다른 소의 고기와 뼈를 먹어서 발병한다. 소는 초식동물이기 때문에 다른 동물의 장기와 고기를 먹으면 안 된다. 만약 먹는다면 소는 병에 걸린다.

> "미국에서 소고기 산업은 금세기 모든 전쟁, 자연재해, 차 사고를 합한 것보다 더 많은 사망자를 냈습니다. 소고기가 '인간을 위한 진정한 음식'이라고 생각한다면 당신은 진짜 좋은 병원이 있는 동네에서 사는 것이 좋을 것입니다."
>
> -'책임있는 의료를 위한 의사회'의 의학박사이자 대표인 **닐 D. 버나드**

붉은 고기 대안식품

우리는 소고기를 먹는 사회에 살고 있다. 어렸을 때 엄마는 매주 햄버거와 감자튀김을 먹으러 우리를 데리고 맥도널드와 버거킹에 갔고, 주말에는 아빠가 그릴에 스테이크를 구워주셨다. 그러나 공통과학과 좋은 옛 상식에 따르면, 소고기의 대안식품을 먹어야 한다는 것은 분명하다. 좋은 소식은 건강에 좋은 선택이 많다는 것이다.

베지버거(고기를 안 쓴 버거)

알았어, 인상 쓰지 마! 날 믿어 봐. 베지버거는 지난 몇 년 동안 굉장히 맛있어졌다. 사실 나는 스테이크 애호가인 내 친구에게 했던 작은 실험을 공유하고자 한다. 나는 그릴에 연어를 굽고 있다며 그를 초대했다. 그는 얼굴을 찡그렸고, 나는 그가 생선을 안 먹는다는 사실이 떠올랐다. 그래서 대신 햄버거를 만들겠다고 하자 그는 기꺼이 저녁 초대를 받아들였다. 내가 사실 그릴에 베지버거를 굽고 온갖 요리 도구를 사용해서 그가 좋아하는 방식으로 만들었다는 사실을 그는 몰랐다. 그는 아주 맛있게 먹었다! 나는 그가 음식을 다 먹은 후에 사실 그 햄버거는 소고기가 들어 있지 않은 베지버거라는 사실을 말하기로 했다. 시도해 보기 전에는 어떤 것도 비판하지 마라. 그것은 소고기의 맛있는 대안식품이다. 개인적으로 좋아하는 것은 유기농 햇살버거(sunshineburger.com)이다. 그들은 독성 · 합성농약 또는 비료를 사용하지 않으며, 유전자 미조작 인증을 받은 최초의 베지버거다. 버섯과 양파를 같이 넣어 요리하면 당신은 정말 건강한 버거를 먹는 것이다!

또 다른 맛있는 붉은 고기 대안식품은 에이미의 유기농 텍사스 버거(amyskitchen.com)다. 에이미의 유기농 채소 제품 브랜드는 바비큐 맛이 나는 여러 종류의 베지버거를 만든다.

칠면조 버거

당신도 내가 한 일을 할 수 있고, 처음부터 당신만의 칠면조 버거를 만들 수 있다. 햄버거 고기를 유기농, 자유 범위 닭, 간 칠면조로 바꾸고 하던 대로 요리하라. 정해진 조리법대로 만들고 싶다면, 가장 유명한 브랜드 중 하나는 제니-오(jennieo.com)의 천연 자연산 칠면조 버거다. 이 육즙이 많은 쿼터 파운더를 굽거나 튀겨도 된다.

양송이버섯

이 버섯은 '채식주의자의 필레미뇽'이라고 불린다. 왜냐하면 즙이 많고 부드러운 스테이크와 식감이 똑같기 때문이다. 당신이 가장 좋아하는 스테이크 양념과 향신료를 이 큰 버섯에 넣고 그릴에 구우면 된다. 여기에 구운 감자를 같이 곁들여 먹어라. 그러면 당신이 지금까지 먹은 부패하고 박테리아가 드글드글하며 성장촉진호르몬이 가득한 암유발 스테이크는 생각도 안 날 것이다.

가장 건강한 붉은 고기 선택

아직도 붉은 고기가 먹고 싶으면 들소를 먹는 것이 낫다. 소고기를 먹으면 트리글리세리드 수치와 염증 지표가 모두 증가하지만, 들소를 먹으면 트리글리세리드 수치는 약간 증가하지만 염증 지표는 증가하지 않는다. 연방법은 들소에 성장호르몬 사용을 금지하기 때문에, 들소가 소고기보다 더 건강한 대안식품이라고 생각하면 된다.

아직도 종종 햄버거나 스테이크를 먹는다면, 미농무부 인증 유기농 제품을 선택하는 것이 가장 좋다. 이 인증을 받은 소농들은 화학물질 · 농약 · 호르몬을 주사하지 않는다는 엄격한 지침을 준수해야 한다. 미농무부 등급은 프라임 · 초이스 · 셀렉트 순으로 최상에서 최하이다. 사람들은 대부분 등급이 높을수록 좋은 고기라고 생각하지만, 소고기의 경우에는 그렇지 않다. 소고기는 맛, 질감 그리고 근육 내

지방이라 불리는 마블링의 정도로 등급이 매겨진다. 마블링은 풍미를 더하고 고기의 품질을 판단하는 주요 기준 중 하나다. 일반적으로 마블링이 많을수록 등급이 높아진다.

인증된 유기농 소고기

유기농은 천연 소고기나 목초사육 소고기와는 다르다. 미농무부의 식품안전검사국은 인공향료, 색소 또는 화학방부제를 사용하지 않았다면 천연 소고기라는 라벨을 사용할 수 있게 한다. 이 정의는 도축 후에 소고기가 처리되는 방식에만 적용되며 사육방식에는 적용되지 않는다. 목초사육 소고기('자연적으로 자란'이라고도 함)는 도축 전 소가 관리된 방식과 소가 먹은 식품 종류와 관련이 있다. 대부분의 소들이 풀을 먹기 시작하면서 곡물 비육을 위해 비육장으로 옮겨지는 반면, 목초사육 소는 목초지에서 먹이를 찾아다니며 지낸다. 하지만 목초사육 소가 비료가 아닌 풀만 먹였다고 해서 유기농 인증을 받을 수 있는 것은 아니다. '인증 유기농' 소고기가 되기 위해서는 사육 및 처리 과정의 엄격한 규정을 통과해야 한다. 유기농 곡물과 풀을 먹고 야외에서 자유롭게 뛰어논 소만 이 인증을 받을 수 있다. 항생제나 호르몬을 투여하면 안 된다. 소고기를 살 때는 항상 '미농무부 인증 유기농' 라벨을 확인하라.

[표 3-2] 소고기 구입시 비교

과정	미농무부 인증 유기농	미농무부 등급	천연	목초사육
인도적 관리	인증	규정 없음	규정 없음	규정 없음
유기농 섭취	인증	미적용	비인증	비인증

항생제나 합성호르몬	비인증	적용	규정 없음	규정 없음
외부 접근성(목초지)	인증	미적용	규정 없음	인증
축산 부산물	비인증	적용	규정 없음	인증
유전자 조작 식품 섭취	비인증	적용	규정 없음	규정 없음
합성농약/제초제 사용	비인증	적용	인증	규정 없음
화학비료를 사용한 먹이	비인증	적용	인증	규정 없음

DIG

D(발견): 단백질을 섭취하기 위해 소고기를 먹을 필요 없다는 것을 과학적으로 증명했다. 사실 소고기의 단백질은 당뇨병 · 암 · 고콜레스테롤 · 고혈압 · 심장병 · 뇌졸중과 관련이 있다. 붉은 고기에는 유해한 박테리아, 성장호르몬 및 항생제가 있을 수 있다. 미국영양학협회, 미국심장협회, 국립과학원, 미국국립과학아카데미, 미국소아과학회에서는 모두 붉은 고기 섭취를 줄일 것을 권장한다. 이 세상 어느 보건기구도 채소 섭취를 줄이거나 없애도록 권장하지 않는다.

I(본능): 사람들은 근육을 키우기 위해 소 근육을 먹는다. 본능적으로 이것에 대해 어떻게 생각하는가? 어릴 때부터 붉은 고기가 튼튼한 근육을 키워주는 단백질이 있다고 들었을 것이다. 그것이 사실이라면, 많은 기록을 보유한 챔피언 운동선수가 채식주의자인 이유를 어떻게 설명할 수 있는가? 그들은 튼튼한 근육을 갖고 있지 않나?

G(신): 붉은 고기에는 본래 우리가 소화하지 못하는 것이 있다. 바로 염증을 일으키고 면역반응을 낮추는 엔글리콜뉴라민산이라는 당이다. 박테리아와 콜레스테롤은 다양한 질병을 일으키기도 한다. 판매용 붉은 고기의 항생제와 호르몬은 건강에 해롭다.

닭놀이

-우리는 건강을 걸고 닭놀이를 하고 있는가?-

"닭은 왜 길을 건너갔을까?

커넬 샌더스(켄터키 프라이드 치킨[KFC]을 창립한 미국의 기업가)에게서

도망치려고!"

작자미상

닭처럼 생기고 닭처럼 울기만 하면 우리가 먹는 고기가 정말로 닭이라는 뜻인가? 불행히도 과거의 건강하고 신선한 닭고기는 모두 달아났다. 오늘날 닭에 사용하는 농약 · 식욕자극제 · 살충제 · 박테리아와 같은 오염물질은 위험한 수준이다. 혼합착색제와 화학방부제를 첨가하면 다음과 같은 질문이 생긴다. 우리 접시에 뭐가 있어? 그렇지만 앞서가지 말고 자연이 닭고기 섭취 시 의도한 건강상의 이점들에 대해 이야기해 보자.

지난 장에서 염증을 유발하고 면역체계를 저하시킬 수 있는 소고기 속 당인 엔글리콜뉴라민산에 대해 다루었다. 가금류는 이런 염증을 유발하는 당이 없다. 또한 닭고기는 지방과 콜레스테롤이 낮으며 붉은 고기보다 불포화 '좋은 지방'이 3배나 더 많다. 닭가슴살의 지방은 잘 손질된 상등품 티본 스테이크(소의 안심과 등심 사이에 T자형의 뼈부분)의 절반뿐이지만 껍질을 조심해야 한다. 껍질을 먹으면 포화지방 섭취량이 2배가 된다. 닭고기는 요리하기 전에 껍질을 제거하는 것이 좋다. 어떤 사람들은 껍질째로 요리하다가 요리가 끝나면 껍질을 벗긴다. 그러나 껍질에서 나온 지방이 요리하는 동안 이미 고기에 스며들었다.

가금류 고기는 다른 고기에 비해 몇 가지 장점이 있다. 예를 들어, 관동맥성심장병을 일으키는 트랜스 지방이 없다. 닭과 칠면조는 칼로리가 낮고, 나트륨이 거의 없으며, 니아신 · 아연 · 셀레늄이 풍부하다. 이는 콜레스테롤 수치를 낮추고, 혈액순환을 도우며, 심장병과 뇌졸중의 위험을 낮추는 데 도움이 된다.

보통 추수감사절에 칠면조를 먹은 후 모든 사람들이 기분이 좋아지고, 스트레스가 날아가고, 편안해지는 것을 본 적 있는가? 그것은 칠면조고기가 신체의 수면 패턴과 기분을 조절하는 신경전달물질인 세로토닌의 전구체인 트립토판을 많이 함유하고 있기 때문이다. 트립토판의 세로토닌 수준을 올리는 능력으로 인해 불면증 · 우울증 · 불안 등 다양한 증상을 치료하는 데 사용되었다.

⊛ 질병 예방을 위한 닭

우리는 붉은 고기와 대장암의 관련성에 대해 연구했지만, 가금류는 전혀 관련이 없다는 연구 결과가 있다. 2005년 「미국소화기학회지」에서 발표한 연구에 따르면, 닭고기는 결장암을 예방할 수 있다고 한다. 이 연구에서 1,500명 이상의 환자가 용종을 제거하기 위해 기본 대장내시경을 받았다. 연구팀은 용종이 제거되었는지 확인하기 위해 1년과 4년 간격으로 후속 대장내시경을 했다. 가공육 및 붉은 고기를 더 많이 먹은 사람들은 재발성 암 전 성장(대장 선종)이 현저히 증가했지만, 닭고기를 많이 먹은 사람들은 이런 위험이 적었다. 닭고기를 많이 먹은 사람 중 진행성 선종의 위험이 가장 높은 사람들은 암을 유발시키는 성장의 위험이 39% 낮았다.

14년 동안 스웨덴 남녀 1만 6천 명을 대상으로 한 연구에 따르면, 대장암을 일으킬 확률이 가장 높은 음식은 닭고기가 아닌 소고기와 양고기라고 한다. 그리고 결장암의 원인과 고기 섭취의 위험에 관련된 세계 최대 규모의 연구 중 하나를 의료연구회, 영국암연구소 및 국제암연구기구가 공동으로 지원했다. 이 연구에 따르면, 붉은 고기와 가공육을 먹는 사람들의 대장암 발병 위험이 크게 증가한 것으로 나타났다. 하지만 가금류는 대장암의 위험에 영향을 미치지 않았다. 과학자들은 닭고기에 있는 셀레늄이 그 이유가 될 수 있다고 이론화했다.

셀레늄은 인체의 면역체계를 자극하는 훌륭한 항산화제이다. 실제로 셀레늄 수치가 낮으면 피부암 · 전립선암 · 폐암에 걸릴 수 있다. 셀레늄이 종양 성장을 방해하거나 늦출 수 있는 이유는, 영양 성분이 면역세포 활동을 증가시키고 종양으로 혈관이 발달하는 것을 억제하기 때문이다. 셀레늄은 갑상선 위험 또한 감소시킨다. 왜냐하면 셀레늄이 신진대사를 조절하는 갑상선 호르몬인 트리요오드티로닌(T3)의 생성을 돕기 때문이다. 약 113g의 닭은 하루 평균 셀레늄의 99%를 제공한다.

❧ 알츠하이머병과 노령에 따른 인지력 감퇴와 싸우는 닭

터놓고 말해 보자. 누군가는 CRS(선천성풍진증후군)로 몇 년간 고통받고 있다.(스쿼트를 몇 번 했는지 기억 못한다.) 나이가 들면서 근육 · 머리카락 · 피부가 약해지는 것처럼 지능도 마찬가지다. 그러나 닭고기를 먹는 사람들에게 좋은 소식이 있다. 「신경학저널」·「신경외과저널」·「정신의학저널」의 연구에 따르면, 닭이나 칠면조 같은 니아신이 풍부한 음식을 정기적으로 먹으면 나이가 들면서 발생하는 기억감퇴뿐만 아니라 알츠하이머병을 예방할 수 있다고 한다. 과학자들은 6년 동안 65세 이상 3,718명을 대상으로 인지능력을 검사하면서 식단을 분석했더니, 니아신을 가장 많이 섭취한 사람들은 알츠하이머병 발병 가능성이 70% 낮았다.

❧ 심장 건강을 위한 닭고기

소고기와 돼지고기는 심장병을 일으키기도 하지만 가금류는 정반대다. 뉴욕대학의과대학의 연구원에 따르면, 흑색 가금류에 많이 함유된 타우린이라는 영양소는 콜레스테롤이 높은 여성의 관동맥성심장병의 위험을 현저하게 낮춰준다고 한다. 연구원들은 타우린이 당뇨병과 고혈압을 예방할 수 있다고 한다. 많은 의사들이 갈색 고기 대신 포화지방 수치가 낮은 흰 살코기가 좋다고 하지만, 심장병의 경우에는 결국 갈색 고기가 더 효과가 좋다고 한다. 필수비타민 B가 풍부한 닭은 혈관 벽에 손상을 주는 분자인 호모시스테인의 수치를 낮춰주기 때문에 심혈관 시스템을 유지하기 위한 좋은 선택이다. 호모시스테인 수치가 높을수록 동맥경화 및 심혈관질환의 위험 요소가 더 커진다.

닭고기 비즈니스 – 우리 모두 꼬꼬댁 운다

나는 이 장의 대미를 화려하게 장식하고 싶다. 심혈관 · 뇌 · 갑상선 · 소화 · 기분 그리고 엄청난 영양상의 이점들을 위해 닭을 먹어라! 하지만 닭은 비즈니스다. 돈을 좇아가면 일반적인 규칙을 발견할 수 있다. 닭이 크고 더 빨리 자랄수록 수익은 더 커진다는 것이다. 다시 말해 식료품점은 닭 한 마리당의 값을 매기는 것이 아니라 닭의 무게에 값을 매긴다! 타이슨, 퍼듀, 육성 농장과 같은 양계장과 다른 기업들은 이익을 위해서 닭을 살찌우는 일은 무엇이든 빨리 하는 것이 좋다! 빨리 살찌우는 가장 쉽고 전통적인 방법은 성장호르몬을 주사하는 것이지만, 소와 달리 닭에는 호르몬을 주사할 수 없다.

1950년대 초 합성 에스트로겐, 특히 DES가 닭을 살찌우는 데 사용되었지만, 1970년에 DES가 암의 원인이라는 것이 밝혀졌다. 이 소식은 전국적으로 헤드라인을 장식했지만, FDA는 이에 대한 조치를 취하도록 강요하지 않았다. 의회 청문회를 포함한 대중의 압력이 거세

지자, FDA는 1971년 11월에 DES에 대한 경고를 내려야 했다. 심지어 그때도 이 약을 사용할 수 있었고, 1년 후에 오직 '임신 시 금지된다.' 라고 경고했을 뿐이다. 거의 30년이 지난 2000년 9월, FDA는 마침내 DES 승인을 철회했다. 하지만 2011년 2월 22일이 되어서야 FDA가 건강에 DES가 치명적이라는 것을 인정하는 3페이지 분량의 보고서를 공개했는데, 물론 사망도 있었다.

포장술에 속지 마라

가금류에 DES 사용이 금지된 이후, 미농무부는 제조업자들이 '호르몬 사용을 금지하는 연방 규정'을 준수하지 않으면 가금류 제품에 '호르몬 무첨가'라는 라벨을 붙여 광고하는 것을 금지시키고 있다. 음식을 포장할 때 많은 의미론적 상술을 사용하므로, 바보같이 비싼 돈 주고 닭을 사지 마라. 왜냐하면 이미 규정이 그러한 권한에 개입했을 때 포장에서 '호르몬 무첨가'를 보기 때문이다.

왜 소에는 호르몬 사용을 허용하는가? 왜냐하면 미국의 소고기와 낙농업은 입법부와 규제 분야 모두에서 매우 강력한 정치적 효과가 있기 때문이다. 그들은 자신의 이익에 직접적인 영향을 미치는 주요 국회의원들과 규제 당국에 엄청난 돈을 쓴다. 소고기와 낙농 비즈니스에 관련된 대부분의 회사는 미국 정부에 강한 영향력을 행사하고, 소에 성장호르몬을 사용하는 위험과 같은 주제들을 숨기는 능력이 있는 강력한 소 무역단체 및 로비단체로 대표된다.

성장호르몬 사용은 금지되었지만, 농장주가 거대 제약회사의 무기인 항생제에 있는 다른 성분으로 닭을 빠르게 성장시키고 살찌우는 또 다른 방법을 찾는 것을 막지는 못했다. 요즘 닭은 성장호르몬 없이도 1950년대의 닭보다 무게가 약 10kg 더 나가고, 성숙기에 38일이나 더 빨리 도달한다. 비법이 뭘까? 닭을 잡아 우리에 가두어서 운동을 못하게 하고 항생제로 가득 채워라. 진짜 일리가 있다. 만약 당신이 평생 작은 옷장에 갇혀서 먹기만 하고 운동을 하지 않는다면 살찌지 않을까? 그들은 이것을 "갇혀 있다."라고 하지 않는다. 닭을 우리에 한꺼번에 밀어넣으면 단순히 살만 찌는 것이 아니라 미쳐 버린다. 잔디밭이 없기 때문에 닭은 스트레스를 많이 받고 자신의 영역을 지키기 위해 서로를 심하게 쪼아서 감염되기 쉬운 혈흔이 생긴다. 이 때문에 항생제가 필요하다. 농부들은 닭에게 항생제를 투여하면 내장에 있는 '좋은 박테리아'를 파괴하고 소화를 방해해서 닭이 더 빨리, 뚱뚱하게 자라게 한다는 것을 재빨리 발견했다.

감염된 닭

'닭 3분의 2에 위험한 박테리아가 번식한다고 판명되었다.'는 2010년 1월 소비자보고서의 헤드라인이었다. 대부분의 닭 회사에서 안전장비를 제대로 갖추지 않았다는 것을 보여주는 기사였다. 소비자보고서에 따르면, 오염된 닭에서 채취한 대부분의 질병 유발 박테리아는 적어도 하나의 항생제에 내성이 생기고, 결과적으로 어떤 질병을 치료하기가 더 어려워진다고 한다. 가금류에서만 발견되는 세 가지 일반적인 박테리아는 살모넬라 · 캄필로박터 · 리스테리아다. 소비자보고서는 22개 주에서 무작위로 선정한 100개 이상의 슈퍼마켓에서 구입한 382마리의 닭으로 제3자 테스트를 실시했다. 발견된 항목은 다음과 같다.

- 62%의 닭에서 캄필로박터가 발견되었고, 14%의 닭에서 살모넬라균이 발견되었다. 오직 24%의 닭들만 두 병원균이 없었다.
- 타이슨과 육성 농장의 닭은 병원균이 80%가 넘어 가장 오염이 심했다.
- 매장 브랜드의 유기농 닭 중 43%만 캄필로박터가 없었다.
- 모든 브랜드에서 분석된 살모넬라균의 68%와 캄필로박터의 60%는 하나 이상의 항생제에 대한 내성을 보였다.

이 보고서에서, 소비자보고서의 정책 및 행동 부서인 미국소비자동맹의 식품정책 기획국장 진 할로란은 다음과 같이 설명했다. "미농무부는 닭의 박테리아 전염을 줄이기 위해 5년 동안 새로운 기준을 세우려 하고 있지만, 아직 조치를 취하지 않고 있습니다. 소비자들은 가금류로 룰렛 게임을 해선 안 됩니다. 미농무부는 닭고기 먹는 위험을 줄여야 합니다." 4년이 지난 지금, 상황은 훨씬 더 악화되었다. 2014년 소비자보고서에 따르면, 실험한 닭가슴살의 97%에 위험한 박테리아가 있는 것으로 나타났다. 미국 전역의 상점에서 구입한 300개 이상의 생닭가슴살을 분석한 결과, 유기농 브랜드를 포함해 거의 모든 닭고기에 잠재적으로 해로운 박테리아가 숨어 있다는 것을 발견했다.

매우 공정하며 안전한 시장을 위해 일하는 것이 목적인 독립, 비영리기관에서 이런 연구 결과를 발견했다는 것은 강조할 만하다. 그들은 오직 소비자의 이익을 위해 일하기 때문이다. 진실을 팔(DIG) 때 'D'가 무엇인지 생각하라. 발견에는 편견이 없어야 한다.

나쁜 업보를 쌓은 거대 제약회사

앞 장에서 다뤘듯이 동물이 항생제를 섭취하면 많은 박테리아에 대한 내성이 생길 수 있다. 미국의 경우, 판매되는 모든 항생제의 80%를 가축에 투여하며 이 항생제의 대부분은 인간의 질병을 치료하는 데 사용되는 약과 동일하거나 밀접한 관련이 있다. 결과적으로 이 약들 중 상당수는 우리에게 효과가 없다. 매년 수백만 명의 미국인들이 항생제 내성 감염을 앓고 약 2만 3천 명이 사망한다.

닭농장에서 사용하고 인간에게도 투여하는 네 가지 항생제가 있다. 테트라사이클린 · 아목시실린 · 암피실린 · 시프로플록사신이다. 시프로플록사신은 시장에서 파는 가장 강력한 항생제 중 하나지만, 닭이 가진 병원균의 3분의 2는 이 강력한 약물에 내성이 있다. 연구에 따르면 가금류, 특히 닭은 내성 박테리아가 인체로 이동해 머물면서 감염을 일으키는 다리 역할을 한다.

항생제이자 항균제인 니트로푸란(푸라졸리돈과 니트로푸라존)은 일반적으로 닭이나 칠면조에게 투여했다. 그러나 1991년에 발암물질이 발견되었고, FDA는 가금류에 니트로푸란의 사용을 금지했다. 음… 꼭 그런 것은 아니다.

FDA는 이 약물이 동물의 식용 조직에 도달한다는 증거는 없다고 주장하며 국소 형태의 약물 사용을 허용했다. 11년 후인 2002년 2월 7일, FDA는 '발암성 잔류물은 안전하지 않다.'는 이유로 식용동물에게 니트로푸란 약물의 국소적 사용을 금지했다. 상상해 보라! FDA는 동물 가죽에 화학물질을 바르면 그것이 조직에 침투한다는 사실을 알아채는 데 10년 이상이 걸렸으며, 이것을 나중에 우리가 먹을 것이다!

나는 수의사들이 수십 년간 알고 있던, 국소적인 벼룩과 진드기 제품 및 피부에 바르는 항생제 크림과 연고가 혈류로 흡수되어 몸 전체로 퍼진다는 사실을 FDA가 몰랐다는 것이 다소 이상하다는 생각이 들었다. 잠시 불신을 접어두고 FDA가 승인한 모든 국소용 크림은 어떤가? 혈액 속 테스토스테론 수치를 증가시키는 크림 같은 것? 아니면 경구 피임약을 피임, 호르몬 대체 그리고 멀미 예방을 위한 수단으로 사용한 것은 어떤가? 그런데 니트로푸란 약물이 동물의 가죽으로 흡수되어 장기와 근육에 침투한다는 것은 이해할 수 없는 일인가?

가금류는 항생제가 필요없는가? 결국 가금류들도 병에 걸릴 텐데 말이다. 사실 가금류가 밖에서 돌아다니고, 사료에 화학물질이 전혀 없는 먹이를 먹고, 깨끗한 환경에서 자라면 거의 병에 걸리지 않는다.

2000년 10월 미농무부의 보도자료에 따르면, 식품안전검사국은 마침내 닭에 만연한 박테리아 수치를 짚으며 다음과 같이 설명했다. "정부, 지방 당국 및 국제기구는 박테리아나 바이러스가 더 위험하게 퍼지고 변이하는 이상적인 조건을 갖춘 공장식 축산과 살아 있는 가금류 상업 및 야생동물 시장의 역할을 대폭 줄이는 입장을 취해야 합니다." 공장식 축산의 상황이 열악해서 계속 항생제를 사용했기 때문에 식품안전검사국의 메시지는 무시되는 듯 보였다.

그리고 2011년 5월, 천연자원보호위원회, 공익과학센터와 식품동물보호협회 그리고 참여과학자모임에서 자료를 수집해 FDA를 고소했다. 이 소송은 항생제에 면역이 있는 박테리아가 전 세계적으로 확산된 이유가 식품산업의 항생제 남용 때문이라는 증거가 더해지면서 박차를 가했다. 이 단체 소송은 FDA에서 항생제를 동물사료에 비치료적으로 사용하는 것을 금지하고 기관 자체의 안전점검 결과에 따른 조치를 취하도록 강제하기 위해 제기한 것이었다. 그들은 농업에서의 항생제 사용 때문에 미국 의료 시스템에 매년 340억 달러가 든다는 증거도 제출했다.

2012년 3월 23일, FDA가 동물사료에 항생제를 과용해서 인간에게 미치는 건강상의 위협이 있을 때는 책임을 져야 한다는 법원의 판결이 있었다. 이 판결 이후 FDA는 유축농업에서 걱정하는 새로운 항생제에 대한 승인 기준을 강화했다. 그리고 FDA는 동물의 성장을 촉진시키는 항생제 사용을 단계적으로 중단하기 위한 노력의 일환으로 새로운 지침을 발표했다. 그러나 이 정책은 '자발적인' 정책이었기 때문에 많은 비난을 받았다. "우리 FDA는 항생제를 사용하지 않을 것을 권장하지만, 매년 수억 달러를 버는 것을 중단할지 결정하는 것은 여러분에게 달려 있습니다." 그것은 농업계가 정해야 할 하나의 어려운 자발적 결정이었다. 2012년 FDA에서 자발적인 산업 지침을 발표한 후, 실제로 가축에 항생제 사용이 증가했다. 2016년 9월 12일, FDA는 2017년 3월 13일까지 이 문제에 대한 대중의 의견을 수집할 것이라고 발표했다. 정말? 대중의 의견? 만약 당신이나 내가 법원 명령을 받았다면 그런 시간 끌기 전략은 절대 통하지 않을 것이다.

닭에서 흔히 발견되는 박테리아

살모넬라균은 살모넬라증이라는 치명적인 질병을 일으킬 수 있으며, 미국에서 매년 140만 명의 사람들이 걸리는 병이다.
미국에서 **캄필로박터 박테리아**는 대부분의 병원균에 의한 설사병을 유발하고(연간 약 84만 5천 건), 장기적으로는 마비 · 맹장염 · 반응성관절염

등에 걸릴 수 있다.

리스테리아는 식품가공공장의 오염에 의해 발생한다. 감염된 닭의 리스테리아는 냉장고에서도 자라고 번식할 수 있다. 미국에서는 수천 명의 사람들이 이에 감염되어 심각한 병에 걸린다.

스스로를 지켜라

- 대부분의 박테리아는 요리 중에 죽기 때문에 조리되지 않은 가금류는 절대 먹지 마라.
- 요리도구 · 도마 · 조리대 등에 접촉한 가금류와 그것을 만진 손을 깨끗이 씻어라. 심지어 닭을 만진 후에 쓰레기통 뚜껑을 만지는 것으로도 교차오염이 발생할 수 있다.
- 교차오염이 발생하지 않도록 익히지 않은 닭고기를 생채소 가까이 두지 마라.
- 가금류를 적당한 온도에 보관하라. 음식으로 전파되는 미생물은 약 21도에서 57도까지 훨씬 더 빨리 자란다. 얼리거나, 이 온도대 이상에서 익혀라.

닭에 비소가 들어 있는가

대부분의 사람들은 쥐 · 곤충 · 박테리아를 죽이기 위해 사용하는 발암성의 독소가 높은 비소(독약)를 잘 알고 있다. 토양 · 침전물 · 지하수에서 자연스럽게 생기는 미량의 안전한 비소를 말하는 것이 아니다. 예를 들어, 바나나와 사과에서 발견되는 비소는 안전하다. 거대 기업농장이 의도적으로 가금류에 주입한 많은 양의 비소에 대해 이야기하는 것이다. 그 비소는 거대 제약회사에서 얻은 것이고 우리가 섭취하게 된다. 1944년 록사손이라는 유기농 비소를 닭사료에 첨가했는데, 더 충격적인 것은 정부가 70년 넘게 괜찮다고 했다는 것이다. FDA는 장내 기생충을 죽이고, 인위적으로 성장을 촉진하고, 닭의 살을 식료품점에서 잘 볼 수 없는 회색보다 분홍빛이 돌도록 만들기 위한 약의 사용을 승인했다. 록사손은 화이자(건강 의약품 · 동물건강 의약품 · 의약품 제조 및 판매업체)의 자회사인 알파마에서 제조한다. 그렇다. 비아그라를 판매하고 독을 공급해 닭을 더 크게 만드는 곳은 같은 제약회사이다. 이 약은 70% 이상의 식용 닭에 사용되었다.

화이자는 항상 록사손이 무기비소보다 독성이 적은 유기비소를 함유하고 있기 때문에 안전하다고 주장했다. 그러나 화학환경공학부와 듀케인대학교에서 실시한 연구에 따르면, 록사손 비소가 10일 내에 무기질이 된다고 한다. 불행히도 이 연구 결과로 인한 파장은 없었다.

70년 동안 약 771t에서 953t의 록사손을 닭에게 주입했다. 미국 닭 산업이나 매년 폐기물이 생기고 확산되는 지역에서 발생하는 110만t에서 250만t의 닭고기 배설물이나 폐기물로 비소 오염이 확산된다. 예를 들어, 닭 생산 마을인 알칸사스주 프레리 그로브의 집먼지 4%에는 닭 폐기물에서 발견되는 비소가 적어도 두 종류 발견되었다.

공정하고 환경을 파괴하지 않는 식품과 농장 및 무역 시스템 보장을 위한 정책과 관행 구축을 위해 세계적으로 활동하는 단체인 농업무역정책연구소는 미국 정부가 하지 못한 일을 했다. 그들은 닭의 날개 · 허벅지 · 다리 · 가슴 · 간의 비소 성분을 측정하는 가장 철저한 연구를 수행한 것이다. 2006년 국내 최대의 닭고기 생산회사 및 유기농과 코셔(kosher, 유대인의 율법에 따른 음식) 인증을 받은 '프리미엄' 닭고기 제품을 비롯해 모든 주요 브랜드 및 패스트푸드 체인의 닭고기 분석 결과가 발표되었다.

슈퍼마켓에서 산 대부분의 날닭고기 제품(55%)에서 검출가능한 비소가 발견되었고, 155개의 샘플 중에서 65%가 비소의 조짐을 보였다. 측정한 재래 생산자의 닭가슴살 · 허벅지 · 간의 거의 75%가 검출가능한 수준의 비소를 함유하고 있었다. 유기농 기준에 따라 닭사료에 비소를 사용하는 것이 금지되어 있음에도 불구하고, 심지어 유기농 인증을 받은 닭이나 다른 '프리미엄' 닭 부위, 또는 닭 전체의 3분의 1에 검출가능한 비소가 있었다.

미국환경보호국은 닭의 비소를 조사해 방광암 · 폐암 · 피부암 · 신장암 · 대장암과 같은 비소로 인한 장기적인 영향뿐만 아니라 그것이 면역계 · 신경계 · 내분비계에 미치는 부정적인 영향을 FDA와 공유했다. 이 정보는 록사손이 "사람이 먹는 닭 부위에는 검출가능한 비소가 없습니다."라는 FDA와 가금산업의 입장에는 영향을 미치지 않은 것으로 보인다. 하지만 FDA도 더는 건강 옹호 단체와 소비자들의 항의를 잠재울 수 없었고, 록사손이 든 사료를 먹은 닭 100마리를 자체적으로 검사해 그렇지 않은 닭과 비교했다. 결과는 록사손이 든 사료를 먹은 닭들이 무기비소 수치가 높았다. FDA가 화이자에게 이 소식을 알리자, 기업 대변인은 닭의 비소가 건강에 문제가 된다는 것을 인정하지 않았지만 자발적으로 미국에서 록사손 판매를 중단했다.

수십 년 동안 록사손이 안전하다는 확고한 입장을 취한 FDA의 식품부국장 마이클 테일러는 새로운 연구에 대해 단지 "굉장히 적고 완전히 피할 수 있는 노출 수준의 발암물질에 대해 약간의 우려가 생겼습니다."라고 말했다. 테일러는 몬산토에서 사용하는 상업적 형태의 성장호르몬인 포실락의 FDA 승인을 구하는 법률회사에서 일했던 사람이다. 테일러는 승진했고, 월급이 인상됐으며, 계속해서 FDA의 라벨링 지침을 담당했다. '이해의 충돌'이라 할 수 있는가?

더는 닭고기에 록사손을 사용할 수 없지만, 지난 수십 년간 먹은 비소는 여전히 몸에 남아 있을 수도 있다. 비소가 뇌 · 뼈 · 근육에 저장되기 때문이다. 어떤 사람들에게는 즉각적인 증상이 없지만, 수년이 지나면 암, 당뇨병 또는 장기적인 간 손상이 발생할 수 있다.

2011년 화이자는 미국에서 독성물질 공급제를 회수했지만, DES 사용을 금지시켰던 제약회사는 다른 나라의 식품에서 독극물을 제거하는 것에는 동의하지 않았다. 현재 질병을 일으키고 사망에까지 이르게 하는 록사손을 전 세계 수천 명의 사람들이 먹고 있다. 화이자는 계속 록사손의 비소 수치가 낮아서 먹어도 괜찮다고 주장한다.

좋아, 임무 완수! 이 판결 이후에는 더 이상 미국 닭고기에 비소를 사용하지 않는다. 하이파이브? 아직 아니야. 소비자연합은 닭고기와 칠면조가 먹는 비소를 함유한 또 다른 약인 니타손을 조사하도록 FDA에 요청했다. 누가 이 독약을 제조하는지 맞춰 봐라. 바로 화이자다! 니타손은 기본적으로는 록사손과 동일하고 재래식 농업에서도 사용하는 목적이 같다. 이것은 대부분의 닭고기가 의도적으로 비소에 계속 오염되고 있다는 것이다. FDA는 역시나 니타손을 먹어도 안전하다는 입장을 취한다. 그리고 2015년 12월 31일, FDA는 여전히 니타손을 먹어도 괜찮다고 하지만, 식용동물을 생산하는 데는 더 이상 사용하지 않을 것이라고 발표했다(다음 비소 약물이 나올 때까지 계속…).

첨가물, 향료 및 기타 상술

음식의 향이 맛만큼 중요하다. 만약 달콤한 계피향이 나는 푸딩이 과학실험을 하루 앞두고 있다면, 우리는 그것을 먹지 않을 것이다. 이것은 최상의 생물학이다. 우리가 병들거나 죽을지도 모르는 음식을 가려내 스스로 생명을 지키는 자연의 섭리다.

하지만 지금 우리의 후각은 과학에 의해 가려지고 있고, 현대의 가금류 가공에서 가장 흔히 발생하고 있다. 제조 과정에서 맛이 없어질 수 있기 때문에 닭고기에 맛있는 향을 첨가하는 것이다. '치킨 향'을 추가한 치킨 맥너겟을 먹어라. 메틸 푸란티올이라는 합성화학물질로 인공 닭고기 맛을 낸 것이다. 냠! 이것은 FDA가 현재 미국에서 사용을 승인한 3천 가지가 넘는 식품첨가물 중 하나일 뿐이다. 일단 승인된 식품첨가물은 안전하다고 여겨진다. 그러나 '안전'하다는 것은 얼마나 안전하다는 것인가? 많은 사람들이 식용색소와 향료첨가물에 알레르기가 있으며, 어떤 사람들에게는 천식, 선천적 결손증 및 암을 일으키기도 한다!

음식 맛을 내는 성분은 수십억 달러짜리 비즈니스다. FDA는 모든 성분을 식품 라벨에 기재하라고 하지만 첨가물은 종종 '향신료'나 '향료'로 표기한 제품에 숨겨져 있기 때문에 소비자들은 정확히 무엇을 먹는지 알 수 없다.

맥프랑켄슈타인 너겟

맥도널드의 치킨 맥너겟 속 닭고기는 50%뿐이라는 것을 알고 있었는가? 나머지는 살을 찌게 하는 옥수수 파생 제품, 설탕, 완전 합성물질 및 건강에 해로운 화학물질을 혼합한 것이다.

- **디메틸 폴리실록산:** 틈새를 메울 때나, 윤활유 및 내열 타일을 제조하는 데도 사용되는 실리콘 기반 거품 발생 방지 중합체다.
- **삼차뷰틸하이드로퀴논**(TBHQ)**:** 5g만 먹어도 죽을 수 있는 치명적인 화학방부제. 이것은 화장품과 향수뿐만 아니라 니스 · 광택제 · 농약제품에도 흔히 사용되는 성분이다. 많은 연구에 따르면, 다량의 TBHQ에 장시간 노출되면 특히 위암이 발생할 수 있다고 한다. 이것은 치킨 너겟과 패스트푸드 프라이드 치킨의 공통 성분이다.
- **나트륨 알루미늄 인산염:** 알루미늄에서 합성적으로 생산되어 식품가공에 사용되는 화학물질. 그렇다, 이것은 선을 긋는 페인트통에 사용되는 것과 같은 물질이다!

아직 안 끝났어… '음식'

패스트푸드점에서 사용하는 화학물질은 비만을 비롯한 많은 건강 질환을 일으킨다. 십대 청소년들이 맥도널드에서 파는 음식에 비만을 일으키는 성분이 있다고 주장하면서 맥도널드 체인점을 고소했다. 2003년에 그 소송은 기각되었지만, 원고는 제2연방 항소법원에 항소했고 2005년에 지방법원의 기각은 번복되었다. 이 사건에 대해 연방법원 판사 로버트 스위트는 "치킨 맥너겟은 단순히 프라이팬에서 튀기는 것만이 아니라 가정에서 사용하지 않는 재료로 만든 맥프랑켄슈타인 음식입니다."라며 십대 원고의 말에 동의했다. 「타임지」는 스위트 판사가 한 말을 보도했다. '고객들이 맥도널드 치킨이 일반 치킨보다 위험하다는 것을 이해했는지 의심스럽다.'

우리가 걱정해야 할 것은 맥도널드의 닭고기만이 아니다. 국제저널인 「영양과 암」에서 발표한 연구에 따르면, 칙필레(Chick-fil-A), 티지아이 프라이데이, 아웃백 스테이크 하우스, 버거킹, 애플비, 맥도널드의 구운 닭고기에서 발암물질인 아미노이미다졸피리딘(PhIP)을 발견했다고 한다. 이들은 인기 체인점 100개의 샘플을 독립연구소에서 분석했고 모든 샘플에서 PhIP를 발견했다. PhIP는 헤테로사이클릭아민(HCAs)이라는 발암성 화합물 중 하나이며, DNA를 손상시켜 암을 유발하는 돌연변이다. PhIP는 고기, 특히 숯불에서 굽거나, 프라이팬에서 튀기거나, 고온에서 바비큐를 한 닭고기에서 발생하며 유방암 · 대장암 · 전립선암을 일으킨다. 소량으로도 암에 걸릴 위험이 증가할 수 있다.

2008년 1월에 결과가 발표된 후, '책임있는 의약품을 위한 의사 위원회(PCRM)'는 위험에 대한 경고 없이 고의적으로 고객을 PhIP에 노출시킨 이 식당들을 상대로 소송을 제기했다. PCRM 대표 닐 버나드 의학박사는 이날 보도자료에서 "건강을 신경 쓰는 미국인들은 프라이드 치킨을 오랫동안 피했지만, 구운 닭고기도 그 정도로 나쁘거나 더 나쁘다는 것은 모릅니다."라고 했다.

캘리포니아 법에 따라, 판매식품에서 비소 같은 높은 수치의 발암물질이 발견되면 확실한 경고를 주어야 한다. 2012년 8월 15일, 제인 L. 존슨 판사는 PCRM에서 이 식당들을 상대로 제기한 소송에 대한 판결을 내렸다. 그녀도 PhIP가 발암물질이라는 데 동의했지만, 소송을 제기하기 전에 법을 위반했다는 증거를 수집해야 한다는 캘리포니아의 법률 때문에 PCRM의 주장이 무효라고 판결했다. 심사위원의 판결문에 따라 맥도널드, 칙필레, 아웃백은 일부 제품에 암유발 화학물질이 있다는 사실을 공개하기로 했다.

식당이나 집에서 닭고기 요리를 할 때 PhIP 섭취를 줄이려면 고열로 조리하거나, 프라이팬에 볶거나, 바비큐 닭을 피해야 한다. 대신 삶거나, 찌거나, 스튜를 하거나, 전자레인지로 조리해서 먹어라. 닭을 100도에서 요리하면 PhIP 노출 위험이 현저히 낮아진다는 연구 결과가 있다. 구운 닭고기를 좋아한다면 약간 덜 익히는 것이 완전히 익히는 것보다 훨씬 안전하다.

건강한 가금류에 대한 안내서

가족과 함께 즐길 가장 건강한 가금류를 찾는 것은 새로운 언어를 배우는 것과 같다. 좀 더 주의를 기울이면 포장에 적힌 다른 문구와 묘사가 더 잘 보일 것이다. 한 가지 확실한 것은 모든 단어가 다르다는 것이다. 다음은 당신이 가장 몸에 좋고 맛있는 가금류 대안식품을 찾는데 겁쟁이가 되지 않도록 해주는 닭 · 칠면조 · 달걀에 관한 커닝 쪽지이다.

공업용(공장식 농장)

이것은 콘크리트 바닥의 창고 같은 헛간에서 키우는 표준의 상업적인 농장 운영이다. 공장에 갇힌 가금류들은 심하게 붐비는 환경에서 살며, 대개 각각 약 0.04㎡ 미만의 공간을 사용한다. 공장에 갇힌 가금류들은 신선한 공기를 쐬거나 햇빛을 보지 못하며, 종종 수백 마리의 다른 가금류들과 같은 우리를 쓴다. 우리에는 배설물이 가득 차 사방에 흩어져 있다. 개인적인 공간을 위해서 날카로운 부리로 서로를 쪼는 일이 흔한데, 이로 인해 항생제가 필요한 감염의 천국인 진물과 출혈이 생긴다. 농부들은 이런 일을 막기 위해 많은 가금류의 부리를 잘라냈고, 그 과정에서 일부는 죽는다.

공장식 농장은 이익을 추구하며, 가금류의 건강이나 소비자의 건강과 상관없이 가금류에게 살찌는 가장 저렴한 음식을 먹인다. 공장에서 길러진 닭은 날카로운 부리로 쪼아 다른 닭의 피가 묻은 먹이와 죽은 동물의 고기를 먹는다. 뿐만 아니라 깃털 · 피부 · 머리카락 · 배설물 · 플라스틱 · 항생제 그리고 건강에 해로운 곡물 및 다른 가축의 배설물을 먹기도 한다. 공장식 농장의 농부들은 털갈이와 굶주림을 유도한다. 이것은 암탉 한 무리를 최대 2주 동안 굶겨 동시에 털갈이를 하도록 인위적으로 자극하는 관행이다. 보통 털갈이 후에 암탉의 생산율이 최고조에 달하고 수익성도 높아진다.

우리 없음

아, 우리가 없다는 건 좋은 것 같아! 이것은 우리에서 벗어나 풀밭을 돌아다니는 닭의 모습을 떠오르게 한다. 불행하게도 이것은 사실과 다르다. '우리 없음'이라는 용어는 무의미하고 의도적으로 오도한 것이다. 이 용어는 알을 낳는 암탉에만 해당된다. 식용을 위해 기르는 칠면조와 닭은 절대 우리에 가두어 기르지 않는다. '우리 없음' 라벨은 가금류 산업이 소비자의 무지를 이용해 돈을 버는 하나의 방법이다. 비록 닭들이 우리에 갇혀 있는 것은 아니지만, 걸어다닐 공간도 없는 좁은 공간에 있다. 그들은 야외활동을 거의 할 수 없으며, 자신의 똥 위에 서 있는 격이다. 강제 털갈이와 부리 절단이 허용되고, 제3자의 감사 대상이 아니다.

채식

'채식'이라는 라벨을 보면 사람들은 닭이 채식동물이기 때문에 건강하다고 생각하지만, 그렇지 않다. 닭은 채식동물이 아니다. 그들은 원래 야생에서 옥수수나 콩이 아닌 곤충 · 연충 · 벌레 · 씨앗 · 풀을 먹는 동물이다. 채식을 한 가금류는 산업화된 유전자 변형 사료를 먹고 자란다는 뜻이다. 그 닭들은 거의 밖에 나가지 않는다. 강제 털갈이와 부리 절단이 관행이며, 의무적인 제3자의 감사 대상은 아니다.

인도적 사육 인증

'인도적 사육 인증'이라는 말은 훌륭하다. 그렇지 않은가? 그 라벨만 있어도 닭이 팔린다. 안타깝게도 인도적 사육은 무의미하며, 소비자들에게 가금류를 더 많이 팔도록 의도적으로 오도한다. 이 라벨은 복지 검증기관이 아니라 민간산업단체인 전국가금협회에서 발급한다. '인도적인'이라는 말이 어떻게 들리는가? 닭과 칠면조는 수천 마리의 다른 가금류들과 함께 창 없는 헛간에서 법정 규격의 종이만한 공간에 갇혀 있을 수도 있다. 신선한 공기를 맡거나 햇빛을 쬘 수 없다. 굶겨서 강제로 털갈이를 시키는 것은 금지되었지만, 부리 절단은 허용된다. 준수 여부는 미국동물보호협회에서 타사 감사로 검증한다.

과정 검증

미농무부는 자사의 생산 과정 증명 프로그램에 등록된 회사에 '인도적 사육' 인증을 해준다. 이것은 완전히 무의미하고 오도된 것이다. 가금류 생산업자들이 포장에 이 문구를 쓰면 미농무부가 그들을 인도적으로 사육하고 동물복지 관행을 따른 것으로 연방 차원의 인증을 받았다는 잘못된 위안을 준다. 실제로 인도적이라는 용어에 대한 연방 차원의 정의는 없다. 따라서 미농무부는 가금류 생산자가 자국의 임의적인 기준을 따르고 있는지만 확인한다. 안타깝게도 이는 산업 생산자가 미농무부에 '인도적' 관행을 제출하면, 포장에 '과정 증명' 및 '인도적 사육'을 표시할 수 있다는 뜻이다.

자유 범위

'자유 배회'라고도 하는 '자유 범위'는 잔디와 벌레를 간식으로 먹고, 그 속에서 햇살을 맞으며 조는 깃털 있는 새의 이미지를 떠오르게 한다. 행복한 상상을 하게 해주는 것, 이것이 바로 마케팅 효과를 내는 방식이다. 불행히도 현실은 그렇지 않다. 하루에 5분이라도 바깥으로 나가는 문에 접근할 수만 있다면, 실제로 밖으로 나가지 않더라도 누구나 '자유 범위'라는 라벨을 사용할 수 있다. 그리고 정확히 '외부'는 어디를 말하는가? 이들에게 주어지는 공간에 대한 기준은 없다. 그것은 작은 개구멍 같은 출구로 연결된 지붕이 없는 작은 시멘트판일 수도 있다. 자유 범위 닭은 '자유'와는 거리가 멀고, 어떤 시설에서 2만 마리의 닭이랑 같이 꽉 들어차 있을 수도 있다. 제3자 감사는 없으며, 미농무부는 그들이 자유 배회를 했다는 주장의 정확성을 뒷받침하는 '생산자 추천서'에 의존한다. 부리 절단과 털갈이도 행해지고 있다.

방목

방목 가금류는 풀밭에서 자유롭게 돌아다니며 그들이 먹고 싶은 벌레 · 곤충 · 곡식을 자유롭게 먹을 수 있다는 뜻이다. 진짜 방목한 닭들은 주거를 위한 이동식 집이나 고정식 집을 활용해 계속 야외에서 지낸다(계절과 주간 일조시간이 허용하는 한). 이 닭의 고기는 값이 좀 더 나가겠지만, 영양학적 관점에서 보면 가성비가 좋다! 이렇게 자란 닭과 달걀은 맛과 풍미가 더 좋기 때문이다. 목초사육과 방목 닭은 공장식 농장에서 생산한 닭보다 총지방이 21%, 포화지방은 30%, 칼로리는 28%로 적다. 방목 암탉의 달걀 노른자는 재래식보다 더 밝은 오렌지빛을 띤다. 그들의 달걀은 지방이 10% 더 적고, 비타민 A가 40%, 베타카로틴이 70%, 오메가3가 400% 더 많다. 굶겨서 강제로 털갈이를 시키는 것은 금지되었고, 닭이 심하게 갇혀 있지 않아서 서로를 쫄 필요가 없기 때문에 부리 절단을 할 수는 있지만 필수는 아니다. 방목 닭과 달걀, 상점, 식당을 찾으려면 www.eatwellguide.org에 접속하라.

미농무부 인증 유기농 닭

자유 범위와 방목 가금류를 살 때 농약이나 항생제 또는 첨가물이 없다고 보장할 수 없다는 것을 알아야 한다. 가장 좋은 가금류를 사고 싶다면 항상 '방목: 미농무부 인증' 라벨을 확인하라. 유기농이라는 단어는 너무 많이 사용되고 있기 때문에 미농무부에 의해 증명되지 않는 한 믿을 수 없다. 미농무부는 동물사료가 토양이나 사료에 사용된 동물성 · 단백질 보충제, 성장호르몬, 진정제, 항생제, 농약 또는 제초제 없이 오직 인증받은 유기농 곡물로만 구성되어야 한다는 엄격한 지침을 마련했고, 농장주들은 이를 따라야 한다. 닭에게 염소와 불소가 없는 순수 용수를 제공해야 하며, 털갈이를 유도할 수 없고, 부리를 절단하면 안 된다.

공인된 '아미시(Amish, 현대 기술문명을 거부하고 소박한 농경생활을 하는 미국의 한 종교 집단)', '완전 자연', '농장 직송' 같은 용어에 유의하라. 이 용어에 대한 미농무부의 공식적인 정의나 지침은 없고, 닭고기 대량 생산자들이 마음대로 사용하는 것이다. '최고로 뽑힌 닭'이라는 라벨도 주의하라. 정부나 주에서 시행하는 최고의 닭을 뽑는 가금류 선거는 없다. 알다시피 닭 주인의 아내는 남편의 닭을 최고의 닭으로 뽑는다.

달걀 - 악마 혹은 천사?

나는 많은 보디빌더 챔피언들을 치료했는데, 모두 두 가지 공통점이 있었다. 몸이 좋고, 군살을 빼고 건강해지는 식단을 종교적으로 시행한다! 나도 수년간 근육을 강화하는 식단에 열중해 보디빌딩에 대해 캐냈다. 아니, 적어도 그렇게 생각했다. 나는 근육 단련 운동을 할 때 달걀 노른자를 먹지 말라는 말을 항상 들었다. 왜냐하면 그것은 지방을 증가시키고 근선명도가 떨어지기 때문이다. 미스터 올림피아 리 하니를 여덟 번째 만났던 날은 내게 가장 신나는 날이었다. 나는 식이요법과 영양에 관한 조언과 근력 훈련에 대한 노하우를 얻었다. 대화 중에 그는 하루에 달걀 12개를 먹는다고 했다. 일주일이 아니라… 하루에…! 나는 여분의 지방이 생기는 것을 피하기 위해 항상 노른자를 뺐는지 물어보았다. 그는 대답했다. "저는 노른자를 빼지 않습니다." 나는 그에게 콜레스테롤과 심장병을 걱정하는지 물었다. 그는 "신이 달걀을 만들 때 노른자를 분리해 놓지 않았습니다. 노른자를 빼고 하얀 부분만 먹는 것은 말이 안 됩니다. 닭이 건강에 가장 좋은 음식 중 하나인데, 그들이 낳는 달걀이 어떻게 문제가 될 수 있습니까?"라고 답했다.

하니와 대화를 나눈 지 20년이 지난 지금도, 고혈압이나 고콜레스테롤 진단을 받은 사람들에게 의사는 달걀을 먹지 말거나 흰자만 먹으라고 권한다. 하지만 하루에 달걀 12개인 미스터 올림피아에게 건강상 문제가 없었고, 근육도 매우 선명했다! 연구를 할수록 이런 달걀 공포가 단지 선전일 뿐이라는 결론이 나왔다. 그리고 내가 노른자를 뺀 것이 너무 어리석게 느껴졌다.

노른자는 지방을 태우는 항지방간 인자인 레시틴과 콜린 덕분에 잔근육을 만드는 데 아주 좋다. 리 하니는 자신이 무슨 말을 하는지 알고 있었다. 몇 가지 과학과 상식을 살펴보고 달걀 식단의 진실과 오해를 바로잡아 보자.

신석기시대의 달걀 섭취에 대한 고고학적 증거가 있다. 멧닭은 기원전 3200년 인도에서 사육됐다. 기원전 1400년경 중국과 이집트에서는 새가 사육되면서 인간이 먹을 수 있는 알을 낳았다는 기록이 있다. 최초의 사육된 가금류는 1493년 콜럼버스의 두 번째 항해로 북미에 도착했다. 좋다. 그리고 아주 먼 증조할머니가 그 달걀을 먹었다. 이것이 건강에 좋다는 뜻인가? 사실 대답은 "그렇다!"이다.

달걀은 단백질과 건강한 지방이 풍부하다(고도 불포화 및 단일 불포화). 달걀 하나에 필수아미노산 6g과 고품질 단백질 6g이 함유되어 있으며, 비타민 D가 자연적으로 발생되는 몇 안 되는 식품 중 하나다. 달걀은 카로테노이드 성분, 특히 루테인과 제아잔틴 영양소 덕분에 눈

건강에 좋고 황반변성과 백내장을 예방한다. 이 두 영양소는 다른 음식보다도 달걀에서 쉽게 얻을 수 있다.

1961년 미국심장협회(AHA)에서는 총지방 · 포화지방 · 콜레스테롤을 줄이고 불포화지방 섭취량을 늘리는 것이 좋다는 지침을 내렸다. 1970년대까지 AHA의 식단 권고안은 달걀 섭취를 피하라는 것이었다. 심장질환예방을 위한 사회간위원회에서는 하루에 달걀 2개는 혈청 콜레스테롤을 줄이려는 식단에 맞지 않다며 "달걀 노른자를 피하도록 권해야 합니다."라고 말했다.

1973년 AHA에서는 식이콜레스테롤을 제한하는 권고안을 하루 300mg 이하로 변경했으며, 노른자는 한 사람당 일주일에 3개 이하로 먹어야 한다고 했다. 다시 말해, 콜레스테롤 수치가 높은 달걀이 심장병 위험을 증가시킨다는 가정에 근거하는 것이다. 그러나 이 권고안이 제정된 당시에는 이런 주장을 뒷받침할 경험적 증거가 없었다. 수십 년 동안 사람들은 이 훌륭한 조직에서 제안한 것처럼 달걀을 피했다. 달걀에 콜레스테롤이 있다는 것은 상식이었기 때문에 달걀을 먹으면 우리의 혈중 콜레스테롤 수치가 높아진다고 생각했다. 내가 그것은 인정한다. 만약 음식에 콜레스테롤이 있다면, 우리의 혈중 콜레스테롤을 증가시킬 수 있지만 논리와 증거는 다르다. 비록 과학적 증거에 근거하지는 않았지만, 많은 사람들은 이렇게 달걀에 반대하는 추측을 계속했다.

그리고 좋은 소식이 들려왔다. 노른자를 제거하면 달걀은 매일 먹어도 된다는 것이다. 전국의 식당 체인점들은 흰자 오믈렛이나 거품기를 이용하는 등의 '콜레스테롤이 없는' 대안식품을 사용했다. 사실 노른자는 콜레스테롤 흡수를 현저하게 억제하는 레시틴을 함유하고 있다. 노른자의 레시틴은 혈관에 고콜레스테롤이 쌓이는 것을 예방하는 데 매우 효과적이라는 연구 결과가 있다. 노른자는 호모시스테인 수치를 낮추는 비타민 B_{12}를 함유하고 있다. 이 수치가 높으면 심혈관질환과 뇌졸중을 유발하기 때문에 이것은 좋은 소식이다.

하버드공중보건대학에서 14년 간 실시한 연구에 따르면, 달걀 섭취와 심장병 사이에 중요한 연관성은 없다고 한다. 사실 달걀을 규칙적으로 먹으면 혈전 · 뇌졸중 · 심장마비를 예방할 수 있다. 2008년 8월, 「유럽영양학저널」에서는 칼로리를 제한한 상태에서 하루에 달걀 2개를 먹으면 살이 빠지고 콜레스테롤 수치가 낮아진다는 연구 결과를 발표했다. 아직 납득이 안 되는가? 웨이크포레스트의과대학과 노화센터의 공동 연구에 따르면, 달걀과 콜레스테롤 수치는 관련이 없고 관상동맥질환의 위험 요소라는 생각도 근거가 없다고 한다. 콜레스테롤 수치를 낮추려면 달걀을 먹어야 한다. 대신 소고기, 가공육, 살찌는 유제품, 케이크, 비스킷 그리고 페이스트리 같은 포화지방을 줄여라.

건강한 달걀에 대한 안내서

공장에서 생산된 닭에 항생제 · 농약 · 첨가물 · 비소 그리고 다른 발암성 충전제가 있을 수 있듯이 그 닭의 달걀도 마찬가지다. 방목이나 미농무부 인증 유기농 달걀을 사는 것이 좋다. 농업정책감시단체는 유기농 구매자에게 중요한 22가지 기준에 따라 달걀 제조업체를 평가한다. 윤리적인 가족농과 그들의 브랜드가 '달걀 점수판'에 나타난다. 어떤 브랜드의 달걀이 최고의 유기농 관행과 윤리를 따르는지 누구나 볼 수 있다. 이 편리한 도구는 유명 브랜드와 자사 브랜드의 달걀까지도 평가한다. 방목 암탉은 노른자가 밝은 오렌지색을 띠는 알을 낳는다. 노른자가 탁하고 연하다면, 그것은 우리에 갇혀 자연의 섭리대로 먹이를 찾아다닐 수 없었던 암탉의 달걀이라는 확실한 표시다.

DIG

D(발견): 닭에 관한 유일한 부정적인 연구는 화학물질 · 호르몬 · 항생제 · 착색제 · 식품첨가물 · 오염물질 · 농약 · 식욕자극제 · 비소 · 살충제 · 박테리아를 첨가한 산업화된 닭에서 나온다는 것이다! 냉각 중탕에서 나온 염소와 방부제를 섞어 넣으면 건강한 닭고기가 어떻게 독성 식사로 바뀌는지 확인할 수 있다. 하지만 닭을 신중하게 고르고 방목이나 유기농 인증 닭을 먹는다면, 안전과 건강에 좋은 특성은 과학으로 뒷받침된다. 달걀은 영양소, 단백질, 건강한 고도 불포화지방 및 단일 불포화지방(좋은 종류)이 풍부하다. 문헌 증거에 따르면, 달걀을 먹으면 살이 빠지고 콜레스테롤 수치도 낮아진다고 한다.

I(본능): 닭고기를 보고 먹어야 할지 말지 판단할 때, 가금류는 염증을 일으키고 면역반응을 낮추는 소고기에 있는 당인 엔글리콜뉴라민산이 없다. 닭은 고콜레스테롤 · 심장병 · 뇌졸중의 위험을 증가시키지 않는다. 사실 그 반대다. 그리고 달걀이 콜레스테롤 수치를 높인다는 좋지 않은 평판이 틀렸음을 폭로하면, 방목 및 인증 유기농 달걀에는 긍정적인 건강 속성만 남게 된다.

G(신): 인간의 인체해부학 · 침 · 위 pH 그리고 대장은 미농무부 인증 유기농 닭고기를 쉽게 소화하고 흡수할 수 있다.

물고기

-문제 있어?-

"어떤 이에게 물고기를 주면 그는 하루를 먹을 수 있고,
어떤 이에게 물고기 잡는 법을 가르쳐주면
그는 평생을 먹을 수 있다."

마이모니데스

나는 처음으로 물고기를 잡았을 때를 기억한다. 낚싯대의 굽음에 이어지는 선의 당김을 보고 잡았다는 것을 안 아버지는 환호하며 외쳤다. "잡았어, 데이비드! 줄을 감아!" 힘센 물고기와의 단 몇 분의 씨름이 마치 30분처럼 느껴졌지만 평생 기억에 남을 경험이었다. 열 살짜리의 손으로 그 붉은 도미를 낚자 나는 낚시에 중독되었고, 아빠를 도와 청소도 하고, 그릴에서 요리해 먹는 맛있는 식사에도 매료되었다.

생선요리의 이점은 부인할 수 없다. 몇 가지 예를 들자면, 뇌 · 뼈 · 심장 · 피부 · 기분 그리고 눈에 굉장히 좋다. 이 장을 여는 인용문을 정할 때, 나는 많은 생선을 평생 동안 먹어야 한다는 데 동의할 수밖에 없었다. 생선을 슈퍼푸드라고 하는 것은 절제된 표현일 것이다. 하지만 생선이 필수비타민과 영양소가 매우 풍부한 음식 중 하나이기 때문에, 이 엄청난 식품군의 이점을 깎아내리려는 관행으로부터 반드시 지켜야 한다. 불행하게도 모든 사람들이 이런 사명감이 있는 것은 아니다. 믿거나 말거나 낚시, 양식 및 생산하는 과정에서 해로운 일이 생긴다. 음식이 일단 접시에 담기면, 인공색소와 벌레가 가득한 요리를 먹는 것이 더 나을지도 모른다. 하지만 어떤 종들이 오염되었고 색소가 첨가되었는지 살펴보기 전에, 생선 섭취가 얼마나 당신을 영양의 위대함으로 꽉 채우는지 살펴보자.

지방이 많은 생선

미량영양소(微量營養素)가 풍부한 채소를 먹으면 미량영양소가 풍부해진다. 마찬가지로 단백질을 먹고 단백질을 얻고, 설탕을 먹고 혈당을 높여라. 그렇다면 지방을 먹으라고 해도 될 것 같은데… 살찔 거야. 그렇진 않다. 이 문제를 더 혼란스럽게 하는 것은 모든 지방이 같은 것은 아니라는 점이다. 우리는 좋은 지방과 나쁜 지방이 있다는 것을 안다. 바로 포화지방과 불포화지방이다. 생선은 대부분의 다른 단백질 식품에 비해 좋은 불포화지방이 높다. 좋은 지방을 먹지 않으면 우리는 죽을 것이다.

이런 건강한 불포화지방은 피로를 날리고, 기분과 체중을 조절해 주며, 기억력을 향상시켜 준다. 반면에 포화지방은 불포화지방보다 두껍고 점성이 강해서 혈류를 탁하게 한다.

생선은 모든 오메가3 지방산 중 건강을 증진시키는 지방산을 함유하고 있는 것으로 유명하다. 이 지방산은 전반적 기능과 뇌 발달에 중요하다. 우리 몸은 이런 지방산을 자체적으로 생산하지 않으므로 음식으로 얻어야 한다.

오메가3 지방산

오메가3 지방산은 모든 물고기에 있지만 연어 · 송어 · 정어리 · 광어 · 청어 · 고등어 통조림 · 참치 통조림 등 지방이 많은 생선에 특히 많다. 오메가3는 다음과 같은 이점이 있다.

- 혈압을 낮추고 돌연사, 심장마비, 비정상적인 심장박동 및 뇌졸중의 위험을 줄여 심장을 튼튼하게 해준다.
- 임신 중 건강한 뇌기능 및 유아 시력과 신경발달을 돕는다.
- 우울증 · 주의력결핍과잉행동장애(ADHD) · 알츠하이머병 · 치매 · 당뇨병의 위험을 줄여 준다.
- 염증을 예방하고 관절염의 위험을 줄여 준다.

미농무부에 따르면, 오메가3 지방산은 간 질환의 가장 흔한 형태인 지방간 질환을 예방한다고 한다. 지방간은 간에 중성지방이라는 건강에 나쁜 지방이 축적된 것으로 일정 기간 동안 염증 · 간염 · 섬유증 · 간경화 · 암을 유발할 수 있다. 건강에 좋은 지방을 함유하고 있는 생선, 특히 위에서 언급한 생선을 먹으면 중성지방 수치의 균형을 잡을 수 있다. 생선을 먹으면 혈관에 기름덩어리가 생기는 것을 막을 수 있기 때문에 뇌졸중 및 심혈관질환의 위험을 낮출 수 있다. 하버드대학의 한 연구에 따르면, 지방이 많은 생선을 일주일에 두 번 정도 먹으면 심장병으로 인한 사망 위험을 36% 줄일 수 있다고 한다. 지방이 많은 생선을 일주일에 1인분에서 2인분 먹으면 총사망률이 17% 감소한다.

DIG 해볼까?

생선과 비타민

생선은 단백질과 비타민 B_2(리보플라빈)가 풍부하다. 「유럽신경학저널」에 따르면, 비타민 B_2는 편두통을 예방할 수 있다고 한다. 생선은 비타민 B_3(니아신)가 풍부해 소화기관, 신경 및 피부 건강기능을 돕고, 칼슘과 인이 있으며, 철분 · 아연 · 요오드 · 마그네슘 · 칼륨과 같은 훌륭한 무기물이 풍부하다. 또한 인체의 구성요소인 DNA와 RNA를 만드는 데 중요한 비타민 B_{12}를 함유하고 있는 몇 안 되는 음식 중 하나다. B_{12}는 피부 · 손톱 · 눈 · 입 · 입술 그리고 혀를 건강하게 하는 데 도움이 될 뿐만 아니라, 정상시력과 백내장을 예방하는 데도 중요하다. 생선은 소고기 · 돼지고기 · 닭고기보다 비타민 D와 A가 훨씬 많다. 생선을 먹으면 면역체계가 강화되고 암 예방에 도움이 된다.

또한 성질이 급하거나, 화를 내거나, 쉽게 분노하거나, 가운뎃손가락을 들게 만드는 상황이거나, 경적을 울리거나, 누군가 당신의 말을 끊어서 'F' 단어를 외치는 경우라면, 또 다른 F 단어인 생선(fish)을 추가해야 할 것이다! 에이코사펜타엔산(EPA)과 도코사헥사에노익산(DHA)은 생선에 있는 두 가지 종류의 지방산으로, 분노를 완화시키고 적대감을 감소시키는 데 효과적이다. 전 세계 여러 지역을 조사해 보면 생선을 많이 먹는 지역보다 그렇지 않은 지역에서 적대감이 상당히 높다. 적대적이거나 공격적인 행동을 보이는 사람들은 우호적인 사람에 비해 적혈구 속 오메가3가 상당히 낮다. 또한 남성 폭력 범죄자들은 그렇지 않은 남성들보다 적혈구 속 DHA가 낮다는 것이 밝혀졌다.

궁극의 두뇌 음식

누군가가 당신을 '뇌뚱뚱이'라고 했다면 사실 칭찬받은 것이다. 뇌는 대부분이 지방으로, 이 지방이 물과 함께 대부분의 뇌세포와 신경을 둘러싸고 있는 조직을 구성한다. 심장 건강에 좋은 식단에는 지방이 없어야 한다는 메시지는 뇌에는 적용되지 않는다. 연구에 의하면, 생선을 가장 많이 섭취하는 사람들의 뇌가 가장 뚱뚱하다고(똑똑하다고) 한다! 뇌에 좋은 지방이 쌓이면 집중력과 기억력이 향상된다.

10년 동안 260명의 건강한 노인 자원봉사자들을 분석한 피츠버그 의과대학 의학부 연구에 따르면, 생선이 알츠하이머병의 위험을 줄여준다고 한다. 참가자 중 정기적으로 구운 생선을 먹은 사람들은 알츠하이머병에 걸릴 확률이 낮았다. 생선을 먹지 않는 사람과 비교했을 때, 일주일에 적어도 한 번 생선을 먹은 사람들은 해마와 뇌의 전두엽 피질의 뇌세포 손실이 적었고 기억력도 조절되었다. 생선을 먹은 사람들은 업무를 보다 효율적으로 할 수 있는 단기기억력이 좋아졌다. 일주일에 1회에서 4회 생선을 먹은 사람들은 그렇지 않은 사람에 비해 뇌 사진 촬영 후 5년 간 알츠하이머병이나 가벼운 인지기능 손상이 상당히 적었다.

나이가 들면서 뇌는 자연적으로 수축하지만 생선은 이런 뇌의 수축을 감소시킨다. 엄청난 양의 뇌세포 수축이 알츠하이머병 증상 중 하나이기 때문에 오메가3 섭취로 뇌세포 기능을 보존할 수 있다. 오메가3는 기억력과 인지력을 용이하게 하며, 뇌 화학기능에도 중요하다. 오메가3가 부족하면 정신질환, 특히 가장 흔한 정신질환인 우울증의 원인이 될 수 있다. 연구 결과에 따르면, 우울증은 미국, 캐나다, 서독 등 생선 섭취가 낮은 나라(가장 높은 우울증 비율)와 비교했을 때, 일본, 아이슬란드, 한국처럼 생선 섭취가 많은 나라에서 흔하지 않았다.

지난 100년 간 가공식품 섭취가 늘고 오메가3 섭취는 급격히 감소한 반면, 비례적으로 우울증 비율은 늘었다. 국립정신건강연구소에 따르면, 청소년의 약 4%가 심각한 임상 우울증 고통으로 자살충동을 느낄 수 있다고 한다. 일주일에 두 번 생선을 먹는 사람들은, 우울증 위험이 37% 낮고 자살충동 위험은 43% 낮았다. 자살한 사람들을 부검한 결과 뇌에 지방산 조성이 적었고, 우울증을 겪은 사람들은 오메가3 지방산 수치가 낮았다. 연구 결과는 아직 초기 단계지만, 연구는 우울증과 뇌의 염증을 관련짓는다. 오메가3의 항염증 효과가 우울증에 도움이 되는가?

염증과 싸우는 물고기

나는 전국 대상 라디오쇼를 진행하면서 수백 명의 과학자 · 의사 · 저자 그리고 건강 옹호자를 인터뷰했다. 전문가 대부분의 의견이 완전히 다르지만, 한 가지 동의하는 것이 있다. 염증은 다음과 같은 많은 만성질환과 관련이 있다는 것이다.

- 위산 역류
- 알레르기
- 알츠하이머병
- 관절염
- 기관지염
- 암
- 만성통증
- 우울증
- 당뇨병
- 치은염
- 심장병
- 고혈압
- 골다공증
- 피부병
- 박테리아, 균 및 바이러스 감염에 대한 민감성
- 요로감염증
- 주름
- 질염

어떻게 이렇게 많은 질병이 염증과 관련이 있을 수 있을까? 쉽게 말해서 염증이 생기는 과정은 스트레스에 대한 몸의 반응 또는 불편함이다. '염'으로 끝나는 단어는 염증을 의미한다. 내 아버지가 의사인데 아버지는 환자가 진찰을 받으러 오면 대개 불편한 부분 뒤에 -itis를 붙인 기억이 난다. 정말 심오한 진단이다! 다음은 이것이 어느 정도 맞는지 보여주는 몇 가지 예다.

[표 5-1]

증상	진단	증상	진단
맹장 통증	맹장염 (append**icitis**)	부비강 감염	축농증(sinus**itis**)
관절 통증	관절염(arthr**itis**)	건 통증	건염 (腱炎, tendon**itis**)
점액낭 통증	점액낭염(burs**itis**)	지속성 기침	기관지염 (bronch**itis**)
간질환	간염(hepat**itis**)	산성 위	위장염(gastr**itis**)
목구멍 통증	편도염(tonsil**itis**)	심장병	심장염(card**itis**)
전립선 질환	전립선염(prost**itis**)		

많은 질병이 단순히 혈액 · 뼈 · 장기 · 관절 또는 조직에 영향을 미치는 염증이다. 몸에 염증이 오래 있을수록 생명을 위협한다.

「미국임상영양학저널」에 따르면, 생선을 먹으면 항염증 약물 치료의 필요성이 줄어든다고 한다. 비스테로이드항염증제(NSAIDs)를 복용하는 사람들은 생선에 오메가3 지방산이 많기 때문에 복용량을 줄이거나 완전히 중단할 수도 있다. 혈중 C반응성 단백질(CRP) 수치가 높다는 것은 인체의 염증 및 감염을 나타내는 강력한 지표다. CRP는 박테리아 · 바이러스 · 진균 감염 · 류머티즘 · 기타 염증성 질병 · 악성 종양 · 조직 손상 또는 괴사와 같은 광범위한 급성 및 만성염증 상태에서 생기는 단백질이다. 여러 연구에 따르면, 생선 섭취와 CRP 수치의 감소는 관련이 있다고 한다.

전반적으로 생선을 많이 먹는 일본인들은 서양인보다 CRP 농도가 낮다. 도호쿠대학의 한 연구팀은 일본 스루가야에 사는 70세 이상의 남성 401명과 여성 570명을 대상으로 조사를 했다. 혈장 샘플을 검사해서 생선 섭취와 CRP 농도를 측정했다. 생선 섭취로 인해, 오메가3 지방산이 증가하고 CRP가 56% 감소한 것은 상당히 관련이 있다는 분석 결과가 나왔다!

그리스 아테네에서 생선이 염증을 감소시키는 성질에 대한 또 다른 연구를 실시했다. 심장 건강에 대한 지중해식 식단의 이점을 알아보기 위해 18세에서 89세의 남성 1,514명과 여성 1,528명의 자료를 수집했다. 생선을 가장 많이 먹은 사람(일주일에 약 297g 이상)의 CRP 수치는 33% 더 낮았다. 또한 혈장에서 발견되는 또 다른 염증 지표인 인터류킨6의 수치가 33%로 낮았고, 염증에 의해 증가하는 혈액 단백질인 혈청 아밀로이드A는 28% 적었다. 이것으로 생선을 먹는 사람들이 왜 심장병과 뇌졸중의 발병률이 낮은지를 설명할 수 있다. 2008년 3월, 호르몬 및 대사 연구에서 보고된 다른 연구에서도 비슷한 결과가 나왔다. 크로노스 장수연구원의 과학자들은 건강한 성인들이 8주간 오메가3(생선)가 풍부한 식사를 하자 CRP 수치가 감소했다고 한다.

「영양학저널」에서 발간한 또 다른 연구는 6년 동안 300명 이상의 남녀를 대상으로 실시했다. 연구를 시작할 때 각 조사자의 음식 섭취량을 계산하고 염증에 대한 순환 생체지표 수치를 측정했다. 6년 후, 생체지표를 다시 측정해서 기준치와 비교했다. 이런 변화를 다른 식품군인 생선 · 유제품 · 과일 · 채소 및 알코올 섭취와 비교했다. 생선을 먹자 염증성 생체지표의 수치가 줄었다는 연구 결과가 나왔다. 놀랍게도 과일 · 채소 · 유제품 및 알코올 섭취로 인한 전신 염증성 생체지표의 변화는 없었다. 생선 섭취로 염증이 40% 감소했다.

오염된 물?

생선을 먹으면 건강상의 이점이 많은 것처럼 보인다. 속셈은 뭘까? 단점이 있는가? 환자들에게 생선을 먹는지 물으면 대다수는 아주 조금 먹는다고 하는데, 많은 사람들은 아예 먹지 않는다고 한다. 이유를 물어보면, 그들은 항상 수은 중독과 수질오염이라는 두 가지 같은 이유를 댄다. 먼저 오염 문제를 다루어 보자.

지구 표면의 70%는 사람이 살지 않는 물로 이루어져 있다. 오염은 인간이 사는 땅에서 일어난다. 산업 및 항공방제, 훈증소독한 집, 가정용품, 도색 용품, 해충제, 공장, 트럭, 기차, 자동차 및 기타 환경오염물질은 모두 공기와 땅에 유해한 화학물질을 배출한다. 우리는 이 오염 속에서 숨쉰다. 이것은 결국 흙과 식물, 과일 그리고 채소로 이어지고 우리가 소 · 돼지 · 닭에서 섭취한다. 그렇다면 사람들은 왜 이 높은 오염 받침대 위에 물고기를 놓을까? 생각을 해 보라. 물고기는 1,234,044,312,000,000,000,000L의 물에 산다. 바다 깊이는 10,994m(약 11km)다. 이를 고려하면, 민간항공사는 최고 약 10km까지 비행할 수 있다. 비행 중에 창문 밖을 내다본 적이 있다면, 바다가 얼마나 믿을 수 없을 정도로 깊은지 감이 올 것이다. 수질오염 때문에 생선을 먹지 않는다면, 왜 오염된 땅에서 난 음식을 먹는가? 물을 깨끗하게 해주는 자급자족하는 미생물과 결부된 엄청난 희석 인자를 생각해 보라.

훌륭한 수은 생선 희극

2000년 1월 1일에 이르러 나는 미디어가 얼마나 강력한지 깨달았고, 모든 사람을 두렵게 하는 능력을 몸소 느꼈다. 우리는 모두 TV로 보았고, 라디오로 들었으며, 잡지와 전국의 모든 주요 신문으로 읽었다. "Y2K가 다가오고 있다. 지구 종말!" Y2K의 두려움은 컴퓨터가 새로운 4자리 연도인 '2000'을 인식하지 못하고 1999년을 나타내는 '99'와 같은 두 자리 연도만 읽었다는 사실에 근거한다.

주식시장, 금융기관, 심지어 군대도 컴퓨터에 의존하기 때문에 언론은 사람들에게 새해가 우리의 마지막 해가 될 수 있다고 겁을 주었다! 이 종말에 대비해 미국인들은 1년치의 통조림, 탈수식품 및 물주

전자를 구입했다. 물침대 가게를 운영하는 환자 중 한 명이 침대가 다 팔렸다고 했다. 사람들은 잠을 자려고 침대를 사는 것이 아니라 약 1,140L의 물을 담아두기 위해 샀다. 그래, 사람들은 침대를 마실 준비가 됐어! 나라에서 발전기 · 손전등 · 배터리 · 휘발유 그리고 비축 프로판을 위해 수십억 달러를 쓰면서 사람들이 상점 앞에 길게 줄을 섰다. 자정이 지나면 ATM과 은행이 운영하지 않을 것으로 예상했고 수백만 명이 돈을 인출했다. 그들은 식료품점 · 전화 · 전기 · 케이블회사가 사용하는 모든 소프트웨어 시스템이 작동하지 않을 것이라고 했다. 사람들은 약탈과 폭동으로부터 가족을 보호하기 위해 총을 구입했다.

그날 밤 나는 딕 클라크의 〈멋진 새해 전날〉을 봤고, 2000년 카운트다운도 생생하게 기억한다. 나도 물론 무서웠다. 나는 살면서 하고 싶은 것이 아주 많았다. 달성하지 못한 목표가 아주 많았다. 죽기엔 너무 어렸다고! 나는 전화가 되지 않을 경우를 대비하여 어머니에게 키워주셔서 감사하다고 인사드리기 위해 마지막 '작별 인사'를 하려고 전화를 걸었다. 마치 느린 화면으로 앞쪽에 교통사고를 당하고 있는 것처럼 타임스 스퀘어의 공은 종말 카운트다운과 함께 천천히 떨어지기 시작했다, 5-4-3-2-1… 새해 복 많이 받으세요!

나는 숨죽여 어둠을 기다렸다. 그러나 그 순간 나는 전기가 아직도 켜져 있다는 것을 깨달았다. 전화도 작동하고 있었다. 컴퓨터도 여전히 작동 중이었다. 동네에서 총소리는 들리지 않았다. 몇 분 후 내 전화가 울렸다. 플로리다에 사는 친구가 새해 복 많이 받으라고 건 전화였다. 우리는 구입한 모든 탈수식품으로 무엇을 할 것인지 농담을 했다. 바로 그때, 나는 미디어가 우리를 두렵게 하는 힘을 깨달았다.

미디어는 우리가 먹어야 하는 것과 피해야 할 것을 결정하는 데도 중대한 영향을 미친다. 수십 년 동안 텔레비전 방송 · 잡지 · 신문에서는 생선에 생명을 위협하는 수준의 수은이 있기 때문에 너무 많이 먹으면 안 된다며 겁을 주었다. 내가 좋아하는 벤저민 프랭클린의 인용문을 떠올릴 적절한 순간인 것 같다. '들리는 모든 것을 믿지 말고, 보이는 것의 반만 믿어라.'

수은은 토양 · 공기 · 물 · 음식에서 발견되는 자연발생 원소다. 그것은 수은염처럼 금속 형태로 발견되거나 유기 수은 화합물로 발견될 수 있다. 수은은 바람과 비에 노출되어 암석과 토양 속 광물이 정상적으로 분해된 결과로 환경에 유입된다. 수은은 자연에 쌓일 뿐만 아니라 농업용 비료 및 산업폐수처리 시 토양이나 물로 배출된다.

우리는 생선의 수은 위험성에 대해 알지만, 소 제품에도 수은이 있으며, 버섯과 기타 농작물도 마찬가지다. 과일주스 · 시리얼 · 샐러드 드레싱 · 조미료에 사용되는 일반적인 감미료인 수소불화탄소(HFCS)에도 수은이 있는 것으로 드러났다. 환경보건학에서 발표한 연구에서, 연구원들은 상업용 HFCS의 20개 샘플 중 9개에서 수은을 발견했다. 농업무역정책연구소에서 실시한 또 다른 연구에 따르면, 55개의 유명식품 중 거의 3개 중 1개꼴로 수은이 있음이 드러났다.

대부분의 식용 해초에는 미네랄 수은이 있으며, 하천 · 강 · 바다 밑에서 발견된다. 거의 모든 물고기와 조개에는 수은의 흔적이 있다. FDA와 미국환경보건국은 어린이, 임신 중인 여성, 수유 중인 여성들은 수은 함량이 낮은 생선을 먹도록 권고했다. 수은 함량이 높은 생선을 먹으면 태아나 아이의 발달 중인 신경계에 건강상 위험을 초래할 가능성이 있고, 이런 위험은 생선을 얼마나 많이 먹느냐와 생선의 수은 수치에 달려 있다. 2001년 어떤 어류와 갑각류가 수은 함량이 가장 낮고 가장 높은지 그리고 1인분에 어느 정도의 양이 안전한지 표기하는 가이드라인이 발표되었다. FDA의 권고사항은 다음과 같다.

[표 5-2]

수은 수치가 가장 낮은 안전한 어류 및 갑각류			
멸치	은대구	메기	조개
게(국내산)	가재	등갈민태(대서양)	넙치
해덕(대서양)	헤이크(남방 대구)	청어	고등어(북대서양, 처브)
가숭어	굴	퍼치(대서양)	가자미
폴록(Pollock)	통조림 연어	연어(날것)	정어리
가리비	청어 무리(미국산)	새우	서대기(태평양)
오징어(식용 오징어)	틸라피아	송어(민물)	흰살 생선
소형 대구			
수은 수치가 적당한 어류 및 갑각류(일주일에 두 번만 먹을 것)			
농어(줄무늬, 검은색)	잉어	대구(알래스카산)	등갈민태(보구치)
큰 넙치(알래스카산)	큰 넙치(태평양)	색줄멸과의 대형 식용어	바닷가재
만새기	아귀	농어(민물)	은대구
눈가오리	도미	참치(참치 통조림)	참치(가다랑어)
민어과의 식용어(바다송어)			
수은 수치가 높은 어류(한 달에 3인분 이하로 먹을 것)			
게르치 무리의 식용어	고등어(스페인산, 걸프만)	농어(칠레산)	참치(날개다랑어 통조림)
참치(쥐노래미)			

수은 수치가 가장 높은 어류(임산부나 모유수유 중인 여성, 아이들은 피할 것)			
동갈삼치과	청새치	오렌지러피	상어
황새치	옥돔	참치(뿔돔, 하와이의 큰눈참치)	

크고 오래 사는 물고기는 평생 동안 수은을 가장 많이 축적하는 경향이 있다. 물고기의 수은 농도는 백만분율(PPM) 단위로 측정한다. 수은 함량이 가장 높은 물고기는 약 0.6ppm을 함유하고 있다. 수은은 0.00006%에 불과하며 농도는 매우 낮다. 아래는 이 농도가 얼마나 낮은지 보여주는 예다. 100만분의 1의 예(100만 개당 0.6)는 다음과 같다.

- 뉴욕에서 로스앤젤레스까지 교통량이 극심한 상황에서 오토바이 1대
- 약 51km 내 2.54cm
- 4년 중 1분
- 64t 중 약 28g
- 2만 달러 중 1페니
- 다저 경기장에 바나나 껍질 하나

사실 '위험한' 수은 농도 때문에 생선을 먹는 것을 두려워하는 사람들은 언론에 속은 것이다. 우선 수은이 독약이라는 것을 공식적으로 밝히겠다! 꽤 많은 양에 노출되면 뇌 · 신장 · 폐가 쇠약해질 수 있다. 시력 · 청력 · 언어장애 및 신체조정력결여(공조결여)를 야기할 수 있는데, 이는 노출량과 기간에 따라 다르다. 대다수의 사람들은 생선의 수

은을 섭취해도 건강에 해가 전혀 없다. 실제로 성인이 생선 섭취로 자연스럽게 축적되는 소량의 수은이 건강에 해롭다는 과학적 증거는 없다. 반대로 미국인들이 매일 먹는 위험한 수은 공급원에 대한 증거가 있지만, 언론의 주목을 많이 받지 못하는 것 같다 – 치과용 충전제!

원소 수은이라고 불리는 아말감 충전제에 있는 수은은 소량의 수은 증기를 방출하는데, 고농도일 때 뇌와 신장에 독성을 일으킬 수 있다. 이것은 입속에 영구적으로 남아 있기 때문에 지속적으로 수은에 노출되는 것이다. 구강의학과 독성학 국제아카데미는 '아말감에 반대하는 과학적 사건'이라는 보고서를 발표했다. 분석 결과, 우리는 하루에 27ppm의 수은을 흡수했다. 세계보건기구는 지구상에서 인간이 노출되는 수은의 대부분이 충전제라고 한다.

FDA는 충전제의 수은 양이 건강에 문제가 될 정도로 많지 않다는 입장을 취했다. 맞아, 제대로 읽었다! 그들은 24시간 이내에 한 끼에 0.6ppm이 있으면 '높은' 수준의 수은이라고 한다. 치과용 아말감은 혈류로 27ppm의 수은을 방출하는데 FDA는 안전하다고 한다. FDA에서 '고수은 우려'로 지정한 삼치를 먹는 것과 같은 아말감 충전제의 수은에 노출된 사람들은 주당 1인분에 약 1.2kg을 먹을 것이다. 사람들은 생선 속 안전한 형태의 수은보다 100만 배 더 많은 수은이 든 아말감 충전제에 노출된다. 어머나!

매일 아침 · 점심 · 저녁으로 생선을 먹는 사람은 아무도 없다. 입에 아말감 충전제가 있다면, 1년 365일 매일 매시간마다 수은 증기가 방출된다. 그것은 '은'이라고 불리지만 사실 수은이 두 배나 더 많다. '소비자의 치과 선택'이라는 단체에서는 다음과 같이 말했다.

"미국치과협회는 기본적으로 아말감에 대한 큰 사기를 치고 있습니다. 왜냐하면 아말감을 은색 충전제로 홍보했지만, 사실은 그렇지 않기 때문입니다. 아말감의 가장 일반적인 재료가 수은임에도 은충전제라는 용어를 사용하는 미국의 수천 명의 치과의사가 영속하는 대국민 소비자 사기입니다."

FDA는 색이 은색이기 때문에 '은충전제'라고 부른다며 그들의 입장을 변호한다. 이건 완전 사기야! 이 '은'충전제는 어떤 자극에서든 혈류로 수은을 방출한다. 당신이 먹고, 마시고, 껌을 씹고, 이를 닦고, 갈 때 방출된다. 이 아말감의 수은 증기는 입안의 세포막을 통과하고 혈액-뇌 장벽을 가로지르며 중추신경계를 통과한다. 거기서부터 신경손상이 발생할 수 있다. 낚시광이자 전체론적 치과의사에게 이 주제에 대한 견해를 물었더니 이렇게 답했다. "입안에 아말감 충전제가 있는 것은 항상 혈액에 수은을 주입하고 있는 정맥내주사(I.V)를 맞고 있는 것과 같습니다. 치과의사가 치아 건강관리에 수은을 사용한다면 의료 과실입니다!"

아말감의 수은이 몸 전체로 퍼지고 뼈 · 근육 · 장기로 퍼진다는 사실을 보여주는 많은 과학적 문헌이 있다. 몇 가지 부검 결과는 시체의 다양한 조직과 장기의 수은 농도와 아말감 충전제 수의 상관관계를 보여주었다. 인체의 수은 농도는 아말감 노출과 일치하지만 아말감을 제거한 후에는 소변이나 혈액 및 대변의 수은이 감소한다.

사산이나 산후 사망한 유아의 조직검사 샘플은 유아의 신장 · 간 · 대뇌피질의 수은 농도가 엄마의 입속 아말감 충전제 양과 유의미한 상관관계가 있다는 것을 보여주었다. 두 개의 연구소에서 모유 속 수은 농도가 엄마의 아말감 속 수은 농도와 상당히 관련이 있다는 것 또한 발견했다.

많은 산부인과 의사들이 임신한 환자에게 수은이 든 생선 섭취를 제한한다. 이런 대화에서, 임신한 환자는 자신의 아말감 충전제가 태아에게 미치는 위험성에 대해 거의 듣지 못할 것이다. 야생 생선 섭취로 위험한 수은이 축적된다는 증거가 없기 때문에 이것은 심히 당황스럽다.

소비자의 치과 선택 단체는 수은 충전제 사건에 대해 FDA를 고소했다. 법원은 FDA에게 웹사이트에 충전제가 '안전'하다는 게시글을 삭제하고 다음 문구를 올릴 것을 합의했다. '치과용 아말감에는 수은이 있어 어린이와 태아의 발달, 신경계에 독성을 일으킬 수 있습니다.' 이상하게도 그 문구는 몇 달 후 FDA 웹사이트에서 볼 수 없었고 수은 충전제의 건강 위험성을 논의하는 '질문 및 답변' 페이지도 볼 수 없었다. 그러나 FDA에서 보도한 '치과용 아말감 충전제에서 방출되는 수은의 수치가 환자들에게 해를 끼칠 만큼 높지 않습니다.'라는 문구는 여전히 있었다.

해산물 애호가인 나는 일주일에 적어도 두 번은 생선을 먹지만, 재미 삼아 매일 엄청난 양의 생선을 먹는 문화를 탐험해 보고자 한다. 인도양의 세이셸섬에서 12년 간 실시한 연구에 따르면, 과도한 생선 섭취로 인한 수은 노출로 건강상의 부정적인 영향은 없었다고 한다. 이 문화의 원주민들은 매주 10여 마리 이상의 생선을 먹었고 수은 수치는 미국보다 약 10배 더 높았다. 하지만 수은으로 인한 부작용을 겪는 원주민은 없었다.

「미국예방의학저널」에서는 생선으로 전파되는 수은 위험을 제대로 된 관점에서 보여주는 하버드 연구를 발표했다. 이 연구의 주요 저자 조슈아 코헨 박사는 미국의료전문지에 실린 기사를 다음과 같이 요약

했다. '우리는 수은의 미묘한 영향에 대해 다루고 있습니다…. 개인마다 측정하기에는 양이 매우 적을 것입니다.'

또한 우리는 어린이들이 수은 중독 위험에 가장 많이 노출되어 있다고 들었지만, 사실 그 말은 틀렸다. 2004년 영국 브리스틀의 아이들을 대상으로 실시한 연구에 따르면, 생선을 많이 먹은 임산부의 자녀들이 정신발달 검사 점수가 더 높았다고 한다. 같은 연구에서 '수은과 관련된 부작용은 없었다.'라는 사실을 알아냈다. 유아 1,054명의 탯줄에서 수은 양을 측정했다. 검출된 수은 양은 매우 적었고, 신경발달에 어떤 부정적인 관련은 없었다. 2016년 「미국역학학회지」에서는 임신 중 생선 섭취와 아이의 심리발달에 관한 연구 결과를 발표했다. 그들은 생선 섭취와 신경발달 · 운동발달 · 언어지능 · 지각 · 사회적 행동 · 집중력 · 과잉행동 감소에 긍정적인 연관성을 발견했다.

임신 중에나 출산 후에 생선을 먹는 엄마의 자녀들도 평균 발달 점수가 더 높았다. 「역학저널」에서 발표한 연구에 따르면, 임신기와 유아기에 적당량의 생선을 먹으면 실제로 발달에 도움이 될 수 있다고 한다. 영유아 어휘력 검사에 따르면, 임신 8주에서 30개월 사이의 산모가 일주일에 4회 이상 생선을 먹으면 그렇지 않은 산모보다 아이의 언어 이해도 점수가 높았다고 한다.

미국립환경건강과학연구소의 연구원들은 세계무역센터 붕괴 사고 당시, 맨해튼에 살고 있는 한 여성집단에서 태아기의 수은 노출이 미치는 영향에 대해 조사했다. 해산물을 많이 먹은 여성들은 탯줄혈액 속 수은 수치가 더 높았지만, 이것이 아이들에게 나쁜 영향을 주진 않았다. 반대로 임신 중 해산물 섭취는 운동발달과 언어 및 전체 IQ에 좋은 영향을 주는 것으로 드러났다.

임산부의 생선 섭취가 건강에 좋지 않다는 연구 결과가 있는가? 노르웨이와 아이슬란드 사이 중간지점에 위치한 페로 제도에서 수행한 연구가 있다. 이 연구는 임산부가 주로 먹는 해산물인 고래고기가 아이의 신경 및 발달에 미치는 영향을 조사했다. 임상시험과 신경생리학 시험에서는 어떠한 수은과 관련 이상도 없었다. 하지만 아이들의 주의력과 기억력은 약간 떨어졌다. 이 연구에서 말하지 않은 것은 고래고기가 셀레늄보다 수은이 더 많은 몇 안 되는 해산물 중 하나라는 것이다. 원래 생선 속 셀레늄은 수은 노출로 발생할 수 있는 부작용을 막아준다. 사실 수은은 뇌세포를 보호하는 셀레늄 의존 효소(셀레노엔자임)를 억제할 정도로 많아야 해를 입힐 수 있다. 즉, 생선의 셀레늄이 수은보다 많으면 몸에 흡수되는 수은을 제거해 준다.

다음은 서태평양어업관리위원회의 셀레늄-수은 도표이다. 여기에는 네 가지 주요 참치종인 황새치 · 청상아리 · 줄삼치 및 기타 종을 포함한 15종의 태평양 어종을 포함한다. 보다시피 청상아리를 제외한 모든 어종이 수은보다 셀레늄이 높으며, 황새치는 셀레늄과 수은 수준이 같다.

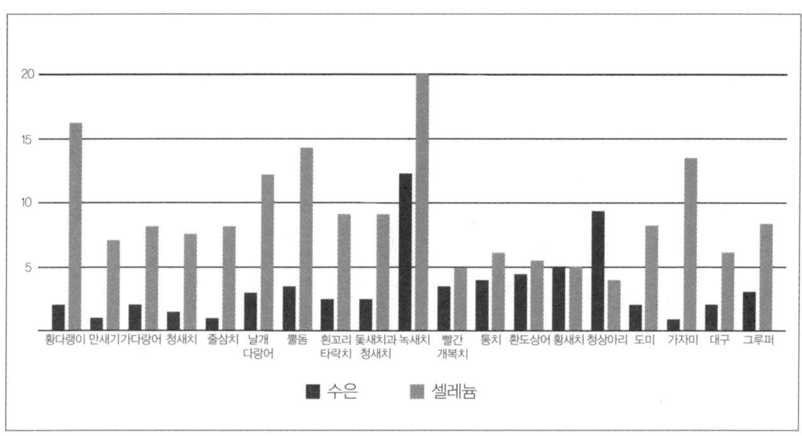

[그래프 5-1] 해양 물고기의 셀레늄과 수은 비율

[출처: 서태평양어업관리위원회(www.wpcouncil.org)]

그렇다면 수은에 대한 두려움은 어디서부터 생긴 걸까? 역사상 음식 속 수은에 중독된 사람들에 대한 몇 가지 사례가 있었다. 1971년부터 1972년까지 이라크에서는 수은이 든 살균제로 처리된 곡물로 인해 6천 명이 입원했고 500명이 사망했다. 이 지역 산모의 수은 농도는 674ppm으로 높았다. 이에 비해 가임기 미국 여성의 수은 농도는 최고 1.4ppm에 불과했다. 이라크 여성들의 수은 수치는 생선을 먹는 전형적인 미국 여성들보다 400배 이상 높았다. 1950년대 일본 미나마타시에서 111명의 사람들이 메틸수은을 공업용 폐수에 방출하는 화학공장 때문에 수은에 오염된 생선을 먹고 중독되었다. 지역 주민들은 미나마타만과 시라누이해에 서식하는 독성이 강한 화학물질이 축적된 생선을 먹고 수은 중독을 일으켰다. 미나마타만의 물고기는 수은 수치(36ppm)가 높았고 생선을 먹은 주민들의 모발에서는 수은 수치(705ppm)가 과도하게 나타났다. 그리고 오늘날과 마찬가지로 일본인들은 미국인들보다 생선을 훨씬 더 많이 먹었다.

1965년 비슷한 사건으로 일본의 니가타 주민 120명이 산업적으로 오염된 생선에 중독되었다. 로체스터의과대학의 독성학자인 토머스 클락슨 박사에 따르면, 일본에서 발생한 중독은 급성수은중독을 과학 문헌에서 발견한 유일한 임상 사례라고 한다. 또 다른 사례가 있어도 극히 드물 것이다.

FDA의 수상한 위선

사람들은 수은이 두려워서 생선을 피하지만 해마다 살균 연고 · 비강 스프레이 · 안약 · 살정제 사용이나 아기에게 기저귀 발진 크림을 바르는 것으로 예방주사를 맞는 것에는 크게 신경 쓰지 않는 것 같다. 이들 모두는 항균제이자 방부제인 티메로살을 함유하고 있다. 티메로살은 중량 50%의 수은이다. 이 수은은 유기체를 죽이고 균의 성장을 막는다. 미국의 임산부와 어린이의 일상적 관리에 권장하는 대부분의 예방주사 속 티메로살은 위험한 수준이다. 뭐라고? FDA는 수은 때문에 임산부와 어린이에게 생선 섭취에 주의를 기울이라고 하는데, 혈액 속에 직접 수은을 주입하는 것은 어떤가?

미국에서 사용하는 약 140개의 약물과 백신에는 수은이 있다. 티메로살은 농도 10만분의 1인 0.001%에서 1만분의 1인 0.01%까지 사용한다. 다양한 병원균을 죽이기 위해 이렇게 엄청난 양이 필요한데, FDA는 생선의 수은 수치가 0.5ppm으로 '높다'며 피해야 한다고 생각하는 건가? 다음은 수은 1만분의 1에 해당하는 양이 '수은 위험이 높은' 물고기에서 발견되는 0.5ppm과 양을 비교한 것이다.

티메로살에 수은 1만분의 1은 다음과 같다.

- 약 290kg에서 약 28g(생선에서 발견된 64t 중 약 28g과 비교)
- 일주일 중 1분(생선에서 발견된 4년 중 1분과 비교)
- 약 2,600m 중 2.54cm(생선에서 발견된 약 51km 중 2.54cm와 비교)
- 100달러 중 1센트(생선에서 발견된 2만 달러 중 1센트와 비교)
- 다저 경기장의 전체 좌석 중 한 구역(생선에서 발견된 다저 경기장의 바나나 껍질 하나와 비교)
- 뉴욕에서 로스앤젤레스로 가는 빽빽한 교통량에서 100개의 반 트럭(생선에서 발견된 '뉴욕에서 로스앤젤레스까지 교통량이 극심한 상황에서 오토바이 1대'와 비교)

예시가 충분한가? 나는 당신이 이해했다고 생각한다. 티메로살의 수은 양은 미국식품의약청이 '고위험'으로 분류한 생선에서 발견되는 극소량과 비교해 보면 엄청나다. 많은 나라에서 티메로살을 금지한다. 1977년 러시아 연구팀에 따르면, 티메로살 수은에 노출된 사람들이 뇌 손상을 입었다고 한다. 또한 티메로살 중독으로 인해 신장 및 신경손상 · 무기력 · 혼수상태 · 사망에 이른다는 연구가 있다. 1980년 이런 건강문제로 인해 러시아에서는 어린이 백신에서 티메로살을 금지했다.

오스트리아, 덴마크, 일본, 영국 및 모든 스칸디나비아에서는 방부제 사용 또한 금지했다. 그러나 미국은 굉장히 좋은 나라답게 여전히 시장에서 티메로살을 판매하고 있다. 1997년 미국식품의약청 현대화법(FDAMA)에 따라 FDA는 어린이 백신의 티메로살 사용을 대대적으로 검토했다. '국지적 과민반응 외에 백신 방부제로 티메로살을 사용했을 때 피해가 발생했다는 증거는 없습니다.'라는 결론이 났다.

1999년 7월 9일, 미국소아과학회는 공중위생국과 티메로살 전면 중단을 권장하는 공동 성명서를 발표했다. FDA는 "백신 제조사와 협력해 백신의 티메로살을 줄이거나 제거할 것입니다."라고 답했지만, 오늘날까지도 일부 백신에 티메로살이 있다. 6개월 정도 된 어린이에게 투여하도록 권장되는 독감 백신의 약 75%에 티메로살이 있다.

유년기 예방접종에 사용되는 수은은 자폐증을 증가시킬 수도 있는 반면 생선은 뇌기능을 돕는 것으로 나타났다. 자폐증은 생후 첫 3년 동안 나타나는 발달장애로 사회성과 의사소통과 같은 뇌의 정상적인 발달에 영향을 미친다. 자폐증은 한때 미국에서 1만 명 중 1명꼴로 발생하는 희귀한 질병이었지만, 1980년대 후반부터 매년 10%에서 17%

씩 증가했다. 일부 과학자들은 1991년 이후 자폐증 발생 건수가 15배, 즉 1,500% 증가했다고 추정했는데, 이는 이 기간 동안 소아 예방접종이 증가한 것과 관련이 있다. 1991년 이전에는 2,500명당 1명이 자폐아였고, 그 해 이후 166명 중 1명이 자폐증에 걸렸다. 미국의 한 연구에 따르면, 티메로살 백신을 맞은 어린이들이 그렇지 않은 아이들보다 자폐증에 걸릴 확률이 두 배 이상 높다고 한다. 많은 다른 전문가들은 오늘날 자폐증 비율이 높은 것은 자폐증의 진단과 보고 그리고 정의가 바뀌었기 때문이라고 생각한다. 그런 관점에서 보면 백신과 자폐증은 관련이 없다.

계속 비웃음을 받은 FDA는 백신과 치과 충전제의 수은이 안전하다는 입장을 받아들였고, 2008년에 그들은 처음에 했던 수은에 대한 경고를 수정했다. FDA는 수은으로 오염된 생선을 먹는 것이 더는 어린이, 임산부, 모유수유 중인 엄마 및 영아 건강상의 위협이 되지 않는다고 했다. 그들은 왜 완전히 반대되는 권고를 하는가? FDA는 생선 속 수은 수치가 위험하다고 말하고 있어서 치과용 충전제와 백신의 수은이 안전한 수준이라고 말하기가 점점 더 어려워지고 있었기 때문이다. 당신은 FDA가 누구 덕분에 돈을 더 번다고 생각하는가? 수산업? 제약산업? 속은 것 같다… 완전히!

2014년 FDA는 조용히 권고사항을 수정했고, 임산부에게 단 4가지 종류의 생선, 즉 옥돔 · 상어 · 황새치 · 삼치를 피하라고 권고했다. 수정된 권고안은 더는 '위험한' 수은 노출량에 초점을 맞추지 않고 일반적인 위험의 감소에 초점을 맞췄다.

수은 수치가 줄어든 생선

소고기와 닭을 다룬 장에서 우리는 지난 100년 동안 호르몬 · 항생제 · 농약 사용이 얼마나 눈에 띄게 증가했는지 알아보았다. 생선의 수은양을 보면 진실은 반대이다. 지난 100년 동안 생선의 수은 수치는 변하지 않았고, 어쩌면 줄어들었을 수도 있다.

듀크대학과 로스앤젤레스자연사박물관의 연구원들은 1880년대에 보존된 대서양 헤이크(남방 대구) 21개 표본을 1970년대에 잡힌 66개의 유사한 물고기와 비교했다. 그들은 수은 농도가 전혀 변하지 않았다는 것을 발견했다. 프린스턴대학의 과학자들은 1971년 황색 지느러미 참치 샘플을 1998년에 잡힌 샘플과 비교했다. 놀랍게도 그들은 수은 수치가 줄어든 것을 발견했다. 스미소니언연구소에서는 1878년에서 1909년 사이에 보관한 참치 샘플을 검사했고, 1971년과 1993년의 유사한 어류 조직과 비교했다. 그들은 최근에 잡힌 생선의 수은이 상당히 적다는 것을 발견했다. 어떤 경우에는 그 차이가 50% 이상이었다.

언론은 '태평양의 수은 수치가 상승하고 있고, 2050년까지 50% 증가할 것으로 예상됩니다!'라고 경고한다. 그러나 알래스카의 공중보건부에 따르면, 진실은 그 반대이다. 550년 된 알래스카 미라 여덟 구의 머리카락 속 수은을 검사한 결과, 오늘날의 알래스카 사람들의 혈중 수은 농도의 평균 2배에 달하는 수치를 보여주었다.

농장과 위험!

말뚝 울타리, 보관 창고, 푸른 잔디보다도 '산지직송'만큼 건강에 좋은 것은 없다! 이런 인상이 완전성의 상징이 되어 식료품점의 라벨에까지 퍼졌다. 우리는 채소부터 과일, 곡물에 이르기까지 음식은 농장에서 갓 나온 신선한 상태일 때 건강에 좋다고 생각한다. 생선은 그렇지 않다. 양식어류는 양식장이나 어류 탱크에서 상업적으로 사육한다. 가장 일반적인 양식어류는 연어 · 잉어 · 틸라피아 · 유럽농어 · 메기 · 대구다. 이 양식어류는 갇혀 살기 때문에 운동도 할 수 없고 야생도 볼 수 없다. 물고기가 너무 빽빽하게 꽉 차 사육장 양쪽에 맞비벼져서 지느러미와 꼬리가 손상되어 감염되기 때문에 우리에 갇힌 닭과 마찬가지로 항생제가 필요하다.

가장 일반적인 양식어류는 대서양연어다. 연어는 참치에 이어 미국에서 두 번째로 많이 먹는 생선으로, 미국에서 파는 연어의 90%가 양식어이다. 양식어류는 야생어류보다 오메가3가 2배에서 3배 더 적다. 한편, 야생어류의 지방 함유량은 7%이지만 양식어류는 11%에서 20%이다.

양식 연어는 폴리염화비페닐(PCB)을 함유하고 있다. PCB는 전기 및 냉각유체로 널리 사용되었다. 발암성에다 유기오염물질로 분류되기 때문에 1979년 미국의회와 2001년 '잔류성유기오염물질에 대한 협약'에서 PCB 생산을 금지했다.

어떻게 PCB가 연어 양식장에 아직도 있는가? 생산자들은 육식동물인 양식 연어를 먹이기 위해 다른 야생물고기를 잡아야 하고 이 물고기들은 종종 북해와 같이 PCB가 풍부한 곳에서 서식한다. 그곳에서 그들은 PCB에 오염된 더 작은 생물체를 먹는다. PCB가 든 연어를 먹으면 암 위험이 증가하기도 한다. 코넬대학의 연구에 따르면, 양식 연어의 PCB 농도가 야생 연어보다 훨씬 더 높다고 한다. 그 이유는 양식 연어의 지방이 야생 연어보다 52% 더 많은데, 이는 PCB가 쌓여 지방이 되기 때문이다. 만약 당신이 평생 운동을 못 하고 작은 우리에 갇혀 있다면 하루 종일 돌아다니는 사람들보다 더 살찌지 않겠는가?

양식 연어를 더 살찌우기 위해 옥수수도 먹인다. 연어는 원래 옥수수를 먹지 않는다. 자연먹이사슬에 속한 음식이 아니다. 야생 연어는 양식 연어보다 지방이 적다. 연어는 매우 강한 물고기이기 때문에 험한 바다를 거슬러 상류로 헤엄칠 수 있다. 마치 프로 마라톤 수영 선수의 지방이 적은 것처럼 야생 연어도 그렇다. 전문 수영선수들은 보통 다른 종목의 선수들에 비해 체지방률이 대단히 낮다. PCB는 지방 조직에서 자라기 때문에 마르거나 비만인 양식 연어에 독성 화학물질이 다량 함유되어 있다.

2003년 미국환경연구단체(EWG)는 미국에서 먹는 양식 연어에서 암을 유발하는 PCB 수치에 대한 가장 광범위한 실험 결과를 발표했다. EWG는 현지 식료품점에서 연어를 구입했으며, 그 연어는 미국보건당국이 정한 기준에 맞춰 보면 암의 위험을 증가시키는 다량의 PCB에 70%나 오염되어 있었다. 양식 연어의 PCB는 시장에 나와 있는 다른 어떤 음식보다 40배나 많았다. 양식 연어에는 톡사펜(암과 관련된 금지된 살충제)과 디엘드린(파킨슨병 · 유방암 · 생식기 및 신경계 손상과 관련된 살충제)을 포함한 또 다른 독소가 있다. 두 가지 다 야생 연어보다 양식 연어에서 10배나 더 많았다. 상대적으로 낮은 빈도로 양식 연어를 먹으면 건강에 대한 위험도가 높아지고, 그만큼 독성이 높은 화합물에 노출이 증가하는 결과를 낳는다.

오염되고 색소가 든 고기

야생 연어의 속살은 짙고 붉은 오렌지색이다. 많은 사람들이 연어는 자신이 먹는 음식의 색을 띤다는 사실을 모른다. 야생 연어는 자연적으로 발생하는 주황색 색소인 카로티노이드가 있는 아주 작은 새우 모양의 갑각류인 크릴을 먹는다. 양식 연어는 옥수수, 콩, 다른 생선, 가금 잠자리 짚(가금이 생활하거나 잠을 자는 바닥에 깔아 주는 짚) 및 가수분해된 닭깃털로 만든 먹이를 먹는다. 이런 이상한 먹이 때문에 양식 연어는 천연 주황색에서 붉은색으로 변하지 않고 오히려 식욕을 억제하는 밝은 회색으로 바뀐다. 연구에 따르면, 소비자들은 회색 연어를 사지 않을 것이기 때문에 농부들이 인공적으로 기른 물고기를 더 자연적이고 더 맛있어 보이게 만드는 칸타크산틴과 아스타잔틴이라는 화학물질을 첨가한다고 한다.

몇몇 주요 화학회사에서 이 '속살 페인트'를 생산하는데, 가장 큰 회사는 스위스의 화학회사인 호프만 라 로슈다. 이 회사는 바륨과 로힙놀(일명 '데이트 강간' 약물)과 같은 진정제를 생산하는 제약회사이다. 판매원은 농부가 정확히 생선의 속살을 어떤 분홍빛으로 칠하고 싶은지 결정하는 것을 돕기 위해 살모판(SalmoFan, 색상 견본)을 가져올 것이다. 이 판은 당신이 욕실 벽에 칠할 색을 결정할 때 페인트가게에서 찾을 수 있는 것과 유사한 색 선택판이다. 과학자들은 칸타크산틴의 높은 섭취량과 인간의 망막 손상의 관련성을 발견했고, 칸타크산틴으로 인해 시력이 손상될 수 있기 때문에 직접적인 섭취를 금지할 것을 유럽연합에 촉구했다.

농약과 항생제

양식어류는 콩이나 옥수수 같은 육지 음식을 먹는데, 이는 수확 과정에서 사용된 농약도 같이 먹는다는 뜻이다. 물고기가 이 화학물질을 먹으면, 이는 결국 살로 가고 그 살을 우리가 먹는다. 과학자들은 농약 잔류물의 축적을 알아보는 고도의 분석 시스템을 사용해 양식어류의 살을 검사했다. “어류에 지방용해물질이 많을수록 농약이 축적될 확률이 높아집니다.” 양식어류는 지방 축적 어류이다! 농약은 태평양 야생 연어보다 양식 연어에 최대 10배나 많은 독소 중 하나다. 국제간 조사에 따르면, 5종의 농약을 대표하는 11종의 화합물이 상업용 연어 농장에서 현재 해조류 방제를 위해 사용되고 있다고 한다.

가장 일반적인 화합물은 디클로르보스, 아자메티포스 그리고 사이퍼메트린이다. 안타깝게도 이 모든 화합물들은 건강에 좋지 않다. 디클로르보스는 생선살에 있으며 독성이다. 독성물질 관리프로그램의 연구에 따르면, 디클로르보스는 동물의 췌장, 유방 땀샘 및 위의 종양 발생률을 증가시킨다고 한다.

우리는 가축 및 가금류의 항생제 사용에 대해 논의해 왔으며, 이 문제는 양식어류산업에도 적용된다. 제한된 양식장에서 공통적으로 나타나는 고밀도 조건에서, 병에 대한 노출과 질병 병원균이 빠르게 증식하는 능력의 조합 때문에 항생제 사용은 연어 양식 산업에서 일반적인 관행이다. 양식 연어는 의약품으로 항생제를 섭취한다. 그리고 이 산업에서도 양식어류에 사용되는 약을 인간의 질병을 치료하는 데 사용한다. 양식업 및 기타 산업에서 항생제를 자주 사용하면 질병 미생물이 항생제 치료에 내성이 생겨 인체 건강에 위험을 초래하고 질병을 치료하기가 더 어려워진다.

라벨에서 법적 책임까지

나는 영화 〈포레스트 검프(Forrest Gump)〉에서 톰 행크스의 유명한 대사를 아주 좋아한다. "인생은 초콜릿 상자와 같아서 무엇을 집을지 아무도 모른다." 불행하게도 물고기 라벨도 마찬가지다. 때로는 적힌 것을 그대로 믿지 말고 대신 탐정놀이를 해야 한다. 2005년 알래스카에서는 주에서 판매되는 모든 양식어류에 흔히 말하는 라벨을 붙여야 한다는 법안을 통과시켰다. 2006년 소비자보고서의 조사에 따르면, 시장에서 '야생에서 잡힌'이라는 라벨을 붙여 파는 상당량의 연어가 사실은 양식이라고 한다. 그들은 '야생' 연어 살코기 23점으로 실험을 했는데, 그중 10점만 야생 연어인 것으로 밝혀졌다. 연어 라벨에 '신선한 대서양연어'가 당신을 속이려 하고 있다. 그것은 양식 연어라는 뜻이다. 대서양 야생 연어를 위한 상업적인 어장은 없다. '자연산'이라는 용어는 연어가 알래스카산, 노르웨이산 또는 태즈메이니아산일 때 바르게 사용된 것이다.

2005년 뉴욕타임스는 소비자들이 야생 연어를 구입한다고 속는 것에 대해 조사한 또 하나의 보고서를 발행했다. 실험 결과, '자연산' 생선 8마리 중 6마리가 실은 양식 연어였다. 그들은 또한 야생물고기가 제철이 아닐 때 연어에 거짓 라벨을 붙이는 일이 더 빈번하다고 결론지었다. 6년 후인 2011년 12월, 소비자보고서는 어류 라벨의 정확도에 대한 연구 결과를 발표했고 여전히 굉장히 수상쩍은 것이 있었다!

그들은 뉴욕, 뉴저지, 코네티컷의 소매점과 식당에서 구입한 190마리의 생선을 분석했다. DNA 검사는 유전자 표본 추출에 쓰였고, 범죄수사관이 사용하는 것과 유사하게 그 종을 식별하는 표준화된 유전자 단편에 대한 유전자 서열을 비교했다. '왕연어'와 '홍연어'의 살코기가 사실 은연어였고 일반적으로 세 가지 연어 중 가장 저렴했다. 다음은 몇 가지 추가적 결론이다.

- 검사한 샘플 중 18%가 품명, 라벨 또는 메뉴의 이름과 달랐다. 생선들이 메기 · 회색 서대기 · 그루퍼 · 넙치 · 왕연어 · 레몬솔 · 적도미 · 홍연어 그리고 황다랑어로 잘못 여겨진 것이다.
- 4%는 잘못 분류되거나 직원들이 오인했다.
- 구입한 10마리의 레몬솔과 22마리의 적도미 중 12마리는 다른 종이었다. 그루퍼라고 라벨이 붙은 제품은 사실 옥돔류였다.

FDA는 최근 몇 년간 해산물에 대한 사기를 거의 찾아보지 않았다. 2011년에 미국인들이 먹은 해산물의 86%는 주로 중국, 캐나다, 인도네시아, 에콰도르, 태국 및 베트남에서 수입되었다. FDA 관계자는 2003년부터 2008년까지 수입 해산물의 약 2%만 물리적으로 검사했는데, 해산물에 대한 사기는 0.05%만 확인되었다(잘못된 라벨, 대체품 또는 중량 부족 항목). 2015년 해양보호단체인 오셔나는 연구원들에게

시카고, 뉴욕, 워싱턴 D.C. 그리고 버지니아의 식당과 식료품점에서 '야생'이라고 적힌 82개의 연어 샘플을 수집하도록 했다. DNA를 분석해 보니, 연어의 거의 절반인 43%가 잘못된 라벨로 찍혀 있었다. 또한 그 잘못된 라벨의 69%는 야생 연어로 팔리고 있는 대서양연어였다.

안타깝게도 라벨 법은 변경되지 않았다. 라벨을 예비 게이지 점수로 보는 것도 중요하지만, 완전한 정확성을 위해서는 라벨에 의존하지 않아야 한다. 대부분의 식당과 식료품점에서는 그들이 파는 생선이 양식되었다는 사실을 숨기려 하지 않는다. 대부분이 이 사실을 자랑스럽게 여긴다. 기억하라, 양식이라는 단어가 붙으면 어떤 제품이든 잘 팔린다. 그리고 대부분의 사람들은 이 단어를 부정적으로 받아들이지 않는다. 나는 라이프타임 방송의 건강 분야에 농장에서 기르는 물고기에 관한 특집기사를 썼고, 물고기가 농장에서 길러졌는지 야생에서 잡혔는지를 알아보는 방법에 대한 사진을 공유했다. 이는 내 웹사이트 DrDavidFriedman.com에서 확인할 수 있다.

병에 든 어유

어유 보충제는 오메가3 지방산이 있기 때문에 외관상 기적 같은 건강상의 이점을 내세웠다. 하지만 양식어류와 마찬가지로 많은 어유 보충제에는 밝혀지지 않은 불필요하게 높은 수준의 PCB 오염물질이 있다. 이것은 캘리포니아주에서 발생한 소송으로 인해 국내 최대 규모의 어류 생산업체와 소매업 중 편의점 약국(CVS), 건강기능식품전문회사(GNC), 의약품회사, 건강기능식품회사, 프리미엄비타민회사, 영양보충제 회사를 포함한 8개 업체가 선정된 사건이다.

독성의 PCB 외에 또 다른 우려 사항은 어유의 불안정성이다. 기름을 추출해서 병에 보관될 때까지 어유는 산소 · 빛 · 열에 노출되어 산화되고 분해된다. 이 때문에 기름이 상한다. 상한 어유를 먹으면 심장병 및 기타 만성질환에 걸릴 수 있다. 사람의 경우, 어유 캡슐 속 산화지방의 수치가 낮아도 동맥경화와 혈액응고의 위험이 높아진다. 산화지방은 체내 염증을 일으키는 물질인 활성산소를 활발하게 만들기 때문에 건강에 만성적인 위협이 된다. 어유는 유통기한이 3~4년이라고 라벨에 쓰여 있지만, 추출 후 며칠 안에 부패하기 시작한다.

어유 보충제가 썩었는지 알 수 있는 쉬운 방법은 캡슐을 반으로 잘라서 그 기름을 종이에 묻혀 보는 것이다. 미색 · 노란색 · 갈색을 띠면 썩은 것이다. 의약품 수준이 좋은 어유는 물처럼 맑다. 썩은 어유는 냄새가 나고 '트림 냄새가 나는 생선'이 된다. 이 보충제는 구강청결제와 같이 팔아야 한다. 그리고 기름을 먹어 보라. 신선하고 약간 비린 맛이 나야 한다. 라벨에 해로운 산화 및 악취를 예방하기 위해 감마와 델타가 없는 형태의 토코페롤(비타민 E)을 함유했다고 적힌 브랜드를 선택하라.

『오메가 처방 영역(The Omega Rx Zone)』의 저자 배리 시어스 박사는 오메가 지방산의 건강상 이점에 대한 국가의 선도적 권위자 중 한 명이다. 그는 오늘날 사람들이 구입하는 어유 보충제가 '바다의 오물'과 다를 바 없다고 한다. 그는 사람들에게 대부분의 어유 보충제에 위험한 독소와 암유발 화학물질이 있다고 알려주었으며, 다음의 실험을 해 볼 것을 권했다. "어유 캡슐을 약 4~5개 열어서 유리잔에 넣고 냉동실에 얼리십시오. 5시간 후에 이쑤시개를 갖고 오십시오. 그 캡슐에

이쑤시개가 들어간다면, 얼지 않았다는 뜻이므로 괜찮은 어유 캡슐입니다. 그렇지 않다면, 그 캡슐은 바다의 오물입니다. 즉, 싸구려 호텔 같은 PCB가 많다는 뜻입니다. 이것은 당신 몸에 들어오기만 하고 나가지 않습니다. 그것은 신경독소 · 발암물질 · 내분비 교란물질을 함유하고 있습니다."

깨끗하고 질좋은 어유 보충제를 복용하는 것이 확실히 건강에 좋지만 나는 개인적으로 알약으로 된 어유를 먹어본 적이 없다. 만약 당신이 생선을 먹는데도 오메가3가 부족해서 보충제를 먹어야 한다면, 생선이 오메가3를 얻는 음식에서 똑같이 얻는 것은 어떤가? 물고기는 오메가3 지방산을 함유한 작은 새우 같은 생물인 크릴을 먹는다. 연어는 크릴을 먹어서 오메가3를 얻고 풍부한 붉은 빛이 도는 오렌지색을 띤다. 세계에서 가장 거대한 동물인 고래도 크릴을 먹는다. 이빨이 없는 큰 고래들은 그들의 거대한 몸에 연료를 공급하는 데 필요한 영양분을 얻기 위해 크릴을 많이 먹는다. 바다표범 · 펭귄 · 바닷새 · 오징어 · 물고기 등과 같은 다른 많은 동물들도 영양분을 얻기 위해 크릴을 먹는다. 크릴은 지구상에서 가장 필요하고 재생가능한 식량자원으로 여겨진다. 크릴은 플랑크톤과 마찬가지로 지구상에서 생물량이 가장 많다.

또한 항산화물질 수치가 높아서 오메가3 기름이 산화되는 것을 막아준다. 게다가 먹이사슬의 맨 아래에 있기 때문에 수은과 PCB는 문제가 되지 않는다. 크릴의 오메가3 지방산은 흡수가 잘 되고 어유에 비해 보다 효율적인 속도로 인간 혈류로 방출된다. 대부분의 주요 건강식품점에서 크릴오일 보충제를 살 수 있다.

예쁜 분홍색

다른 물고기들도 크릴을 먹는데 왜 연어만 분홍색인가? 과학자들도 이것에 대해 100% 확신을 못하지만, 연어가 크릴을 먹으면 살색이 붉은 주황색으로 변하는 유전적 요소가 있다고 믿고 있다. 게나 바닷가재도 마찬가지다.

채식주의자에게 있어 오메가3 지방산의 가장 좋은 공급원은 아마씨유다. 아마씨유는 오메가3뿐만 아니라 오메가6라는 또 다른 필수 지방산인 건강한 리놀레산이 풍부하다. 해바라기, 잇꽃 및 참기름에는 리놀레산이 풍부하지만 오메가3 지방산이 없다. 모든 오메가 지방산 중 채식주의자를 위한 것으로 개인적으로 가장 좋아하는 것은 산자나무 열매다. 산자나무 열매는 이름과 달리 해양 식물이 아니다. 산자나무 열매는 서유럽에서 몽골까지 바다의 해안선이나 사막의 염분이 높은 환경에서 자라는 식물이다. 이런 타르트 열매는 항염증성, 암 예방, 심혈관 및 간에 도움이 되는 특성이 있다. 산자나무 열매에는 오메가3 · 6 · 9이 있으며 찾기 어려운 오메가7도 있다. 오메가7은 세포 지지 · 피부 건강 · 모발 및 손톱에 좋은 희귀하고 필수적인 구성요소이다.

좋은 생선 선택의 10가지 팁

1. **야생 연어를 선택하라** 양식 연어는 일년 내내 팔고 야생 연어는 보통 6월부터 10월까지만 판매된다. 돈을 좀 더 써서 통조림 연

어를 먹어라. 양식 연어는 통조림으로 만들 수 없기 때문에 통조림 연어는 야생 연어다.

2. **지방을 제거하라** PCB 노출을 줄이려면 요리하기 전에 지방을 제거하라. 지방으로 화학물질들이 이동한다. 또한 굽거나 튀겨라. 이렇게 조리하면 지방 속 PCB가 제거된다.
3. **색깔에 주의하라** 양식 연어는 인공색소를 먹어 당신을 속인다. 특히 흰 줄무늬(지방)여야 하는 살의 층이 옅은 오렌지색이나 분홍색인 연어는 피하라. 야생 연어는 지방이 매우 적고 색은 전체적으로 더 깊고 어두운 붉은색이다. 눈을 못 믿겠으면 맛을 봐라. 야생 연어는 쇠맛이 아닌 톡 쏘는 맛이 나고, 살은 일관되게 단단하다.
4. **냉장된 생선이나 적당히 언 생선을 사라** 얼음이 녹지 않고 신선해야 하며, 통에 보관되어 있거나 덮개로 덮여 있어야 한다.
5. **생선이 어떻게 보관되어 있는지 보라** 녹은 얼음이 빠져나가도록 생선 배를 아래로 향하게 해서 부패되지 않게 해야 한다.
6. **냄새를 맡아 보라** 생선에서 신선하고 부드러운 냄새가 나야 한다. 절대 비린내가 나거나, 신 냄새가 나거나, 암모니아 같은 냄새가 나지 않아야 한다.
7. **눈을 보라** 생선의 눈이 깨끗하고 약간 부풀어 있어야 한다(강꼬치고기처럼 원래 눈이 흐린 종을 제외하고).
8. **몸통을 보라** 생선의 몸통과 살은 단단하고 빛이 나야 하며, 아가미는 점액이 없는 밝은 빨간색이어야 한다. 물렁한 살은 생선이 오래되었고 부패하기 시작했다는 뜻이다. 생선살은 가장자리가 검거나 건조하지 않아야 한다. 녹색이나 황색 변색이 없어야 하

며, 어떤 부위도 건조하거나 흐려서는 안 된다.

9. **생선의 살을 눌렀다가 빨리 떼어 보라** 고기가 신선하면 다시튀어나온다. 신선하지 않은 고기는 자국이 남는다(메모리폼을 눌렀을 때의 반응과 유사함).

10. **냉동 생선** 냉동상의 징조인 흰 부위와 탈수된 부위가 있는 생선을 피하라. 포장 내부가 얼음 결정으로 둘러싸여 있거나 얼음 결정이 한 부분에 모여 있는지 확인하라. 이것은 해동과 냉동의 반복으로 생선의 수분이 빠졌다는 뜻이다. 생선은 방습 소재로 포장해야 한다. 플라스틱으로 포장한다면 겹겹이 포장한 것보다 진공 포장이 더 낫다. 질좋은 냉동 생선은 냄새가 거의 안 나거나 아예 없다.

DIG

D(발견): 야생어류는 단백질과 오메가3 지방산이 풍부하다. 생선을 먹으면 혈압이 낮아지고 심장마비, 비정상적인 심장박동, 뇌졸중의 위험이 줄어들어 심장을 튼튼하게 만드는 데 도움이 된다는 과학적 증거가 있다. 생선은 뇌기능을 건강하게 하고 우울증 · 알츠하이머병 · 당뇨병의 위험을 줄여 준다. 거의 모든 질병의 근본 원인은 염증이다. 생선은 전반적인 건강과 장수를 위한 자연 '소염제'다.

I(본능): 지나치게 과장된 '수은 희극'을 폭로하면 과학과 상식은 생선 섭취의 중요성을 뒷받침한다. 야생어류는 건강한 식단에 꼭 필요하다.

G(신): 인체는 생선의 모든 건강증진 영양소를 쉽게 흡수하고 활용한다. 생선의 오메가3 지방산 덕분에 몸의 염증이 줄어들고 뇌는 최적의 수준으로 기능한다.

돼지고기

-작은 돼지가 시장에 갔다-

"나는 돼지를 좋아한다. 개는 우리를 올려다본다.
고양이는 우리를 내려다본다. 돼지는 우리를 동등하게 대한다."

윈스턴 처칠

수천 년 동안 사회는 돼지를 부정의 동의어로 여겼다. 돼지를 탐욕("돼지처럼 탐욕스럽다"), 탐식("돼지처럼 먹는다") 그리고 당연히 더러움("돼지같이 산다")과 관련지었다. 스스로를 인종 · 정당 · 성별에 있어 우월하다고 생각하는 사람들은 '우월주의에 빠진 돼지'라고 여겨진다. 많은 혁명적이고 급진적인 조직에서 경찰 · 기업가 · 자본가 및 군인과 현 정세 지지자를 묘사하는 말로 돼지라는 단어를 두루 사용한다. 누군가 다른 사람에게 '돼지의 눈으로'라고 말한다면 이것은 그 사람이 거짓말을 하고 있다는 말이다. '돼지우리'는 더럽게 산다는 뜻이고, 가장 흔히 쓰이는 "돼지처럼 땀흘린다."라는 말도 있다. 돼지에 관한 나쁜 관용구가 왜 이렇게 많을까? 더 큰 문제는 돼지를 비열하다고 여기면서 우리는 그 고기를 먹어야 하는가이다.

돼지: 우수한 동물

조지 오웰의 우화소설『동물농장』에서 그는 "모든 동물이 평등하다. 그러나 어떤 동물은 다른 동물보다 더 평등하다."라고 한다. 돼지를 생각해 보면 매우 맞는 말이다. 돼지는 지구상에서 가장 영리한 동물 중 하나다. 돼지는 호기심이 많고 학습능력 및 문제해결능력이 뛰어나서 레버와 버튼을 조작해서 음식과 물을 구할 수 있다. 돼지가 덥거나 추우면 자동온도조절기를 원하는 대로 조절할 수도 있다. 교도소에서 탈출할 음모를 꾸미는 세상물정에 밝은 죄수처럼 돼지도 우리에서 벗어나기 위해 협력하는 것이 관찰되었다.

돼지는 영장류와 비슷한 학습기술이 있다. 펜실베니아주립대학교의 연구 결과에 따르면, 돼지는 비디오 모니터에서 수정된 조이스틱과 커서를 조작하는 법을 배울 수 있다고 한다. 연구원들이 돼지의 기억력과 인지능력을 시험했는데, 돼지는 그림을 섞어 놓았을 때 처음 본 그림과 전에 보았던 그림을 구별할 수 있었다. 돼지는 침팬지만큼 빠르게 이 과제를 익혔다. 뿐만 아니라 다른 사람 행동의 의도를 해석하는 능력인 마음의 이론도 어느 정도 있다.

동물 전문가들에 의하면, 돼지는 개보다 IQ가 높으며 개나 고양이보다 더 잘 훈련될 수 있다고 한다. 사육된 돼지는 고양이처럼 배변 훈련이 가능하다. 심지어 변기 사용법을 배워 물도 내릴 수 있다!

나는 어릴 때 텔레비전 프로그램 「래시(Lassie)」에서 콜리가 숲 속에서 발목을 삔 주인을 위해 구조대를 데리고 가는 장면을 보았다. 콜리의 절름발이 구조 과정과 비교되는 베트남의 배불뚝이 돼지 루루를 만나보자. 펜실베이니아주 비버 폴스의 조앤 알츠먼은 발목을 삔 것이 아니라 엄청난 심장마비를 일으켰다. 그녀의 애완돼지인 루루는 침실에서 나는 위험을 알리는 소리를 듣고 울기 시작했다. 빨리 알려야 한다는 것을 안 루루는 침착하게 밖으로 나와 마당의 문을 열고 뒤뚱거리며 도로로 달려갔다. 루루는 차가 다가올 때까지 기다렸다가 그 앞에 누웠다. '도로를 독차지하다.'라는 말에 새로운 의미를 부여한 것이다. 이 슈퍼히어로 돼지는 운전자를 데리고 늦지 않게 조앤을 구하러 갔다. 돼지 덕분에 조앤은 응급 심장수술을 받아 살 수 있었다. 의사들은 15분만 늦었다면 그녀가 죽었을 것이라고 말했다. 흥미롭게도 알츠먼의 아메리칸 에스키모 도그(식육목 갯과의 포유류. 스피츠족 개의 한 품종)는 래시가 아니었다. 그녀가 도와 달라고 소리치는 동안 그는 짖기만 했다.

그래, 돼지들은 똑똑하지만 여전히 역겹고 더럽다. 그렇지 않은가? 사실 돼지는 원래 위생적이다. 다른 동물과 달리 돼지는 볼일을 볼 수 있는 분리된 장소를 먹고 자는 곳에서 멀리 떨어진 곳으로 정한다. 방에서 자유롭게 지내도록 하면 돼지는 깨끗하고 깔끔하게 생활한다. 갇혀 지낸 돼지에서 냄새가 나는 이유는 그 좁은 공간이 배설물로 꽉 차 있기 때문이다.

또한 "돼지처럼 땀흘린다."라는 유명한 말은 사실과는 거리가 멀다. 돼지는 땀샘이 거의 없기 때문에 열로 인한 스트레스를 쉽게 받는다. 그렇기 때문에 목욕을 자주 해서 체온을 유지해야 한다. 만약 물이 없으면 진흙에서 뒹군다. 무엇이 그렇게 끔찍한가? 심지어 우리도 진흙 목욕을 즐기고 온천에서 진흙을 바르려고 기꺼이 돈을 낸다. 게다가 자연에 사는 돼지는 보통 털을 다듬고 깨끗하게 하려고 나무에 몸을 문지르기도 한다.

땀을 흘리지 않는 돼지

우리는 땀으로 독소를 방출한다. 돼지는 땀을 흘리지 않기 때문에 독소와 전염성 물질이 있을 가능성이 더 높으며, 이것을 우리가 먹을 수도 있다. 돼지는 뱀에 물려도 죽지 않는 유일한 동물이다. 뱀에 물리면 그 독은 돼지의 피부 아래쪽 지방에 저장되고 나중에 그 돼지가 먹는 음식에 의해 소화된다. 돼지고기를 먹는다면, 돼지기름 속 독소 섭취를 줄이기 위해 요리하기 전에 지방을 잘라내라.

문제가 있는 돼지고기 준비

돼지고기는 준비 과정에서 절인 것과 신선한 것으로 구분된다. 베이컨이나 햄처럼 절인 돼지고기는 소금 · 질산염 · 설탕으로 보존 처리를 한다. 반면에 신선한 돼지고기는 최소한의 가공처리를 한다. 찹(chop,

두껍게 베어낸 고깃점), 립(rib, 갈비), 로스트(roast, 구운 고기)가 이에 해당된다. 돼지 창자로 만든 막 속의 간 돼지고기 소시지는 절인 것이 아니다.

절이기

절인다는 것은 '화학적 · 물리적 과정으로 무엇인가를 변화시키는 것'을 의미하며 가장 흔한 성분은 소금이다. 이런 과정을 거치면 고기가 썩지 않기 때문에 냉장고가 출시되기 전에 인기가 있었다. 고기를 절이면 '톡 쏘는' 맛이 나기 때문에 요즘에도 여전히 사용하고 있다. 소금으로 절이면 고기의 나트륨 함량에 대한 걱정이 생긴다. 소금에 절인 햄 1인분에는 하루 권장 나트륨 섭취량의 50%까지 있을 수 있다.

질산나트륨은 식품 방부제로 사용되는 소금의 일종이다. 절인 햄과 베이컨에 사용하면 복부팽창 · 고혈압 · 염증 · 세포 손상 및 관절 문제 등이 발생할 수 있다. 덜 짜게 만들기 위해 제조업자들은 고기에 설탕이나 당밀을 첨가한다. 다음은 아질산염이다. 이 아질산염은 햄에 핑크빛을 돌게 해주고 인간에게 보툴리눔 식중독을 일으킬 수 있는 보툴리누스균 같은 박테리아를 죽인다. 절인 고기에 질산염 나트륨을 사용할 때 주의할 점이 있다. 고온으로 요리할 때 원래 고기에 존재하는 아민(암모니아 파생물질)과 질산염이 결합해 니트로사민이라는 발암성 화합물이 된다는 것이다. 사례-통제 연구에 의하면 니트로사민이 편두통을 유발해서 방광 · 식도 · 위 · 뇌 및 위암 위험을 증가시킬 수 있다고 한다.

2007년 컬럼비아대학의 연구에 따르면, 절인 고기가 만성 폐질환을 일으킬 수 있다고 한다. 영양 관련 공중보건 문제에 대한 접근 및 해결책에 대해 국제적으로 상호 검토된 포럼인 공중보건영양학에 따르면, 임신 중에 익힌 돼지고기를 많이 먹으면 아이들의 뇌암 발병률이 상당히 증가한다고 한다.

절인 돼지고기는 건강에 좋지 않다는 것은 부정할 수 없다. 사실 절인 고기로 인한 질병은 1920년대에도 있었다. 그 이후 미국에서 고기를 절이는 관행이 69% 감소했는데, 위암 사망률이 현저하게 감소한 것이 이 때문일 수도 있다. 실제로 미농무부는 1970년대에 아질산나트륨을 금지하려고 했지만 육가공산업의 반대에 부딪혔다. 그 업계는 음식을 맛있게 보이게 하려고 분홍빛 색소를 사용한다. 식료품점에 있는 햄이 맛있어 보이기만 하면 그 햄이 암을 유발한다는 사실을 누가 신경 쓰겠는가. 고기를 요리할 때 항산화제인 아스코르브산(비타민 C)이 니트로사민 형성을 억제하기 때문에 미국 제조사들은 고기에 아스코르브산을 첨가하라는 요구를 받았다. 제9장에서 이런 의문의 합성 화학물질의 기원을 살펴볼 것이다.

훈제

소금에 절이는 것 외에도 고기를 화로대 위에 거는 것도 또 하나의 방법으로, 햄이나 연어 같은 고기와 생선에 풍부한 '훈제' 맛이 나게 한다. 그러나 훈제 고기는 연기 속 발암성 화학물질인 타르와 벤조피렌에 노출된다. 벤조피렌은 인간의 DNA에 달라붙어 분열되기 때문에 문제가 된다.

이런 발암물질을 피하기 위해 돼지고기는 종종 훈제 연기가 액화된 '훈액'이라는 인공 연기로 처리된다. 하지만 사실 연기 속 위험한 화학물질을 피하려는 시도는 별로 도움이 되지 않는다. 유럽식품안전청

(EFSA)에서는 인공 연기 향료의 위험성에 대해 경고하며 이 제품들이 간이나 신장의 변화와 같은 건강상의 부작용을 일으킬 수 있다고 한다.

동물로 시험한 훈제향 중 하나는 일차제품 FF-B이다. EFSA의 심사위원들은 이 식품첨가물이 살아 있는 세포의 DNA를 손상시키는 유전자 독성으로 간주될 수 있다고 결론지었다. 하지만 이것은 동물실험에서만 나타난 증거이기 때문에, 식품에 첨가했을 때와 우리가 먹었을 때의 안전성은 확신할 수 없었다. EFSA는 또 다른 훈제향 첨가물인 일차제품 AM1이 인간에게 유독할 수도 있다고 설명했다. 라벨에 '히코리 훈제향'과 '천연목재향'이라고 적힌 제품은 피하라.

DIG 해볼까?

위험한 공장식 축산농장의 돼지

아마 돼지고기를 소화하는 것보다 대수학을 풀거나 10세짜리와 함께 비디오 게임을 할 수 있는 똑똑한 구출 돼지를 찾는 것이 더 쉬울 것이다. 말했듯이, 공장식 축산농장의 돼지는 위험한 환경에서 살고 있다. 따라서 당신의 저녁식사 시간이 위태로운 처지에 놓이게 된다.

돼지는 소 · 양 · 물소 · 염소처럼 위가 4개인 반추동물의 초식동물과 달리 위가 1개다. 사람 · 개 · 고양이처럼 돼지도 위가 하나인 단위동물인 것이다. 돼지는 24시간 안에 먹이를 완전히 소화하는 소에 비해 보통 4시간 안에 음식을 소화한다. 돼지는 쉬지 않고 먹는 대식동물로 ("돼지처럼 먹는다"라는 말이 여기서 생겼다.) 식사량이 엄청나기 때문에 위산이 희석되어 해충이 모두 파괴되진 않는다. 과식으로 인해 박테리아 · 기생충 · 바이러스 · 독소가 돼지의 살에 더 쉽게 침투한다. 이렇게 대식가인 돼지가 굶주리면 동물의 시체까지도 먹을 것이다. 이런 이유로 풀을 먹는 반추동물은 돼지처럼 구더기에 감염되지 않는 것이다.

가공 돼지: 베이컨과 소시지의 위험

가공된 돼지고기는 본래의 자연적인 상태에서 변화하는 과정을 거치는 것을 의미한다. 훈제 · 염장 · 통조림 제조 또는 방부제 첨가도 이에 해당한다. 가공을 가장 많이 한 돼지고기 제품은 미국의 아침 주식인 베이컨과 소시지다.

소시지

소시지는 '소금에 절인'이라는 뜻의 라틴어 살수스(salsus)로부터 고대불어 사우시츄(saussiche)에서 유래했다. 소시지는 확실히 '심장 건강'에 좋지 않다. 소시지는 간 고기나 돼지고기로 만들지만, 가끔 소고기나 가금류로 만들기도 한다. 소시지는 주로 돼지나 소의 창자로 포장한다. 직경 · 질감 · 길이가 다르기 때문에, 상업 제조자는 천연포장(돼지나 소 · 양의 소화관 · 방광 등을 재료로 한 햄과 소시지용 케이싱을 총칭)을 할 수 없으며, 소시지를 균일하게 포장해서 판매하기가 어려우므로 인조포장(인위적으로 가공한 케이싱)을 한다. 소시지에 돼지의 폐가 조금 들어가기 때문에 돼지 소시지를 먹는 사람은 유행성 감기에 걸리기가 더 쉽다(돼지와 사람의 공통적인 질병).

소시지는 가공육 부문에서 최악의 건강 범죄자이다. 베이컨 한 조각에 192mg의 나트륨이 들어 있고 훈제 돼지 소시지에는 562mg의 나트륨이 있다. 소시지 때문에 백혈병에 걸리기도 한다. 실제로 아이가 일주일에 한 번씩 소시지 두 개를 먹으면 백혈병에 걸릴 확률이 74% 증가할 것이다. 성인은 매일 아침 소시지 한 개를 먹으면 대장암 발병 위험이 20% 가까이 높아질 것이다. 가공육(소시지 · 베이컨 · 햄 · 간 소시지)을 먹으면 췌장암과 방광암의 위험이 증가할 수도 있다. 베이비붐 세대, 조심해! 7년 간 45세에서 75세 사이의 19만 명을 대상으로 한 연구에 따르면, 가공육을 가장 많이 먹은 사람들의 췌장암 발병률이 68% 더 높았다. 2005년 미국국립암연구소 학술지에서 보고한 내용이다.

2010년 하버드공중보건대학의 연구원들은 훈제하거나, 절이거나, 혹은 화학방부제로 처리한 소시지 같은 가공육을 먹으면 심장병의 위험이 42% 더 높아진다는 것을 발견했다. 이 연구에서 북미, 유럽, 호주 및 아시아 10개국에서 120만 명이 참여한 20건의 관련 의학연구를 검토했다. 소시지를 먹는 사람들로 가득 찬 곳을 탐구하자는 것이 아니다. 당연히, 돼지 산업에서는 이런 발견들을 무시했다.

베이컨

베이컨은 돼지의 가장 안 좋은 부위, 즉 측면 · 복부 또는 등을 잘라 소금에 절이거나 훈제한 것이다. 베이컨은 지방이 너무 많다! 사실 베이컨 칼로리의 거의 70%가 지방이고 그중 50%는 포화지방이다. 이것은 심장병과 뇌졸중의 위험을 증가시키는 나쁜 지방이다. 베이컨 약 28g에는 30mg의 콜레스테롤이 있다. 포화지방과 식이콜레스테롤이 많은 식품으로 인해 심장병이 발병하기 때문에 이것은 치명적인 조합이다.

암발병률과 가공육

베이컨과 소시지 섭취가 암발병률이 가장 높은 이유 중 하나다. 미국 암연구소에서 가장 심오한 연구 하나를 했다. 5년 간 수백 명의 암 연구원들이 이 프로젝트에 참여했고, 식단과 암의 연관성을 보여주는 7천 개 이상의 임상 연구를 검토했다.

그들은 "사람들은 가공육 제품 구입을 즉시 중단해야 하며 가공육은 평생 피해야 합니다."라고 결론지었다.

보고서에 따르면 소시지나 베이컨 같은 가공육은 우리가 먹기엔 너무 위험하다고 한다. 이 장을 읽은 후에도 소시지와 베이컨을 계속 먹는다면, 미래에 의사가 사용하게 될 'C' 단어에 대비하라: '화학요법(chemotherapy)' 및 '떨어져(CLEAR)!'

왜 항암화학요법을 하거나 심장제세동기를 쓸 때까지 기다리는가? 지금 당장 고기를 끊으라!

돼지 식단 소화하기

매년 미국에서는 식중독으로 7천6백만 명이 병들고, 5,200명이 사망한다. 식중독과 사망에 관련된 주요 병원균은 돼지나 돼지고기 제품에 있기 때문에 돼지고기가 식중독의 주원인이라는 것이 잘 기록되어 있다.

돼지의 몸에는 독소가 많고 해충과 잠복병이 있다. 수의사들은 돼지가 다른 동물보다 이런 질병에 훨씬 더 취약하다고 한다. 왜냐하면 돼지는 스캐빈저(scavengers, 죽은 동물을 먹는 동물)이고 죽은 곤충, 벌레, 썩어가는 시체, 쓰레기, 배설물 및 때로는 다른 돼지까지 모든 것을 먹기 때문이다. 돼지는 내부 기생충이 있는데, 이 때문에 필수 영양소를 빼앗기고 중요한 장기가 손상되어 탈진한다. 감염된 돼지를 먹으면 많은 건강문제가 발생할 수 있다.

해충

돼지는 다양한 해충의 주요 매개체이고 우리가 고기를 먹을 때 궁극적으로 그 해충을 먹는 것이다. 우리에게 영향을 미치는 가장 흔한 기생충은 회충과 촌충이다.

회충은 매일 수천 개의 알을 낳는다. 돼지의 가장 일반적인 회충은 선모충이다.(다른 스캐빈저인 쥐에도 이 회충이 있다.) 유충에 감염된 생돼지고기나 덜 익은 돼지고기를 먹으면 선모충증이라는 기생병에 걸릴 수 있다. 알에서 깨어난 유충은 성장한 후 장에서 번식하기 시작한다. 그러고나서 기생충은 혈류를 타고 위장관에서 다양한 근육으로 이동한다.

선모충증은 증상이 없고 설사 · 대장염 · 부종 · 피로 및 불규칙한 열, 과도한 땀, 근육통 그리고 통증 등 다른 질병의 증상과 유사하다. 이 해충들은 육류검사 중에도 보이지 않으며, 염장이나 훈제를 해도 죽지 않는다. 이런 해충을 죽이는 유일한 방법은 고기를 섭씨 76도(화씨 170도) 이상에서 완전히 익히는 것이다.

덜 익은 돼지고기의 유충을 먹으면 **촌충**이 우리의 소화관을 감염시킨다. 일단 유충이 소화관으로 들어가면 장 전체로 퍼지고, 약 9m 정도의 아주 큰 촌충으로 자라기도 한다! 1991년 9월 5일, 샐리 매 월리스라는 여성의 몸에서 가장 긴 촌충을 제거했다. 의사들은 그녀의 입에서 약 11m의 촌충을 꺼냈다!

유구조충은 돼지에 있는 가장 흔한 유형의 촌충으로 가장 위험하다. 장기에 많은 유충이 생기면 창자에 붙어 낭미충증에 걸린다. 제때에 치료하지 않으면 치명적일 수 있다. 전 세계적으로 약 5천만 명의 사람들이 유구조충에 감염되어 매년 5만 명이 사망한다. 미국에서는 대부분 멕시코, 중남미, 동남아시아에서 온 이민자들의 낭미충증 유병률이 높았다.

촌충은 보통 증상이 없지만 감염이 심하면 종종 체중 감소 · 현기증 · 설사 · 두통 · 메스꺼움 · 복통 · 변비 · 만성 소화불량 · 식욕감퇴가 초래된다. 수술로 제거해야 할 장폐색을 일으킬 정도로 성장할 수도 있다.

DIG 해볼까?

모차르트의 사인은 선모충증

모차르트가 해충 때문에 사망했는가? 볼프강 아마데우스 모차르트(Wolfgang Amadeus Mozart)는 고전시대의 영향력 있는 작곡가였지만 1791년 35세의 나이로 세상을 떠났다. 역사학자들이 그의 사망 이유에 대한 많은 이론을 제기했지만, 전 시대의 최고의 작곡가 중 한 명인 그가 돼지를 먹어서 죽었다는 증거가 있다! 증언 · 의료기록 · 전기 · 서신을 검토한 결과 그의 사인은 돼지의 회충인 선모충에 의한 선모충증이라는 증거가 있다. 모차르트가 죽기 44일 전에 그는 아내에게 이런 편지를 보냈다. "내가 지금 무슨 냄새를 맡고 있는 줄 알아? 포크커틀릿이야! 체 구스토

(Che Gusto, 정말 맛있어)! 당신의 건강을 위해 먹을게."

선모충증 잠복기가 50일이나 되기 때문에 모차르트는 그의 죽음의 확실한 원인인 맛있는 돼지고기를 무의식적으로 기록한 것 같다! 맛있는 돼지고기 볶음! 선모충증은 심한 부종 · 구토 · 발진 · 발열 및 심한 통증처럼 모차르트의 병에 대해 알려진 것과 굉장히 유사한 증상을 보인다.

박테리아 및 바이러스성 감염

해충 외에도 돼지는 다른 박테리아와 바이러스 감염에도 취약하다.

황색포도상구균은 우리에게 영향을 미치는 가장 흔하고 치명적인 박테리아 감염 중 하나이다. 그것은 여드름 · 부스럼 · 봉소염 · 모낭염 · 종기 등과 같은 가벼운 피부 감염에서부터 폐렴 · 뇌수막염 · 골수염 · 심내막염 같은 생명을 위협하는 것까지 다양한 질병을 일으킬 수 있다. 황색포도상구균에는 30가지 이상의 종이 있다. 이 박테리아는 소금에 내성이 있어 햄 같은 짠 음식에서도 생길 수 있다. 포도상구균의 독소는 열에 강해서 요리로 쉽게 파괴되지 않는다. 1993년 한 연구에 따르면, 시장에서 파는 햄 50%가 포도상구균에 오염되었다고 한다.

가장 무서운 포도상구균 감염 중 하나는 MRSA로 약칭된 메티실린 내성 황색포도알균 감염이며 'mer-sa'라고도 읽는다. MRSA균은 병원 같은 기관과 돼지고기 같은 육류제품에서 발견된다. 돼지 사육자들은 돼지에 노출된 적 없는 병원에 입원한 환자들보다 MRSA 비강 집락이 760배 더 높았다. 사람과 돼지가 MRSA에 감염되는 속도는 농장에서 매우 빠르다. 왜냐하면 일단 MRSA가 침투하면 돼지와 사육사 모두에게 빨리 퍼질 수 있기 때문이다. MRSA로 인해 18만 5천 건의 식중독과 9만 4천 건의 심각한 감염이 발생하고 1만 8천 명 이상이 사망한다.

응용유전체학연구소에 따르면, 미국 식료품점의 고기 거의 절반이 황색포도상구균에 오염되어 있으며 반 이상(52%)이 항생제에 내성이 있다고 한다. 2012년 1월 21일, 과학잡지 「플로스 원(PLOS ONE)」에서 한 연구를 발표했는데, 지금까지 미국에서 MRSA 감염에 대해 가장 많은 표집을 했다. 연구원들은 아이오와, 미네소타, 뉴저지의 36개 상점에서 395점의 날돼지고기 샘플을 수집했다. 이 샘플 중 26개, 즉 약 7%에 MRSA가 있었다.

아이오와대학 '돌발적 감염성 질환 센터'의 임시 이사이자 역학 조교수인 수석 연구 저자 타라 스미스는 "이 연구는 식료품점에서 사는 고기가 원래 생각했던 것보다 포도상구균 수치가 더 높다는 것을 보여줍니다."라고 한다. 전 세계의 돼지농장은 MRSA 균의 번식지가 되었다. 아이오와주와 일리노이주의 돼지농장을 살펴보면 MRSA, 즉 '슈퍼버그(superbug, 항생제로 쉽게 제거되지 않는 박테리아)' 흔적의 49%가 돼지의 콧구멍 속에서 발견되었다. 돼지의 감염률이 가장 높았으며, 실제로 12주 미만의 돼지에는 모두 MRSA가 있었다.

MRSA는 확실히 항생제에 내성이 있기 때문에 가장 위험한 감염이다. '99.99%의 세균을 죽인다.'라는 손 소독제 라벨을 본 적이 있는가? 00.01%의 세균인 MRSA는 손 소독제로 죽지 않는다. 조사원들은 양돈업에서 흔히 사용하는 항생제인 테트라사이클린에 대한 저항 때문에 더 확산될 수 있다고 상정했다.

살모넬라균은 대변-구강 경로로 전염되는 박테리아다. 이 균은 감염된 사람의 대변과 동물들의 배설물에 묻어 있다. 우리는 이런 배설물에 오염된 음식과 음료를 먹어서 살모넬라균에 감염된다. 살모넬라균은 2,500가지 이상이다. 살모넬라균은 열로 파괴할 수 있지만 돼지고기의 특정 균인 쥐장티푸스균은 가열하거나, 염장하거나, 생돼지고기를 훈제한다고 쉽게 파괴되지 않는다.

돼지고기는 음식으로 인해 발생하는 살모넬라증의 주원인이다. 이는 선진국에서 음식으로 인한 박테리아 병원균으로 인한 사망의 주원인으로 간주된다. 캐나다에서는 이것이 신고 대상 질병 중 6위를 차지하며, 박테리아로 인한 질병에서 캠피로박테리아증(붉은 고기로 인한)의 뒤를 잇는다. 유럽의 경우, 오염된 돼지고기의 섭취와 그 제품이 인간 살모넬라증 총 건수의 23%를 차지할 것으로 추정되었다. 미국 소매점의 돼지고기를 조사한 결과, 9.6%의 샘플이 오염되어 있었다. 2010년 11월호「응용과 환경 미생물학술지」에 실린 논문에 따르면, 시판 사료는 상업적인 돼지 생산 단위가 살모넬라 오염의 근원인 것 같다고 한다. 사료 통에서 채취한 샘플은 헛간에 노출되기 전에 분석했고 헛간에서 채취한 대변 샘플과 환경 샘플도 분석했다. 80%가 같은 헛간과 시간대에서 채취한 사료 샘플과 일치했고 사료가 오염원이었다.

대부분의 살모넬라균 감염은 위장염으로 분류할 수 있고 메스꺼움 · 구토 · 복통 · 설사 · 열 · 두통 · 피비린내 같은 증상이 나타난다. 닭고기와 마찬가지로 돼지고기를 만지기 전과 후에 반드시 손을 씻어야 한다. 또한 생고기나 덜 익힌 돼지고기를 만진 후에는 어떤 손잡이나 쓰레기통 뚜껑, 수도꼭지도 만지면 안 된다.

Y.enterocolitica로도 알려진 **여시니아 엔테로콜리티카**는 다른 음식에도 있지만 대부분이 돼지고기에 있는 전염성 세균으로 냉장 조건에서도 자랄 수 있다. 질병통제센터(CDC)에 따르면, 미국에서는 거의 돼지고기에서 생겼다고 한다. 이 유기체는 치터링(chitterlings, 돼지 장)과

같은 날돼지고기나 돼지고기 제품들에 가장 많다. 사람이 여시니아 엔테로콜리티카에 감염되면 위장염 · 설사 · 대장염 · 관절염이 생길 수 있고, 갑상선항진증이라는 면역질환이 생길 수 있다.

간경화

술을 많이 마시면 걸린다는 이 질병은 돼지고기를 많이 먹어서 걸릴 수도 있다. 이는 1980년대부터 간경화 사망률을 조사한 16개국의 '1인당' 돼지고기 소비율과의 상관관계를 조사한 결과다. 주안점은 알코올 소비가 상대적으로 낮은 나라였다. 예상대로 사람들이 술을 많이 마시는 나라는 간경화가 더 많았으나 술을 적게 마셔도 간경화로 인한 사망이 발생한 나라가 있었다. 과학자들이 알코올 외에 다른 요인이 작용했을 것이라고 가정한 곳은 이 국가들이었다. 이 국가들에서 돼지고기 섭취와 간경화 사망률 간에는 상당한 상관관계가 있었다. 퇴행성 질환의 초기 단계에서 지방이 간을 팽창시키는데, 이것을 '알코올성 지방간' 상태라고 한다. 빨리 치료하지 않으면 결국 간기능 부전으로 사망한다. 돼지고기 섭취량에 알코올 소비량을 곱한 수치는 충격적이었다.

캐나다인으로 구성된 집단은 간경화 사망률 원인이 알코올 섭취가 아닌 돼지고기 때문이라는 것을 보여주었는데, 아마도 캐나다인들이 전체적으로 술을 많이 마시지는 않기 때문일 것이다. 캐나다의 알코올 섭취가 가장 높은 지역에서는 여전히 간경화 사망률과 '1인당' 돼지고기 섭취량에 상당한 관련이 있지만, 알코올 섭취량과는 관련이 없다. 술을 좀 더 마시고 돼지고기를 적게 먹은 사람들은 돼지고기를 많이 먹는 사람들보다 간경화로 인한 사망이 적었다. 돼지고기를 먹으면 왜 간경화에 걸리는지는 확실하지 않지만, 돼지고기는 나트륨과 지방이 많아서 간경화증을 앓고 있는 환자는 알코올을 포함한 세 가지 항목 중 두 가지는 금해야 한다.

돼지 허리고기의 건강 이점

좋다, 우리가 벌레, 고염 및 포화지방 함량뿐만 아니라 위험한 훈제향료 · 질산염 · 니트로사민 및 부정성 돼지에 관한 많은 관용구들을 무시하면 돼지고기 섭취의 건강 이점이 있는가? 실제로 있다. 핵심은 가장 기름기 없는 부위를 먹는 것이다. 갈비 · 목심 · 어깨 · 소시지 · 베이컨과 같은 지방이 많은 부위는 피하라. 사람들이 좋아하는 배 부위를 멀리하라. 기름과 지방이 적고, 건강에 가장 좋은 선택은 돼지 허리고기이다.

목초사육이나 자유 범위인 유기농 돼지의 허리(약 226g 이상)는 건강에 꽤나 좋다. 돼지 허리 부위는 종종 '또 다른 하얀 고기'라고도 한다. 왜냐하면 이 부위가 지방을 태우는 성질이 있는 기름기 없는 단백질의 원천이 되기 때문이다. 「영양학저널」에 실린 조사에서는, 신선하고 기름기 없는 돼지고기를 많이 먹은 144명의 과체중 사람들을 연구했다. 3개월 후, 이 집단의 근육질량은 변함이 없었고 허리둘레 · 체질량 지수 · 복부 지방이 상당히 감소했다. 그들은 돼지 허리의 아미노산 측면이 지방을 태우는 데 크게 기여했을 것이라고 추측한다. 가장 기름기가 없고 영양가 있는 돼지 허리를 먹고 싶다면 '중앙 허리'로 파는 중간 부위를 사고 다음으로는 안심이 좋다.

돼지 허리고기의 영양상 이점

돼지 허리고기

- 다른 많은 종류의 고기보다 비타민 B(티아민, 니아신, B_6 및 B_{12})가 더 많다. 이런 비타민들은 신진대사 및 에너지 생산과 더불어 신체기능에 중요한 역할을 한다. 돼지 허리고기만큼 1인분당 리보플라빈(B_2)이 많은 식품은 거의 없다.
- 티아민(B_1)의 일일 권장 섭취량의 65%를 제공하며, 이는 소고기와 닭고기의 두 배다.
- '포화지방'이 다른 부위보다 적다. 포화지방은 저밀도 지방단백질(나쁜 콜레스테롤)을 증가시킨다.
- 지방 함량은 4%(100g당)에 불과하며 단백질(100g당 21.8%)과 필수 아미노산을 제공한다.
- 면역체계와 뼈 구조를 건강하게 발달시키고 유지시키는 데 필수적인 아연이 있다. 아연 상태가 적절하면 감염에 대한 저항력이 향상되고, 어린이와 청소년들의 뼈 형성을 향상시키며, 노인의 뼈 손실을 예방한다. 돼지 허리는 아연이 풍부하고 시스테인과 글루타티온과 같은 건강에 좋은 화합물이 있어 활성산소를 중화시킨다.
- 뼈와 치아를 튼튼하게 해주는 인이 있다. 약 85g 정도의 돼지 허리고기 1인분은 하루 권장 필수 영양소 섭취량의 22%를 제공한다.
- 양 · 닭고기 · 소고기보다 칼슘이 더 많다. 돼지갈비는 약 693mg의 칼륨이 있다. 칼륨은 신경감각 · 근육운동 그리고 유체균형 등 많은 신체기능에 필요한 무기질로 혈압과 뇌졸중 위험을 낮추는 등 여러 가지 건강상의 이점이 있다.

돼지고기를 건강에 이로운 것으로 만들기 위한 팁

1. **목초사육이거나 자유 범위인 유기농 돼지를 선택하라** 미네소타의 프레리프라이드농장(prairiepridepork.com)이 좋다. 그곳 사람들은 항생제 · 성장호르몬 · 동물성 부산물 또는 약물을 사용하지 않아 환경을 파괴시키지 않으며, 버크셔(영국 원산으로 피부와 털이 검고 코끝, 다리 끝, 꼬리 끝은 흰색) 돼지고기를 키운다. 프레리프라이드농장에서는 유전자 조작 농산물을 사용하지 않은 옥수수를 재배하고 '가공처리를 하지 않은' 고기를 제공하며, 훈제 제품에 훈액을 넣지 않는다. 제품을 주문하고 배송시킬 수도 있다. 건강식품이나 식료품점에서 살 수 있는 좋은 돼지고기는 서리농장(Surryfarms.com) 브랜드이다. 이 농장에서는 항생제 · 성장흥분제 · 호르몬 · 동물성 부산물을 사용하지 않는다.
2. **가공처리를 하지 않았다는 라벨이 붙은 고기를 사라** 이것은 고기에 나트륨과 질산염을 첨가하지 않았다는 뜻이다. 소시지 · 베이컨 · 간 소시지와 같은 가공육은 피하라. 남부의 고유 햄인 '컨트리 햄'(country ham, 건조한 상태로 소금과 조미료를 넣어 훈제한 다음 4개월에서 3년 간 숙성한 햄)은 나트륨 함량이 굉장히 높은 경향이 있기 때문에 주의해야 한다[나트륨 함량이 '시티 햄'(city ham, 젖은 상태로 경화되거나 소금 · 설탕 · 조미료 및 경화제로 만든 소금물을 주입한 햄)의 4배].
3. **첨가물이 든 돼지고기 제품은 피하라** 포장지에 적힌 성분 목록을 꼭 읽어라. 조미료 · 고과당 옥수수 시럽 · 방부제 · 인공향료 · 히코리 훈제 · 인공색소는 건강에 해로운 첨가물이다.

4. **기름기 없는 부위만 사라** 특히 기름기 없는 허리 부위에 건강한 영양분이 있다. 안심, 중앙 허리, 신선한 돼지다리 또는 기름기 없는 햄을 사라. 갈비 · 허릿살 · 어깨 · 소시지 · 베이컨과 같은 지방이 많은 부위는 피하라.
5. **지방을 제거하라** 돼지는 땀을 흘리지 않기 때문에 독소가 지방에 축적될 수 있다. 돼지고기를 더 기름기 없고 몸에 좋게 요리하기 위해서는 조리 전에 보이는 지방을 제거하라. 요리할 때 돼지고기를 지방 덩어리 안에 두지 마라. 지방을 부어 내거나 굽는 냄비를 사용해 오븐에서 지방이 떨어지게 해서 고기에서 제거하라.
6. **크기를 제한하라** 돼지고기를 적당히 먹어라. 돼지고기는 식사당 약 85g에서 140g만 먹어라. 양을 신경 쓰면 지방과 콜레스테롤 섭취량을 줄일 수 있다. 이것으로도 부족하다면 케밥을 만들거나 채소랑 돼지고기를 같이 볶아라.
7. **적당한 온도에서 요리하라** 돼지고기는 선모충증을 일으키는 유기체인 선모충과 같은 해충을 죽일 정도로 뜨거운 약 77도에 도달했을 때 완전히 익었다(먹어도 안전하다)고 할 수 있다.
8. **교차오염을 방지하기 위해 청소하라** 모든 기구들을 비누와 뜨거운 물로 완전히 씻어라. 나무나 플라스틱 도마를 뜨거운 물, 비누, 표백제를 사용해 씻어라. 미생물이 고기에서 다른 식품으로 옮겨가는 것을 완전히 막기 위해 생고기용 도마와 그 외의 사용을 위한 도마를 따로 준비하라.
9. **절대 전자레인지에 돌리지 마라** 전자레인지가 안쪽에서 바깥쪽으로 요리를 한다는 근거 없는 믿음이 널리 퍼져 있다. 사실 전자레인지도 다른 가열 방법과 마찬가지로 바깥쪽에서 안쪽으로

조리한다. 돼지를 요리할 때는 전자레인지를 사용하지 않는 것이 가장 좋다. 하지만 전자레인지밖에 없다면 전체 조리시간의 절반이 지났을 때 고기를 뒤집어라. 그리고 항상 먹기 전에 중간 부위가 완전히 익었는지 확인해라. 이것은 다른 육류제품도 마찬가지다.

가장 건강한 돼지고기 선택

구운 햄 햄을 좋아해서 식단에서 빼기 싫으면 구워서 먹어라. 햄을 굽기 전에 고기에 선형조각(linear slice)을 내고 그 아래에 고기 받침대를 두어 여분의 지방이 떨어지게 하라. 떨어진 지방을 고기를 요리하는 데 사용하지 말고 버려라. 기억하라, 양식 연어처럼 그것은 당신이 멀리하고 싶은 지방이다.

칠면조 베이컨과 소시지 돼지고기 베이컨과 소시지의 가장 좋은 대안식품 중 하나는 칠면조 요리다. 칠면조는 지방과 콜레스테롤이 낮을 뿐만 아니라 몸에 더 좋다. 제니-오의 순살 칠면조의 베이컨과 소시지는 대부분의 식료품점에서 구입할 수 있다.

고기 없는 소시지와 베이컨 채식주의자를 위한 돼지고기 소시지에 대한 맛있는 대안식품은 필드로스트 소시지(fieldroast.com)다. 고기가 없는 건강한 베이컨 대안식품으로 포니밸로니(Phoney Baloney)의 유전자 조작 식품을 사용하지 않은 코코넛 베이컨을 추천한다.

DIG

D(발견): 돼지고기가 독소와 해충을 포함해 음식으로 인해 발생하는 병원균의 주요 운반체임이 과학적으로 입증되었다. 히스타민과 이미다졸 화합물도 돼지고기에 굉장히 많은데, 이것은 인체에 염증 · 심장병 · 당뇨병 · 암과 같은 질병을 일으킬 수도 있다.

I(본능): 돼지들은 스캐빈저이고 다른 동물들보다 기생충이나 벌레에 더 취약하다. 그들은 죽은 곤충, 썩어가는 시체, 배설물, 쓰레기, 때로는 다른 돼지까지도 먹는다. 기억하라, 당신이 먹는 음식이 바로 당신이다.

G(신): 돼지는 인간과 매우 유사하며, 그들의 신체 부위는 인간의 탈장, 궤양, 상처 치료, 성형수술을 낫게 하는 데 사용될 뿐만 아니라 심장판막 역할도 한다. 또한 돼지는 영리하고 배려 깊은 동물이다. 심지어 개('인간의 가장 친한 친구')보다 더 낫다.

식물 위주의 식단

-밑바닥에서부터의 건강-

"채식주의 식단으로 진보하는 것만큼 인간의 건강에 도움이 되고 생존율을 높여주는 것은 없을 것이다."

알베르트 아인슈타인

아담과 하와는 선악과를 먹어 유명해지긴 했지만, 그들의 식단은 곡물 · 채소 · 씨앗 · 견과류 그리고 수많은 다른 과일들을 포함하기도 했다. 창세기 1장 29절에서 하나님은 "내가 온 지면의 씨 맺는 모든 채소와 씨 가진 열매 맺는 모든 나무를 너희에게 주노니 너희의 먹을 거리가 되리라."라고 했다.

'의학의 아버지'로 알려진 그리스의 철학자 히포크라테스와 히포크라테스 선서를 한 자들은 "음식이 그대의 약이 되리라."라고 선서했다. 히포크라테스는 의학은 자연과 몸이 조화를 이루어야 한다는 것을 알고 있었다. '창조의 아버지'인 하나님은 예언자 에스겔에게 육체의 약은 식물이란 사실을 계시했다. "…열매는 먹을 만하고 그 잎사귀는 약 재료가 되리라(에스겔 47장 12절)." 요한계시록에서 사도 요한도 "나무의 잎사귀들은 만국을 치료하기 위하여 있더라(요한계시록 22장 2절)."라며 재차 확인시켜 준다. 놀랍지 않은가? 이처럼 의학의 아버지와 창조의 아버지가 같은 이야기를 한 것이다.

그럼 다시 현대사회로 돌아와 보자. 존스홉킨스대학, 하버드대학, 메이요 클리닉 그리고 시나이산 병원의 가장 유망한 과학자들은 모두 과일과 채소가 사람에게 필수라는 사실에 동의한다. 과일과 채소는 인간에게 알려진 모든 비타민 · 미네랄 · 아미노산 · 효소 그리고 그 외 알려지지 않은 영양소까지 모두 포함하고 있다.

하지만 현대는 1조 달러에 달할 정도로 의약품산업이 발달해 있어서 음식 대신 약물에 의존하는 경향이 있다. 우리는 약물이 관절을 부드럽게 움직이게 하고, 잠을 잘 잘 수 있게 하며, 집중할 수 있게 하고, 심장을 잘 뛰게 해준다고 세뇌되었다. 어디를 가든 친절한 약사들은 우리의 피를 맑게 하고, 머릿결을 윤기 나게 하고, 콜레스테롤 수치를 낮추고, 성욕을 높여준다는 약물을 제공한다. 근대의학이 자본주의를 구현하고 있는 것일까? 어디서부터 잘못된 것일까? 그 답을 얻기 위해 우리는 돈을 쫓아가 봐야 한다.

과일과 채소와의 전쟁

매년 전 세계적으로 약물에 사용되는 돈이 1.1조 달러를 넘고 있다. 이 수치를 실감하기 위해서는 화장품 · 비누 · 향수 · 매니큐어 · 샴푸 · 염색약 · 치약 · 데오도런트 등의 생활용품을 생각해 보면 된다. 전 세계적으로 여기에 쓰이는 돈이 2016년에는 2,600억 달러가량 됐다. 국제의료보험연합회에 따르면, 미국은 약물 · 검진 · 스캔 · 수술을 위해 세계 어떤 나라보다도 많은 돈을 쓴다. 거대 제약회사의 경영자들 · 정치인들 · 과학자들 · 의사들 · 보험회사들 그리고 미국의사회가 사과 한 봉지와 브로콜리 한 뭉치로 병을 예방하거나 낫게 해주길 원할까? 만약 건강한 식단으로 병을 치료할 수 있다는 사실이 상식이 되어 거대 제약회사들이 수백 조를 잃는다고 생각해 보자. 우리는 단지 이 책에 있는 자료만으로도 우리의 아픔과 고통, 병을 이용해 득을 보는 자들의 호주머니가 아닌 우리의 자산을 보호할 수 있다.

미국에서 늘어나고 있는 질병을 조사해 본 결과, 미국의 전 의무감 C. 에베렛 쿱은 "67%의 병이 식단과 관련되어 있다."고 했다. 1988년도에 C. 에베렛 쿱은 「영양 건강에 관한 연방의무감 보고서」에서 식단이 고혈압 · 비만 · 구강질환 · 골다공증 · 위장질환 그리고 미국에서의 주요 사망 원인과 관련되어 있다고 했다. 미국보건복지부의 전 영양정책 책임자이자 「영양 건강에 관한 연방의무감 보고서」의 편집장인 매리온 네슬도 "당신이 최대한 건강해지는 방법은 채소 위주의 식단뿐이다. 이는 변할 수 없는 사실이다."라고 말했다. 이에 대한 증거는 오랜 기간 축적되어 이제는 토론할 필요조차 없다.

왜 이러한 발언들은 미디어에 나오지 않았을까? 같은 해 샌프란시스코에서 발생한 7.1 진도 지진은 뉴스 헤드라인으로 보도되었다. 67명이 목숨을 잃은 끔찍한 사건이긴 하지만, 만일 의무감의 보고서가 미디어에 나왔다면 몇만 명의 사람들이 목숨을 지킬 수 있었을까? 만일 쿱 의사가 "67%의 질병이 X 백신으로 치유될 수 있습니다."라고 발표했다면, 그것은 온갖 뉴스에 다 나왔을 것이다. 이 질문에 답하기 위해서 다시… 돈을 쫓아 보자. 당신이 가장 좋아하는 TV쇼를 볼 때 나오는 광고를 보면, 누가 그 광고를 방송에 내보내려 돈을 쓰는지 보일 것이다. 그리고 제약회사가 바로 강력한 방송 후원자란 사실을 알게 될 것이다. 당신이 가장 좋아하는 잡지도 마찬가지다. 만일 국내 뉴스 잡지에서 갑자기 과학적 근거를 제시하며 블루베리가 기억력 저하를 낮게 하고 알츠하이머를 되돌릴 수 있다고 글을 쓰면 어떻게 될까? 이제 같은 잡지에 부작용 없는 블루베리에 관한 광고와 다른 페이지에 부작용이 있는 알츠하이머 약 아리셉트(Aricept)에 관한 광고가 있다고 생각해 보자. 위궤양; 배변 실금; 흉통; 배뇨 통증; 졸도; 열; 독감 증상; 우울증; 숨가쁨; 발작; 심한 현기증 또는 두통; 심한 복통; 불규칙한 심장박동; 손, 발목 또는 다리의 붓기; 떨림; 멍; 쇠약함; 불면; 악몽; 핏빛의 구토 또는 커피 찌꺼기 모양 구토물. 이걸 보면 모두 블루베리를 구매할 것이다. 의약품 후원금이여, 안녕.

제산제부터 아스피린 그리고 발기부전제까지. 우리가 좋아하는 시트콤, 토크쇼, 뉴스 프로그램 그리고 리얼리티 TV쇼는 거대 제약회사의 자금으로 방영되는 것이다. 이 나라의 농부들은 이러한 수조억짜리 대형 제약사들과 경쟁할 자금이 없다. 농부들끼리 돈을 모아 자신들의 농산물에 대한 건강효과를 홍보한다 해도, 이 나라에서 가장 부유하고 강력한 산업이자 대중매체 강자인 거대 제약회사와 경쟁할 수는 없을 것이다. 게다가 사실 농부들은 거대 제약회사(이들에겐 Big Farma란 표현이 더 걸맞을 것이다.)에 의존한다. 제약회사에 돈을 가장 많이 쓰는 건 그들의 가족이 아닌 농부들 자신이다! 미국에서는 항생제의 70%가 가축에 사용되고 농부들이 돈을 더 잘 벌 수 있도록 도와준다. 만일 농부들이 자신이 키우는 과일과 채소가 주는 건강효과를 널리 알린다면, 거대 제약회사와 의약품과 경쟁을 하는 꼴이 되고 이해충돌이 일어나게 될 것이다.

분명히 말하지만, 나는 의약품에 반대하거나 거대 제약회사 의약품의 보이콧 지지자가 아니다…. 그저 피투성이 커피 찌꺼기 모양 구토물에 한해서만 반대하는 것이다. 나의 아버지는 의사이고, 할아버지 역시 의사셨다. 의사와 그들이 처방하는 약은 사람의 목숨을 구한다. 인간에게 있어서 의약품이 있는 편이 없는 편보다 훨씬 더 낫다. 그렇지만 매년 220만 건의 약물 부작용이 일어나고, 100만 건의 죽음이 약과 관련되었고, 750만 건의 불필요한 약과 수술이 시행된다는 것을 생각하면, 역증요법의 의료시스템은 답이 아니다.

과일과 채소를 섭취함으로써 발생하는 부작용과 매년 발생하는 죽음에 대해서도 살펴보자. 잠깐! 전혀 없지 않은가! 시금치와 아스파라거스를 섞어 먹는 게 위험한지 약사에게 물어본 적이 있는가? 저기 복숭아 과다섭취로 인해 시체로 발견된 과일 중독자는? 당신이 언제 이러한 법률 광고를 텔레비전에서 본 적 있던가. "망고를 먹고 뇌졸중 · 동맥류 · 간부전, 또는 심장마비를 겪었나요? 당신이 보상을 받을 수 있는지 알아보세요. 지금 바로 전화하세요!"

「미국고혈압저널」은 브로콜리에 함유된 글로코시놀레인이라는 한 복합체가 설포라판이라는 대사산물을 만들어낸다고 발표했다. 설포라

판은 혈압을 현저히 낮추는 천연화합물로 부작용도, 안 좋은 상호작용도 없다. 과연 당신이 이러한 혈압약을 찾을 수 있을지 내기를 신청한다. 과일과 채소에서 발생하는 건강효과는 부작용이나 부정적인 상호작용 없이 나타난다. 또한 동물성 식품과는 다르게 그 어떤 종교나 동물 권리 지지자, 문화, 나라에서도 과일 · 채소 · 콩 · 견과류 · 종자를 먹지 말라고 하지 않는다.

이 장에서는 의학과 영양 분야의 전문가들과 내가 이 다채로운 과일과 채소를 포함한 식물성 위주의 식단을 찬양하는 발언을 보게 될 것이다. 그리고 많은 경우 병을 예방하고, 되돌리고, 치유하기 위해서 제약회사가 필요없다는 것을 알게 될 것이다. 처음 시간이 기록되기 시작한 순간부터 자연은 최적화된 삶을 위해 우리에게 필요한 지구 내에 존재하는 모든 음식을 제공했다. 그렇지만 왜 식물성 위주 식단이 사람의 몸에 가장 효과적이고 효율적인 것일까? 답은 식물과 인간의 관계에 있다.

자연의 '우연의 일치'

식물의 생물학은 인간과 놀랍도록 비슷하다. 마치 태아가 산모의 탯줄을 통해 연결되어 영양분을 얻는 것처럼 식물도 대자연의 뿌리를 통해 영양분을 얻는다. 이 관문을 통해 식물은 영양분을 받고 결과적으로 과일과 채소를 키워낸다. 태아는 수정된 후 많은 부분에 있어서 식물과 유사하다. 인간의 세포와 식물의 세포는 세포막 · 미토콘드리아 · 세포핵을 포함한 여섯 가지의 동일한 세포기관, 또는 유효성분을 지니고 있다. 미토콘드리아가 인간과 식물 양쪽에 존재한다는 것은 우리가 세포에 에너지를 제공해 주는(세포호흡) '동력실'을 공유하고 있다는 것이다.

인간과 식물은 음식을 섭취하는 방식도 비슷하다. 우리 몸의 장기와 비옥한 토양 모두 박테리아와 균을 지니고 있다. 인간과 식물 속의 해로운 박테리아를 죽이고 물질을 쪼개 음식으로 만든다. 인간의 소화관 내의 '착한' 박테리아처럼, 식물 내의 박테리아도 미네랄 흡수를 도와준다. 인간과 식물의 세포는 똑같이 아미노산·핵산 그리고 당에 의존한다. 또한 식물은 인간과 동일하게 미네랄을 합성할 수 없기에 다른 근원이 필요하다. 식물은 흙으로부터 미네랄을 얻고, 인간은 식물로부터 미네랄을 얻는다. 식물은 이산화탄소(인간이 뱉어내는 공기)와 물, 햇빛이 필요하며 인간은 산소(식물이 뱉어내는 공기)와 물, 햇빛이 필요하다.

식물은 햇빛에 의존해 이산화탄소를 당분 같은 유기화합물로 변환시킨다. 이 과정을 광합성이라고 한다. 인간은 햇빛에 의존해 콜레스테롤을 비타민 D_3로 변환시킨다. 이것은 비타민 생합성이라고 한다. 태양은 식물이 인간에게 필요한 모든 비타민을 만들 수 있게 도와준다. 아이러니하게도 인간이 태양으로부터 직접 공급받는 비타민 D를 제외하고 말이다.

놀랍게도 식물은 인간과 마찬가지로 자신에게 필요한 영양만을 흡수한다. 각 식물이 흙에서 끌어오는 것은 바람이나 온도 변화 그리고 병과 같이 자신을 죽일 수 있는 것으로부터 보호할 수 있도록 구체적인 것이다. 가장 자연스러운 상태의 흙은 80개가량의 미네랄을 함유하고 있지만, 대다수 식물은 그렇게 많이는 필요로 하지 않는다. 예를 들어, 토마토는 고작 56개의 미량 무기질을 흡수한다. 풀은 70개의 미량 무기질이 있어야 한 순환을 완성할 수 있으며, 본질적으로 토마토보다 더 많이 흡수한다고 할 수 있다. 식물이 자신의 뿌리로 더 많은 영양을 끌어들일수록 인간에게 제공되는 건강효과는 더 많다. 예를 들어, 고구마는 감자보다 땅에서 더 많은 미네랄을 흡수한다. 이는 둘 중 왜 고구마에 영양분이 더 많은지를 설명할 수 있다. 식물과 그 식물이 생산해 내는 과일과 채소들은 자신이 자라나는 토대만큼만 건강하다. 만일 흙이 과일이나 채소가 필요한 미네랄을 함유하고 있지 않다면, 그 식물은 겉으로는 괜찮아 보여도 영양가는 없을 것이다. 지난 100년간 북미 대륙 내 흙은 비료와 대량재배 농법으로 인해 미네랄의 85%가 고갈되었다. 이는 전 세계 어느 나라와 비교해도 최악의 수치다.

DIG 해볼까?

엽록소가 하는 일

엽록소는 식물에 녹색 안료를 주고 지구 내에 생명이 살 수 있게 해준다. 말 그대로 엽록소 없이는 인간의 생명도 없다고 할 수 있다. 우리가 숨쉬는 산소는 엽록소로부터 온다. 엽록소는 신체조직에 산소를 공급하는 중요한 역할을 맡은 혈액 내의 단백질인 혈색소의 헴(Heme)과 가장 비슷한 화학적 구조를 갖고 있다. 이 고리 모양의 복합체들의 주요 차이점은, 엽록소의 중요 성분은 마그네슘이지만 헴의 중요 성분은 철분이다. 연구에 의하면, 엽록소는 마그네슘을 내보내고 철분을 흡수해 인간의 혈색소를 합성하는 데 도움을 준다고 밝혀졌다. 식물의 혈액인 엽록소는 인간의 혈액과 비슷하다는 것이다. 엽록소는 천연살균작용과 혈액을 맑게 해주는 특징을 갖고 있다.

엽록소는 산성의 환경을 되돌릴 수 있는데, 그 말은 소화기관에 커다란 도움이 된다는 것이다. 위산 역류(속쓰림), 게실염, 위·식도 염류, 또는 과민대장증후군으로 고통받고 있는 사람들은 그저 녹색 잎사귀가 달린 식물의 섭취를 늘리는 것만으로도 큰 효과를 본다.

하루 권장량

그럼 대체 이 완벽한 음식을 얼마나 많이 먹어야 보상받을 수 있을까? 과일과 채소의 하루 권장량은 3~5인분이었다. 하지만 이 수치는 이제 5에서 9인분으로 올라갔다. 개인적으로 나는 과일과 채소에 '숫자'를 매긴다는 것에 조심스럽다. 150년 전 사람들이 몇 인분을 먹었는지 세었을 것 같은가? 과일과 채소마다 각기 다른 양의 영양소를 갖고 있는데 여기에 몇 개가 필요한지 숫자를 매기는 게 가능하기나 한 걸까? 권장량을 먹더라도 필요한 영양을 모두 얻을 만큼 다양하게 먹지 못했을 수도 있다.

예를 들어서, 매일 살구 5인분을 먹는다고 해서 바나나 5인분을 먹는 것과 동일한 수치의 칼슘을 얻지는 못할 것이다. 더군다나 사람은 키·몸무게·나이가 제각각 다른데 어떻게 매일 구체적인 제공량을 제시할 수 있단 말인가? 체중이 50kg인 35세의 여성이 133kg인 35세의 남성과 똑같은 양의 과일과 채소가 필요할까? 청소년들은 어떨까? 41kg의 13세짜리 소년이 같은 몸무게와 나이의 소녀와 동일한 영양소가 필요할까? 이 십대 소년이 매일 한 시간씩 운동하는 반면 십대 소녀는 집에서 비디오 게임 또는 인터넷 서핑을 한다면? 당연히 우리는 모두 필요 요건이 다르다. 매일 과일과 채소를 섭취하는 것은 중요하지만, 정확히 몇 개가 필요한지 개수를 알아내는 확실한 방법은 없다. 하루에 몇 인분이 필요한지와는 무관하게, 미국인이 충분한 양의 과일과 채소를 섭취하지 않는다는 것은 부정할 수 없는 사실이다. 전체 인구의 32.7%만이 다섯 개 또는 그 이상의 과일과 채소를 일주일에 2~4일 먹는다. 그리고 19.4%는 일주일에 한 번 먹는다. 이 말은 10명 중 아홉이 전문가가 최적의 건강을 위해 정한 최소 수치인 5인분의 과일과 채소를 먹지 않는다는 것이다.

건강을 위한 무지개 섭취하기

'다채로운 경험은 인생을 즐겁게 한다.'라는 속담이 있다. 이것은 과일과 채소를 먹는 데도 필요한 첫 번째 법칙이다. 위에서 말했듯, 권장량은 중요하긴 하지만 과일과 채소의 다양성을 선택하는 것만큼은 아니다. 당신의 선택이 충분한 비타민과 미네랄을 제공하고 있는지 보기 위해서는 과일과 채소를 무지개처럼 생각하면 된다. 각 과일과 채소의 색깔들은 건강에 필수인 유일무이한 요소들을 가지고 있다.

- **빨강: 토마토, 빨간 사과**(껍질을 벗기지 않은)**, 딸기, 대황, 체리, 빨간 피망, 산딸기 그리고 수박** 붉은색 과일과 채소는 리코펜과 안토시아닌이라는 자연 식물 색소에 의해 붉은 빛깔을 띤다. 리코펜은 심장병과 여러 가지 종류의 암, 특히 전립선암의 위험을 낮추는 데 도움을 준다. 안토시아닌은 강력한 항염 효과가 있으며 항산화 성분을 지니고 있다.

- **주황/노랑: 노란 사과(껍질을 벗기지 않은), 버터 호두 그리고 여러 겨울 호박, 당근, 레몬, 망고, 오렌지, 복숭아, 노란 피망, 파인애플, 고구마** 주황색과 노란색 과일과 채소는 카로티노이드라는 자연 식물 색소에 의해 노란 빛깔을 띤다. 베타카로틴(비타민 A로 변형하는)은 점막과 눈을 건강하게 유지해 준다. 과학자들은 카로티노이드가 풍부한 음식이 면역체계를 향상시킨다고 발표하기도 했다.
- **초록: 초록 사과, 아스파라거스, 초록 콩, 브로콜리, 양배추, 아보카도, 오이, 초록색 포도, 키위, 초록 피망, 멜론, 완두콩, 시금치 그리고 그 외 녹색 잎사귀류(케일, 근대, 콜라드)** 초록색 과일과 채소는 엽록소라는 자연 식물 색소에 의해 녹색 빛깔을 띤다. 위에서 언급했듯 엽록소는 인간의 적혈구에서 발견되는 것과 비슷한 화학적 구조로 되어 있다. 엽록소는 우리의 혈액 내 DNA가 손상되지 않도록 보호한다.
- **파랑/보라: 블루베리, 블랙베리, 무화과, 준 베리, 보라색 포도, 자두, 가지(껍질을 벗기지 않은), 말린 자두 그리고 건포도** 파란색과 보라색 과일과 채소는 안토시아닌이라는 자연 식물 색소에 의해 푸른 빛깔을 띤다. 이러한 자연적 화학물질들은 신체 · 내장 · 뇌에서 항염작용을 한다. 안토시아닌(특히 블루베리)은 기억력을 향상시키고 나이와 관련된 신경변성 질환의 위험을 낮추거나 지연시킨다.
- **하양: 꽃양배추, 마늘, 순무, 버섯, 파스닙, 양파, 감자 그리고 바나나** 하얀색 과일과 채소는 안토크산틴과 알리신이라는 색소에 의해 흰 빛깔을 띤다. 이 색소들은 콜레스테롤과 혈압을 낮추고, 위암과 심장병의 위험을 낮춘다.

이윤이 돌고 도는 처방약

과다하게 쏟아져 나오는 각종 처방약들은 우리가 밤에 잠을 자는 것에서부터 기상 · 성관계 · 집중력 향상 · 소식, 심지어 배변 활동까지 도와준다. 하지만 오늘날의 수많은 질병은 단순히 식물성 위주의 자연식품을 섭취함으로써 치유될 수 있다. 약이란 단어인 drug는 네덜란드어인 droog에서 유래되었는데, 이는 '말린 식물'이란 뜻이다.

오늘날 팔리는 의약품들의 절반 정도는 식물 연구에서 유래되었다. 하지만 대부분의 식물성 의약품들은 연구실에서 화학적으로 복사 · 합성될 뿐 그 제조 과정에서는 어떠한 식물성 물질도 사용되지 않는다. 그 이유는 무엇일까? 제약회사는 식물에 특허를 낼 수는 없지만, 거기에 '자신들이 소유하고 있는' 화학물질을 추가하고 성분을 바꿔 자신들의 것으로 만들면 큰돈을 벌 수 있기 때문이다. 화학물질은 의사의 감독을 필요로 하는 처방약에 부작용이 일어날 가능성이 있도록 만든다. 그래서 오늘날 거대 제약회사의 약은 의사의 처방전이 필요하고, 면허를 가진 약사가 이를 조제하며 보험회사가 혹시 모를 부작용에 대비하고 있다. 이런 식으로 이윤이 돌고 돌게 되는 것이다!

자연의 약국

과일과 채소의 의학적 혜택을 조사하는 데 기여하는 세계에서 가장 큰 조직 중 하나인 노스캐롤라이나리서치캠퍼스(NCRC)는 세계 최고의 대학들과 역사적인 파트너십을 선보이며 영양과 질병 예방에 대한 지식을 진보시켰다. 노스캐롤라이나주립대학, 노스캐롤라이나샬럿대학, 노스캐롤라이나중앙대학, 듀크대학, 노스캐롤라이나채플힐대학, 노스캐롤라이나A&T주립대학, 노스캐롤라이나그린즈버러대학 그리고 애팔래치아주립대학교 등 8개의 대학교가 과일과 채소에 관한 조사를 위해 모였다. 최고의 과학자와 최첨단 과학장비를 이용해 현존하는 가장 정교한 수준에서 식물과 인간의 세포가 조사되었다.

NCRC는 94세의 선지자 데이빗 H. 머독에 의해 운영되고 있다. 2011년 오프라 쇼에 나온 그의 모습은 관객들의 말문을 막히게 했다. 머독은 매일 50개의 팔굽혀펴기를 하며 약은 일절 먹지 않으며(아스피린조차), 그의 의사는 머독의 혈압수치가 청소년의 것과 같다고 했다. 머독에게 그의 몸이 전부 청소년의 것과 같은지를 물으면 그는 작은 비밀을 하나 알려줄 것이다… 그는 비아그라조차 필요하지 않다! 머독의 활력, 체력 그리고 팔팔함은 어디서 오는 것인가? 적어도 그가 완강히 거부하는 비타민 정제에서 나오는 것은 아니다. 바로 과일과 채소로 가득한 식단에서 오는 것이다. 오프라는 머독의 NCRC를 '인류의 선물'이라고 칭했다. 지속적인 연구를 통해 NCRC는 지구상에서 가장 건강한 과일과 채소 리스트를 작성했다.

[표 7-1] 지구에서 가장 건강한 음식

사과	면역을 높이고, 위와 전립선암과 싸우고, 알츠하이머의 위험을 낮춘다.
아티초크	혈액응고를 도우며, 산화제를 운송하고, '나쁜' 콜레스테롤을 낮춘다.
아루굴라	선천적 결손증의 위험을 낮추고, 골절 위험을 낮추며, 눈의 건강을 좋게 한다.

아스파라거스	내장 내에 좋은 박테리아를 공급하며, 선천적 결손증으로부터 보호하고, 심장을 건강하게 한다.
아보카도	간의 손상을 줄이고, 구강암의 위험을 낮추며, 콜레스테롤 수치의 균형을 맞춘다.
바나나	지방 연소를 높이고, 직장암 · 신장암 그리고 백혈병의 위험을 낮춘다. 어린아이의 천식 증상을 줄인다.
블랙베리	골밀도를 높이고, 입맛을 돋우며, 지방 연소를 높인다.
블루베리	산화방지력을 회복하고, 연령과 관련된 뇌의 쇠퇴를 되돌리고, 요로감염증을 예방한다.
브로콜리	당뇨로 인한 손상을 줄이고, 전립선암 · 방광암 · 대장암 · 췌장암 · 위암 그리고 유방암의 위험을 낮춘다. 또한 부상시 뇌를 보호한다.
땅콩단호박	밤눈을 밝게 하고, 주름을 줄여주며, 심장을 건강하게 한다.
칸탈루프	면역력을 높이고, 화상으로부터 피부를 보호하고, 염증을 줄인다.
당근	산화제는 DNA를 보호하고, 백내장에 좋으며, 몇 가지 암으로부터 보호한다.
꽃양배추	해독작용을 하고, 유방암 세포의 성장을 막고, 전립선암으로부터 보호한다.
체리	관절통과 통풍을 완화하고, '나쁜' 콜레스테롤을 줄이고, 염증을 낮춘다.
덩굴월귤	전립선과 방광통을 완화하고, 폐암 · 대장암 · 백혈병 암세포들과 싸운다. 요로감염증을 예방한다.
그린 캐비지	건강한 혈액응고를 도와주고, 전립선암 · 대장암 · 유방암 그리고 난소암의 위험을 낮춰준다. 해독에도 도움이 된다.

케일	암을 키울 수 있는 해로운 에스트로겐을 막고, 일광 노출과 백내장으로부터 눈을 보호한다. 골밀도도 높인다.
키위	주름을 펴고, 혈액응고의 위험을 낮추고, 혈중 지질을 낮춘다. 변비도 막는다.
망고	면역력을 높여주고, '나쁜' 콜레스테롤을 낮추며, 동맥을 보호하기 위해 호모시스테인을 통제한다.
버섯	자연해독작용을 하고, 대장암과 전립선암의 위험을 낮춘다. 혈압도 낮춘다.
오렌지	'나쁜' 콜레스테롤 수치를 낮추고, 입 · 목 · 유방 그리고 위의 암과 유아기 백혈병의 위험을 낮춘다. 입맛을 억제한다.
파파야	효소는 소화를 돕고, 폐암의 위험을 낮추고, 지방 연소를 높인다.
파인애플	수술 후 회복력을 높이고, 관절을 건강하게 하고, 천식과 염증을 완화한다.
자두와 말린 자두	변비를 막아주고, 손상으로부터 DNA를 보호한다. 폐경기로 인한 골 소실을 보호한다.
석류	자외선 차단을 도와주고, '나쁜' 콜레스테롤 수치를 낮추며, 전립선암의 위험을 낮춘다.
호박	다발성 관절염으로부터 보호하고, 폐암 · 전립선암의 위험을 낮추고, 염증을 낮춰준다.
산딸기	알츠하이머로부터 보호하고, '나쁜' 콜레스테롤을 낮추며, 대장암 · 전립선암 그리고 구강암의 성장을 막는다.
빨간 피망	폐암 · 전립선암 · 난소암 그리고 자궁암의 위험을 낮추고, 햇빛으로부터의 화상에서 보호하고, 심장을 건강하게 한다.
시금치	집중력을 유지하는 데 도움이 되고, 간암 · 난소암 · 대장암 그리고 전립선암의 위험을 낮춘다.
딸기	뇌졸중과 암 위험을 줄이고, 실명으로부터 보호한다.

고구마	뇌졸중과 암의 위험을 낮추고, 실명으로부터 보호한다.
토마토	염증을 완화하고, 식도암 · 위암 · 직장암 · 폐암 · 췌장암의 위험을 낮춘다. 또한 심장 혈관계 질병의 위험을 낮춘다.
수박	남성의 생식능력을 높이고, 여러 암의 위험을 낮춘다. 전립선암 · 난소암 · 자궁암 · 구강암 · 인두암, 또한 햇빛 화상으로부터 피부를 보호해 준다.

삶의 적합성에 대한 도전

하비 다이아몬드의 『다이어트 불변의 법칙』은 최고의 베스트셀러 중 하나다. 이 뉴욕타임스 베스트셀러 1위는 『바람과 함께 사라지다』와 성경과 더불어, 퍼블리셔 위클리의 모두가 탐내는 자리인 출판 사상 주간 베스트셀러 25권 안에 들었다. 하비는 베트남에서 지내다 고엽제(몬산토의 대단하신 분들의 발명)를 접하게 됐다. 덕분에 그는 말초신경증이라는 병에 걸려 쇠약해졌지만 식단을 바꿔 이겨낼 수 있었다. 아직도 많은 어려움을 겪고 있지만, 그는 『퇴역군인 문제』라는 책에 휠체어 없이 가장 오래 살아남은 사람 중 한 명으로 기록되었다.

나는 라디오쇼에서 하비를 인터뷰할 수 있는 행운을 여러 차례 얻어 그의 견해를 들을 수 있었다. 나는 그에게 그를 가장 건강하게 만든 한 가지 행동이 무엇인지 물어봤고, 그는 '과일을 많이 먹는 것'이라고 말했다. 이어서 그는 "과일은 위에서 소화되지 않고 곧바로 장으로 갑니다. 그래서 다른 음식과 섞이면 안 돼요. 만일 그렇게 된다면 다른 음식과 함께 섞여서 위에 남게 됩니다. 그러면 발효로 인해 단백질이 부패하게 되죠. 그래서 과일은 빈속에 따로 먹어야 합니다. 무언

가를 먹었다면 과일을 먹기 전까지 3시간은 기다려야 하고요. 그래서 과일을 먹기 가장 좋은 시간이 위가 완전히 비어 있는 아침이죠."라고 말했다.

우리는 하루 식사 중 아침이 가장 중요하다는 이야기를 들었다. 왜 사람들은 이 중요한 식사를 빵 · 버터 · 크림치즈 따위의 탄수화물과 지방으로 채우려 할까? 이런 행위는 우리의 소화기 계통에 부담을 주어 곧 피곤을 느끼게 한다. 뭐 물론 커피가 있으니 크게 걱정은 하지 않아도 되지만. 이는 끝이 없는 악순환에 불과하다.

하비는 내 청취자들에게 10일 간의 도전과제를 주었다. "당신이 일어난 시간부터 오후 12시까지 과일 외에는 아무것도 먹지 마세요." 계속해서 그는 "과일은 원하는 만큼 마음껏 먹되 다른 건 먹지 마세요. 과일 샐러드든 스무디든 자연식 그대로 먹어보세요. 그리고 어떻게 되는지 지켜보고요."라고 제안했다.

하비가 이런 제안을 하기 전까지 나는 늘 과일을 섭취했었지만 12시까지 오직 과일만 먹어본 적은 없다. 그래서 하비의 조언을 한번 받아들여 보기로 했다. 2주 간 기상 후 점심시간까지 과일 외에는 아무것도 먹지 않았다. 그러자 다음과 같은 현상이 일어났다. 아침에 기분이 좋아졌고 활력 또한 생겼다. 10일째에는 눈 아래 붓기가 사라지고 피부가 좋아졌다. 심지어 한 환자는 내게 피부가 '반짝거린다'며 피부 박피술을 했는지 묻기까지 했다. 운동할 때는 힘이 더 났고, 숙면도 잘 취하게 됐다. 이런 변화가 하루에 걸쳐 먹던 과일을 고작 아침에 몰아서 먹었다고 생기다니. 아직 나는 이런 아침 일상에 완벽히 익숙해지진 못했지만(나는 아침에 달걀과 얇게 썬 오트밀을 먹는 걸 즐긴다.) 일주일에 세 번은 오후 12시까지 과일만 섭취한다.

'Fruition'이란 단어는 '성취'란 뜻이다. 이 단어의 접두사는 과일인 fruit로 시작한다. 만일 당신이 하루를 fruit(과일)로 시작한다면, 당신은 더 성취하고 더 좋은 기분으로 오래 살 수 있을 것이다. 하지만 과일에는 천연당인 과당이 함유되어 있기 때문에 너무 많은 종류의 과일을 먹지 말고 적당히 즐기는 것이 나을 수도 있다. 특히 당신에게 당뇨가 있다면 말이다. 이 주제에 관해서는 제10장에서 더 논할 것이다.

식물 위주 식단을 위한 증거

생화학자 콜린 캠벨 박사는 식단이 장기적으로 건강에 미치는 영향을 연구하며 40년이 넘도록 식단 위주의 영양연구의 선두를 지키고 있다. 의학박사인 그의 아들 토머스 M. 캠벨 2세와 공동으로 쓴 그의 획기적인 책 『무엇을 먹을 것인가』는 10여 년 이상의 연구를 바탕으로 만들어졌다. 뉴욕타임스는 이 책의 역사적 영향을 다음과 같이 묘사했다. '『무엇을 먹을 것인가』는 식습관과 질병 발생의 위험성의 상관관계에 관한 가장 포괄적인 연구다.'

캠벨 부자는 중국의 65개 시골에 사는 중국인 6,500명의 사망률 · 식습관 · 생활방식을 조사했다. 동물성 식품을 많이 섭취할수록 암 · 심장질환 · 당뇨 등의 만성병을 얻을 위험이 올라가고 식물성 식품을 섭취하는 사람들은 그런 위험성이 덜하다는 것을 알아냈다. 중국에서 이 연구를 진행한 이유는 중국인들은 단일민족으로 대체로 일생 같은 방식으로 같은 곳에서 같은 음식을 먹어 왔기 때문이다.

캠벨 부자는 가공식품 · 당분 · 유제품 · 고기 등의 서양식 식단이 들어온 이후로 비례적으로 그들의 건강이 감소한 것을 발견했다. 건강하고 질병이 없는 사람들은 동물성 식품을 덜 섭취했고, 대다수의 미국인들보다 훨씬 적은 양의 당분을 섭취했다. 내가 진행하는 TV 프로그램에서 캠벨 박사를 인터뷰할 당시 그는 암세포가 어떻게 발생하는지를 보여주었다.

"암은 유전자 단계에서 시작합니다." 그는 이어서 말했다. "이 세포들은 화학물질이나 바이러스 등으로부터 공격과 변이를 당합니다. 거기가 시작점입니다. 이제 이 세포들은 우리가 잘못된 영양 혼합으로 비료를 줘서 깨울 때까지 휴면기에 들어가 있습니다. 우리 모두는 잠재적으로 조직 안에 이런 암세포를 가지고 있지만, 이것들이 대다수의 사람들에게 위해를 가하진 않죠. 하지만 잘못된 식단에 노출된 순간 이 암세포들이 자라고, 드러나고, 나뉘고, 퍼지게 됩니다. 동물성 단백질을 많이 먹으면 몸안에서 암세포로 변형됩니다. 반대로 동물성 단백질을 제하면 암세포들이 차단되죠. 즉, 식물성 단백질을 먹어야 이 암세포들이 깨어나지 않아요."

이것보다 더 간단할 수는 없다. 잠자던 암세포가 동물성 단백질을 섭취하면 '깨어나는 것'에 대한 캠벨 박사의 연구 결과가 있다. 당신에게 두 가지 질문을 던지고 싶다. 만일 당신의 집 마당에 커다란 개 핏불이 잠들어 있는 것을 발견한다면

가. 개를 깨우지 않기 위해 아주 살금살금 걸어갈 것인가?
나. 위아래로 방방 뛰면서 온 힘을 다해 소리 지를 것인가?

만일 당신이 '나'를 선택했다면, 티본스테이크 · 핫도그 · 햄버거 그리고 유제품 식단에 온 것을 환영한다. 이러한 것을 섭취할 때 당신은 몸안에 존재하는 암적인 핏불을 깨우는 것이다. 인터뷰를 끝내기 전,

그는 심오한 말을 남겼다. "우리가 지불하는 의료비의 80%는 식물성 위주의 자연식품을 섭취함으로써 없앨 수 있습니다." 자, 다시! 만일 AMA가 백신 X를 통해 의료비의 80%를 없앨 수 있다고 한다면, 미국 내 모든 병원 앞에 기다란 줄이 늘어설 것이다. 그런데 왜 농산품 판매대에는 이런 줄이 없는 걸까? 그 이유를 알기 위해서는 돈을 쫓아봐야 한다. 만일 모두가 캠벨 박사의 조언을 따른다면, 병원 · 건강보험 업계 · 거대 제약회사 그리고 전문 의료진이 자신의 수익의 80%를 잃게 될 것이다.

캠벨 박사의 친한 친구이자 자연식물성 위주의 식단 지지자인 콜드웰 에셀스틴은 『당신이 몰랐던 지방의 진실』이란 책을 썼다. 이 책에서 에셀스틴 박사는 식물성 위주 식단을 따른 후 죽상동맥경화증(동맥이 굳어지는 현상)을 완전히 회복시킨 것에 대해 이야기한다. 에셀스틴 박사는 심혈관질환은 사형선고가 아니며 이는 식단을 바꿈으로써 완치할 수 있다고 믿는다. 많은 심장병 전문의들이 에셀스틴 박사의 연구 결과를 따르고 있다. 심장수술 전문의이자 유명한 TV쇼 진행자인 오즈 박사조차 에셀스틴 박사의 조언을 따른다. 그는 환자들에게 식물성 위주의 자연식품을 먹으라고 한다. 많은 심장병 환자들의 경우 식물성 위주의 식단으로 바꾼 뒤 혈관 조영검사를 통해 현저하게 호전되었음이 증명되었다.

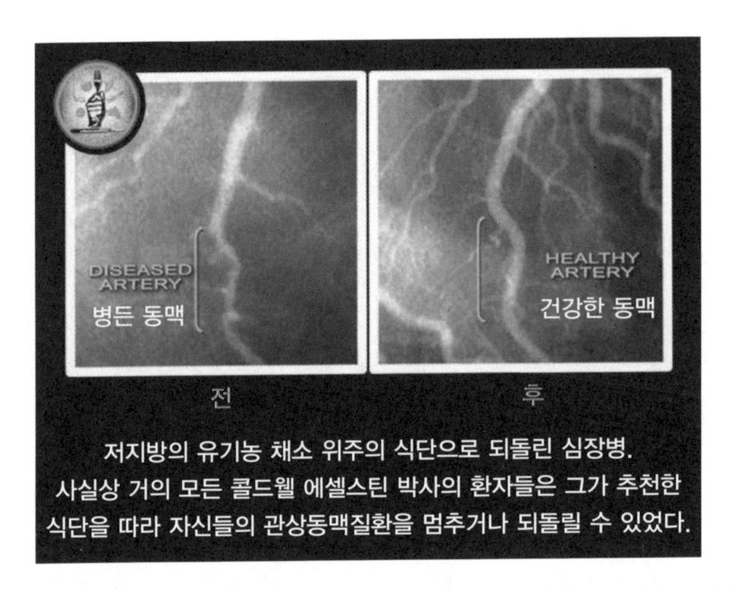

[그림 7-1] 콜레스테롤을 낮추는 약 없이 32개월 동안 식물성 위주의 식단을 적용한 환자의 관상동맥 혈관 조영 사진. 식단 적용 전(왼쪽 사진), 후(오른쪽 사진)

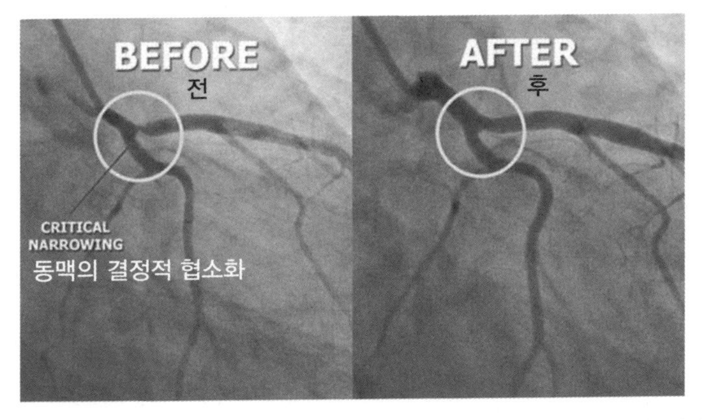

[그림 7-2] 5개월 동안 식물성 자연식 식단을 적용한 환자의 관상동맥 사진. 식단 적용 전(왼쪽 사진), 후(오른쪽 사진)

사회 각 계층의 사람들이 식물성 위주의 식단을 선택함으로써 혈압과 콜레스테롤 수치가 엄청나게 호전되는 놀라운 경험을 했다, 심지어 관상동맥이 완벽히 깨끗해지기도 했다. 빌 클린턴 전 대통령도 캠벨과 에셀스틴의 식습관에 대한 열렬한 지지자다. 2010년 목숨을 위협했던 심장질환을 겪은 이후 클린턴은 식물성 위주의 식단을 시도했다. 콩과 여러 종류의 채소 그리고 과일. 그는 짧은 시간 안에 약 10kg의 체중을 감량하여 대학시절 몸무게로 돌아갔고, 혈액검사와 혈압검사 결과 모든 수치가 정상으로 돌아왔다.

식단이 어떻게 심혈관질환에 중요한 역할을 하는지를 보여주는 대규모 사례는 다음과 같다. 1940년대 독일은 노르웨이를 침략, 점령하고 모든 가축과 농장의 동물들을 몰수해 병사들에게 먹였다. 이로 인해 노르웨이인들은 어쩔 수 없이 식물성 위주의 음식을 섭취하게 되었다. 독일군이 침략한 후 노르웨이인의 심장병과 뇌졸중으로 인한 사망률은 급격히 떨어지기 시작했다. 그런데 1945년 전쟁이 종식되고 다시 육류와 유제품을 쉽게 구할 수 있게 된 다음 10년 동안 그 비율은 전쟁 전 수준으로 치솟았다. 이 분석을 통해 식물성 위주의 식단이 심장병과 뇌졸중을 예방하고, 가축을 많이 섭취할수록 이런 질환에 걸릴 위험성이 더 높아진다는 것이 증명되었다.

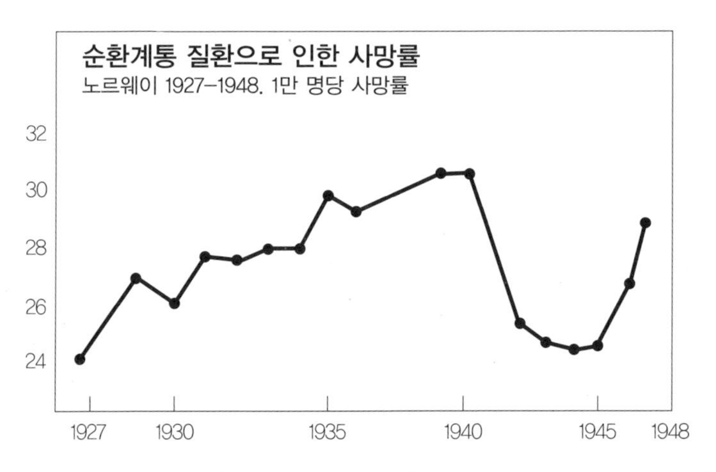

[그래프 7-1] 1940년대 독일군이 노르웨이를 침략하고 모든 가축을 몰수한 이후 감소하는 사망률

핀란드에서도 비슷한 현상이 있었다. 제2차 세계대전이 끝나고 핀란드는 고기와 유제품 위주의 식단으로 되돌아갔다. 1970년대에 도달할 때쯤 핀란드 남성의 심장병으로 인한 사망률은 세계에서 가장 높은 수치가 되었고, 그로 인해 전국적으로 포화지방 섭취를 줄이는 운동을 시작하게 되었다. '유제품을 베리로(dairies to berries)'라는 한 캠페인은 마을끼리 콜레스테롤을 낮추는 친화적인 경쟁을 도모했다. 채소 위주의 식단으로 바꾸려는 이러한 노력 덕분에 핀란드 내의 심장병 사망률은 80% 감소했다.

다음 페이지 막대그래프는 세계적으로 식물성 위주의 식단과 낮은 심장병, 암의 발생률에 관한 상관관계를 보여준다. 이 수치들은 정제되지 않은 식물성 음식을 많이 섭취할수록 심장병과 암으로 인한 사망률이 더 낮아진다는 것을 증명한다.

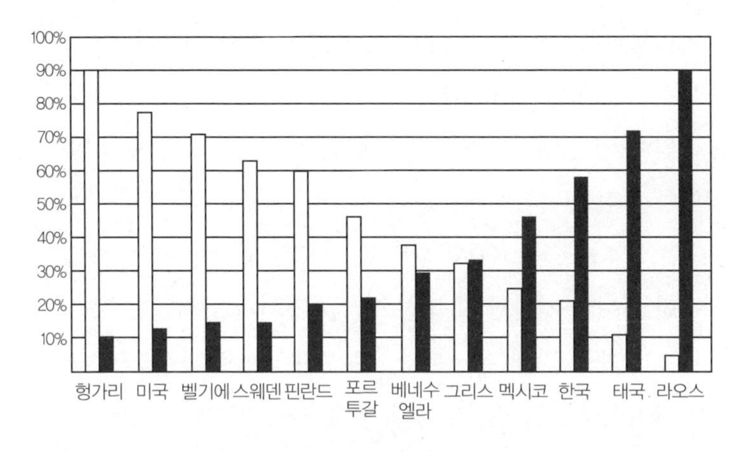

[그래프 7-2] □ 심장병과 암으로 인한 사망률
■ 정제되지 않은 식물성 음식 칼로리 비율
출처: 통계 데이터베이스 식품수급표, 1961-1999 미국식량농업기구

인생을 최대치로 살기

인간의 몸은 유전적으로 120년 또는 그 이상을 살 수 있게 설계되어 있다. 수명의 청사진을 어떻게 따라갈지는 전적으로 당신에게 달려 있다. 퓰리처상의 수상자이자 『새로운 미국을 위한 식단』의 저자인 존 라빈스는 식물성 위주 식단의 상징으로 여겨진다. 대학시절 붉은 고기를 먹으며 건강에 문제가 생긴 후, 나는 그의 책에서 영감을 얻어 붉은 고기를 식단에서 완전히 제외했다. 비록 완전한 채식주의자가 되진 못했지만, 그래도 나는 식단의 80%를 과일과 채소 · 통밀 · 콩 · 견과류로 구성했다. 제1장에서 말했듯 난 우리 조상이 섭취했던 진짜 식단을 따르기로 했다. 나는 내 삶을 변화시키고 결국엔 영양학자와 천연영양식품 제조업자가 되고 또 이 열정을 이어갈 라디오와 TV쇼를 진행할 수

있게 파급효과를 만들어준 존에게 영원히 감사할 것이다. 내가 식물성 음식 위주의 생활방식에 대한 장점을 소개하는 라디오 인터뷰를 진행하면서 얻게 된 가장 큰 영광은, 개인적으로 존에게 감사의 말을 전할 수 있었다는 점이다.

존이 쓴 또 다른 책『100세 혁명』은 품위있게 나이 드는 것은 수명을 늘릴 뿐만 아니라 건강한 시간을 늘리는 것이기도 하다는 것을 보여준다. 나는 이 책을 강력 추천한다. 존은 세상에서 가장 건강하고 오래 사는 사람들이라는 공통점을 갖고 있는 네 개의 매우 다른 문화를 연구했다. 당신이 최고의 무술가가 되고 싶다면, 무술 10단의 소림사 그랜드 마스터 외에 누구에게 배우겠는가? 당신이 오래 살고 건강하고 질병 없는 삶을 살고 싶다면『100세 혁명』을 따라 하라.

존 라빈스의 책에 등장하는 주인공 중 한 명은 161세의 스히라리 무스리모프이다. 1966년「라이프지」는 당시 110세의 셋째 부인과 결혼생활 중이던 스히라리에 대한 특집기사를 썼다. 그의 부모는 100세 넘게 살았고, 그의 형제 또한 134세에 죽었다.

1970년대에「내셔널 지오그래픽지」는 세계적으로 유명한 의사 알렉산더 리프를 선정해 세상에서 가장 건강하고 장수하는 사람들에 대한「라이프지」의 후속 기사를 쓰게 했다. 리프는 외딴 지역을 여행하며 생활방식 · 식단 · 활력 · 혈액 등을 검사했다. 그는 여행 중「라이프지」에서 특집으로 등장한 크파프 라주리아라는 여인을 만났다. 그녀는 우수한 기억력을 가졌고, 자신의 과거에 대해 세심히 이야기할 수 있었다. 자세한 분석 후 리프는 그녀가 130세라고 결론지었다. 그녀는 75세에서 80세 동안 100명 이상의 탄생을 도와준 산파였다. 리프는 여행을 하면서 100세를 넘긴 건강한, 20대의 혈압과 맥박수를 가진 수많은 사람들을 만났다. 이 '노인'들은 흔들의자에 앉아 바느질을 하는 것이 아니라 매우 활동적이었다. 이들 중 대다수는 규칙적으로 수영을 하고 활발하게 거친 땅을 걸어다녔다. 오직 10%만이 청각에 문제가 있었고, 4% 이하가 침침한 눈을 가지고 있었다. 미국에서 나이가 들어도 건강하게 성생활을 하기 위해서는 간절한 바람과 많은 푸른 알약(비아그라)이 필요하다. 하지만 라빈스의 책에 나온, 세상에서 가장 건강하고 오래 사는 이들에게 활발하게 성생활을 지속하는 것은 마치 건강한 식욕이나 충분한 수면을 유지하는 것만큼 자연스러웠다.

세상에서 가장 건강하고 오래 사는 이들의 문화에는 한 가지 공통점이 있다. 현대사회에서 흔하게 접할 수 있는 가공음식이나 인공 방부제 그리고 화학첨가제가 없다는 점이다. 그들의 식단은 주로 통밀 · 과일 · 채소 · 씨앗 · 콩 그리고 견과류로 이루어졌다. 채소는 현대 농업기술로 망가진 미국의 땅과는 달리 풍부한 흙에서부터 자랐다. 여기 사람들은 채소를 생으로 먹고 요리를 할 땐 적은 양의 물만 사용했다. 신선하지 않은 음식은 유해하다는 문화적 믿음 때문에 남은 음식은 거의 다시 먹지 않았다. 과일은 방부제로 덮이지 않았고, 채소는 신선한 상태로 먹었다. 고기는 아주 적은 양만 섭취했고, 만일 먹더라도 건강하고 신선하게 잡으며 가공하지 않았다. 고기나 가금류에서 나온 지방은 버려졌다. 소금이나 버터, 설탕 등은 아주 소량만 섭취했다. 이것이 아마 이 문화권 대부분의 사람들이 완벽한 콜레스테롤 수치인 98을 유지하게 된 비결일 것이다. 단백질은 주로 채소나 통밀 그리고 여러 종류의 콩으로부터 얻었다. 탄수화물은 옥수수 · 퀴노아 · 밀 · 보리와 같은 통곡 시리얼로부터 얻었다. 지방은 주로 아보카도 · 종자 · 견과류로부터 섭취했다.

DIG 해볼까?

'생것'이 더 좋은 과일과 채소

우리는 '생(조리되지 않았다는 뜻)'이란 단어를 생선이나 육류와 가깝게 연관시키면 안 된다고 생각한다. 하지만 채소와 과일은 아니다. 이들에 함유되어 있는 비타민은 대부분 수용성이며, 조리하거나 특히 너무 오래 익히면 대부분의 비타민이 파괴된다. 과일과 채소의 경우 약 섭씨 41도(화씨 107도) 이상 가열되면 천연에서 얻을 수 있는 영양소가 파괴된다. 약 55도(화씨 130도)에서는 비타민 C가 파괴되고 약 72도(화씨 161도)에서는 칼슘의 대부분이 용해되지 않는다. 채소를 물에서 끓이면 많은 건강한 영양소가 부엌 하수구에 버려지게 된다. 찌는 행위는 열과 물에 민감한 수용성 비타민을 포함시킬 수 있어 영양소를 보존하기에 가장 적절한 조리 방식이다.

조리는 우리 몸에 필요한 소화와 같은 여러 가지 기능에 필수적인 효소도 변질시킨다. 브로콜리는 미로시나아제라는 효소를 지녔는데, 이것이 분해되면 암을 막아주는 설포라판이 된다. 하지만 브로콜리를 조리하게 되면 암을 막아주는 이 합성체가 사라진다. 생당근에는 폴리페놀이라고 하는 항산화물질이 들어 있다. 하지만 당근을 삶게 되면 이 건강을 증진시키는 폴리페놀이 파괴된다. 생견과류는 또 다른 좋은 사례다. 견과류에는 단백질이 많이 함유되어 있지만, 굽거나 볶으면 단백질이 50%나 줄어든다.

만일 당신이 생채소보다 조리된 것을 더 선호한다면 차라리 쪄라. 채소를 가볍게 찌면 굽거나 끓이는 것보다는 영양소가 덜 파괴된다. 조리는 우리 몸을 건강하게 해주는 파이토케미컬(phytochemical, phyto는 식물이란 뜻)을 일부 파괴하긴 하지만, 다른 부분에 있어서는 더 이득이 될 수도 있다. 예를 들어, 토마토는 암과 심혈관질환을 막아주는 것으로 알려진 리코펜이라는 강력한 항산화성분을 지니고 있다. 조리된 토마토는 생토마토보다 네 배나 많은 리코펜을 함유한다. 오하이오주립대학의 연구원들은 토마토의 리코펜 분자가 모양을 바꾼다는 사실을 발견했는데, 이 과정에서 강한 열에 노출되면 우리 몸에 더 유용할 수 있게 된다. 조리된 토마토는 생토마토보다 우리 몸에 더 잘 흡수된다.

콩류 중에는 절이거나 조리하지 않고는 먹을 수 없는 종류가 있다. 어떤 콩은 제대로 조리하지 않으면 병에 걸리거나 죽음에 이르게 할 수도 있다. 검은 콩, 파바빈, 강낭콩, 리마콩, 흰 강낭콩, 얼룩덜룩한 강낭콩 그리고 대두 등의 경우는 생으로 먹기가 힘들 뿐만 아니라 조리를 해야만 없앨 수 있는 독성물질을 갖고 있다.

10일 동안

만일 건강 옹호자들에게 누가 그들에게 영감을 주느냐 물으면, 많은 이들이 존 맥두걸을 우선으로 말할 것이다. 그는 내과 전문의이자 수많은 베스트셀러의 저자이며, 고혈압 · 제2형 당뇨병 · 관절 · 소화불량 · 변비로 고생하는 수천 명의 사람들을 도와준 '맥두걸 프로그램으로 10일 동안 살기'의 원장이다. 그의 비밀은 비교적 간단하다. 모든 것을 자연식품과 식물성 위주의 식단으로 바꾼다. 맥두걸 박사는 내가 식물성 위주 식단의 치유능력에 관한 라디오 하이라이트를 진행하면서 인터뷰한 전문가들 중 한 명이다. 그는 내 라디오 청취자들에게 다음과 같은 사실을 말해 주었다.

"역사를 살펴보면, 식물성 위주의 식단으로 살아온 사람들이 가장 건강하다는 사실을 알 수 있을 겁니다. 그런 사람들이 미국으로 이주하면서 쌀·콩·옥수수·감자 등을 포기했고, 그 대신 살이 찌고 병이 들게 되었습니다…. 어떤 사람들은 이를 현대의 풍요로운 음식 때문이라고 말합니다. 우리가 먹는 고기는 가공되었고, 유제품은 오염됐기 때문이죠. 하지만 이것은 사실이 아니에요. CAT 스캔으로 3천~5천 년 전의 파라오·성직자·사제 등을 검사한 결과 이 집단 내에서 광범위한 아테롬성 동맥경화증, 담석 그리고 비만 증상을 발견했습니다. 당시 이 사람들은 신전에서 공물로 고기를 받곤 했죠."

맥두걸 박사는 중요한 점을 제기했다. 그 당시 고기는 사치품이었고 부자들만 섭취할 수 있었다. 보통의 이집트인들은 불쌍하게도 고기를 섭취하지 못했다. 과학자들은 카이로의 이집트 국립박물관에 있는 미라들을 조사한 결과, 사회 계층이 높은 사람들일수록 더 심각한 심장질환을 갖고 있다는 사실을 발견했다. 연구원 중 한 명인 사무엘 완 박사는 "오늘날 식단을 보건대, 우리는 파라오의 궁정에 있는 것과 마찬가지다."라고 말했다.

맥두걸 박사는 캘리포니아에 있는 '10일 동안 살기 클리닉'에서 수천 명의 환자를 치료했다. 그들은 전형적인 미국인 식단(SAD, Standard American Diet)에서 벗어나 100% 자연식품과 식물성 위주의 메뉴만 먹었다. 맥두걸 박사는 이 대다수의 고혈압 환자들은 10일이 지난 후 약을 끊을 수 있게 된다고 했다. 이것은 10일이 아닌 24시간 이내로도 가능한 이야기다. 그는 제2형 당뇨 환자들을 단순히 식단만 바꾸어 증상을 역전시키는 것을 도와주고 있다.

나는 이 분야에서 28년 동안 있으면서 제2형 당뇨병 환자가 당뇨병 약으로 치료된 것을 단 한 번도 본 적이 없다. 하지만 이런 질환은 단순히 가공음식과 고기를 줄이고 식물성 위주의 식단을 함으로써 치유된다. 50년 전 성인기 발증형 당뇨병은 아주 드물었고, 수치상으로는 미국 성인 인구의 1% 이하였다. 오늘날 미국의 20대 중 2,910만 명이 제2형 당뇨병을 앓고 있고, 810만 명은 진단받지 못해 자신의 상태조차 모르고 있을 수 있다. 슬프게도 이 '성인기 발증'은 25만 명의 어린아이가 이 병을 얻으면서 제2형 당뇨로 명칭이 바뀌게 되었다. 이는 비만의 최대 원인 중 하나다. 그 이유는 무엇일까? 바로 좋지 못한 것을 먹기 때문이다.

아이들과 어른들의 경우 체중이 정상보다 더 나올 때 당뇨병에 걸릴 위험이 높다. 제2형 당뇨병에 관련된 잘못된 상식 중 하나는 혈액 내 당수치가 높으면 제2형 당뇨병에 걸린다고 잘못 알고 있는 것이다. 혈액 내 높은 당수치는 제2형 당뇨병을 앓으면서 생기는 현상이긴 하지만, 진짜 범인은 인슐린 저항이다. 바로 체내의 세포가 인슐린 효과에 저항하게 되는 것이다. 그렇게 되면 결국 세포가 포도당을 흡수하기 어렵게 되고, 혈액 내에 당이 쌓이게 된다. 우리의 몸에는 포도당을 세포로 보내 에너지로 사용할 수 있게 하는 조그마한 수용체가 있다. 이 수용체들을 포도당을 세포로 보내지 못하면 잠드는 문지기라 생각해 보라. 그러면 어떻게 되겠는가? 당이 혈액 내에 더 쌓이게 된다. 당신의 식단이 건강하지 못하고, 살찌게 만드는, 가공된 음식으로 이루어진다면 문지기들은 점점 게을러져 제 일을 수행하지 못하게 된다. 다행히도 제2형 당뇨병을 앓는 사람들은 자연식품과 식물성 위주의 식단으로 바꾸면 질환을 되돌릴 수 있다.

SAD하지만(슬프지만) 사실

SAD(전형적인 미국인 식단)는 질병의 주된 원인이다. 하지만 식물성 위주의 식단이 주는 건강 효과에 대한 증거가 얼마나 있든지 '대부분의 사람들은 SAD 생활방식을 보이콧하지 못한다.'는 사실은 바뀌지 않는다. 하지만 괜찮다. 가공된 동물성 식품보다 식물성 식품 위주로 먹기 위한 노력을 한다면, 그만큼 더 건강하게 오래 살 수 있다.

53세의 수잔이라는 환자는 피로, 지속적인 두통 그리고 수면장애를 호소하며 나를 찾아왔다. 검사 결과는 다음과 같았다. 수잔의 몸무게는 83kg, 혈압은 170/112(정상은 120/80) 그리고 그녀의 공복 시 트라이글리세라이드 수치는 487(정상은 150mg/dL 이하)이었다. 또한 몸의 염증수치를 재는 C 반응성 단백수치는 5.2mg/L(3.0 이상은 높은 위험)이었다. 수잔은 심장마비를 향해 걸어가고 있던 것이다. 그녀는 전형적인 미국인으로 SAD 위주의 햄버거, 스테이크, 가공된 즉석식품, 인스턴트 점심을 좋아했고, 그녀가 가장 좋아하는 음료수인 콜라를 항상 곁들여 먹었다. 나는 그녀에게 자연식품과 식물성 위주의 식단으로 그녀의 건강문제를 어떻게 해결할 수 있는지 설명했다. 하지만 오래된 습관은 고치기 힘들다는 것을 알기에 그녀에게 한 가지 제안을 했다.

평일에는 식물성 위주의 식단을 지키고 주말에는 그녀가 원하는 것을 먹는 것으로 하자고 했다. 한 달에 20일은 자연식품과 식물성 위주의 음식을 먹고, 8일은 햄버거 · 가공식품 · 음료수를 먹는다고 보면 괜찮은 타협이었다. 10주 후 그녀는 완전히 다른 사람이 되어 방문했다. 두통과 피로는 사라지고, 숙면을 취하게 되었다. 이제 그녀의 몸무게는 69kg였고, 혈압수치는 122/78, 트라이글리세라이드 수치는 완벽한 148mg/dL이었다. CRP도 건강한 수치인 2.8mg/L로 떨어졌고, 더불어 심장마비에 걸릴 위험도 낮아졌다.

모든 사람이 전형적인 미국식 식단에서 벗어나 식물성 위주의 식단으로 바꿀 수 있는 것은 아니다. 하지만 식단을 향상한다는 것은 모 아니면 도의 문제가 아니다. 작은 발걸음은 아예 한 걸음도 내딛지 않는 것보다 낫다. 존 라빈스가 내게 "가끔 한 숟가락씩 아이스크림을 먹는다고 죽진 않지만, 매일 밤 한 파인트를 먹는다면 죽을 거예요."라고 말했듯이 이 '주말 용사' 방식을 시도해 보고, 월요일부터 금요일까지의 상태를 주말의 상태와 비교해 보라. 어떤 날 당신의 몸상태가 가장 좋은지 알 수 있을 것이다. 혹시 모른다. 완전히 새사람으로 변화할 수도?

DIG

D(발견): 편견 없는 연구가 보여주는 자연식품, 식물성 위주의 식단이 우리 몸을 치유한다는 이점은 부정할 수 없다. 그 반대의 결과를 보여주는 연구는 단 하나도 존재하지 않는다. 인간이 생존하는데 필요한 모든 비타민 · 미네랄 · 아미노산 · 섬유 · 효소 · 단백질 그리고 복잡한 탄수화물은 모두 과일과 채소 안에 들어 있다.

I(본능): 만일 당신이 포크 · 칼 · 무기 그 외 어떤 도구도 없이 숲 속 한가운데 맨손으로 갇힌다면, 단지 식물로만 이루어진 음식을 먹으면서도 건강한 삶을 살 수 있을 것이다.

G(신): 우리의 청사진 디자인은(치아 · 대장 · 혈액 · pH) 채소 위주 음식을 먹음으로써 더 나아진다. 과일과 채소를 먹는 것을 금하는 종교는 없지만, 동물을 먹는 것을 금하는 종교는 많다.

식물과의 전쟁

-우리에게 가장 소중한 영양자원을 파괴-

"우리가 모두 가진 공통점은 지구다."

웬델 베리

우리는 모든 기초 식품군의 장점과 (만일 있다면) 단점을 전부 살펴보았다. 식물성 위주의 식품이 우리에게 좋다는 것은 부정할 수 없는 사실이지만, 안타깝게도 한 가지 단점이 있다. 농업과 산업화된 생산 그리고 거대 제약회사 덕분에 식물성 식품이라고 해서 항상 눈에 보이는 것과 똑같은 음식은 아니다. 이 말은, 즉 자연스럽게 재배되느냐, 아니면 화학적으로 재배되느냐의 차이다.

제2차 세계대전 이전에 미국의 대다수 농업은 현대적인 제초제나 농약, 유전자 조작 씨앗, 화학비료, 관개농업, 농업용 가스 장비 등을 사용하지 않는 가족농장을 운영했다. 그렇지만 오늘날 우리에게 보여지는 것은 증조할아버지대의 가족농장이 아닌 거대한 규모의 기업운영에 더 가까운 초대형 공장식 농장이다. 안타깝게도 현대의 농부들에게 농작물의 영양이란 그다지 중요하지 않다. 그들에게 가장 중요한 건 수확과 수익을 최대치로 올리는 것이고, 그러려면 불필요한 부분을 잘라내야 한다.

할아버지는 우리에게 과일과 채소는 예전만 못하다고 했다. 과학자들도 여기에 동의한다. 토양의 고갈은 과일과 채소의 미네랄과 비타민 함량 감소라는 문제를 초래했다. 아래의 표는 1940년부터 1991년 사이에 27가지 채소와 17가지 과일의 총 미네랄 함량을 비교 분석한 결과를 보여준다.

[표 8-1] 1940년부터 1991년 사이 과일과 채소의 미네랄 손실

미네랄	채소	과일	미네랄	채소	과일
나트륨	−49%	−29%	칼륨	−16%	−19%
마그네슘	−24%	−16%	칼슘	−46%	−16%
철분	−27%	−24%	구리	−76%	−20%
아연	−59%	−27%			

1914년에 사과는 철분(4.6mg)을 얻을 수 있는 중요한 공급원이었다. 하지만 오늘날의 사과는 철분을 불과 0.18mg(경악스럽게도 96.09% 감소)밖에 함유하고 있지 않다! 그 말은, 즉 1914년과 동일한 수치의 철분을 얻기 위해서는 15개의 사과를 먹어야 한다는 것이다! 옛 속담을

인용하자면 '하루에 사과 25알이면 의사가 필요없다.'가 되겠다. 2001년에 출간된 잡지 「라이프 익스텐션」은 1963년부터 2000년도 사이의 여러 과일과 채소의 영양분 비교 분석을 했다. 파프리카의 비타민 C 함량은 31% 감소했고, 사과에 함유된 비타민 A는 41% 감소했으며, 브로콜리는 칼슘과 비타민 A가 50%나 감소했다. 미나리에 함유된 철분은 88%나 감소했으며, 양배추에 함유된 비타민 C는 40%나 감소했다. 내가 가장 좋아하는 채소인 콜라드는 6.5컵을 먹어야 1963년의 콜라드 한 컵어치의 영양분을 얻을 수 있다(그 정도로 좋아하진 않는다!). 콜라드 내에 비타민 A는 6,500IU에서 3,800IU로 감소되었다. 또한 콜라드 내의 칼륨은 400mg에서 170mg으로 폭락했고, 57mg이었던 마그네슘은 겨우 9mg에 불과했다. 이 리스트는 현재도 업데이트 중이다.

이렇게 식물에 함유된 영양분이 너무 감소하다 보니 차라리 이것들이 담긴 종이상자를 먹는 것이 더 나을 수도 있다. 미네랄의 손실 외에도 채소와 과일은 지구의 산림파괴를 비롯한 여러 가지 이유로 슈퍼푸드로서의 가치를 잃었다.

비료: 친구인가 적인가

우리의 조상들은 정원을 가꾸기 위해 비료를 사용하지 않았다. 그런데 왜 오늘날의 식물들은 비료가 필요한 걸까? 그 답을 알기 위해서는 먼저 식물에 필요한 미네랄이 흙으로부터 온다는 사실을 알아야 한다. 식물 스스로 생산하는 것이 아니다. 야생에서 자라는 식물은 상업적인 농장에서 자라는 식물들과는 큰 차이가 있다. 식물이 자란 후에 자연은 마른 잎사귀, 잘린 잔디풀, 마른 동물의 분뇨, 비와 바람 등을 통해 미네랄을 보충한다. 이 모든 것들은 토양을 재활용하고 미네랄과 영양분을 땅으로 돌려보내는 데 도움을 준다. 하지만 이 자연적인 과정은 시간이 걸리고, 농업 분야에 있어서 시간은 곧 돈이다. 더 빠를수록 이득이 더 많이 돌아온다. 걱정하지 마라. 비료가 구조에 나섰다!

1900년대 초에 과학자들은 질소(N) · 인(P) 그리고 칼륨(K) 이 세 가지 미네랄만 혼합하면 작물을 자라게 할 수 있다는 사실을 발견했다. 이것만 있으면 과일과 채소는 물론 필요한 영양분이 충분히 함유되어 있지 않더라도 판매하는 데는 지장이 없을 정도로 싱싱해 보인다. 이 값싼 세 가지 미네랄만 있으면 작물을 키울 수 있다는 사실이 알려지자, 화학제조사들은 합성 NPK 혼합물을 농가에 판매하기 시작했다.

1908년 프리츠 하버는 공기 중의 불활성 질소가스로부터 수소와 질소 원자로 이루어진 암모니아 분자를 만드는 방법을 발견한 후 저렴한 질소비료를 발명했다고 인정받게 되었다. 그는 1918년 노벨 화학상을 받고 농부들의 영웅이 되었다. 1960년대에는 세계 시장에서 경쟁하기 위해 거의 모든 농가들이 비료에 의존하게 되었다. NPK는 농부들에게 식물을 키우는 데 필수적인 3가지 주요성분과 더불어 빠른 수익률을 가져다주었다. 하지만 식물에게는 이 3가지 미네랄뿐만 아니라 다른 것들도 필요로 한다. 이는 인간도 마찬가지다. 우리는 칼슘 · 마그네슘 · 셀렌 · 크롬 · 철분 · 구리 · 코발트 · 몰리브덴 · 바나듐 · 붕소 · 아연 그리고 그 외에도 더 많은 영양분들을 필요로 한다. 화학비료 판매량은 매 10년마다 증가하고 있으며, 연간 1억t의 질소가 생산되고 있다.

불행히도 하버는 인공적으로 만든 질소가 토양에 미치는 장기적인 영향에 대해서는 연구하지 않았다. 인공 질소비료는 유독성 질산염 수치를 높이고, 식물 내 섬유질 함량을 감소시킨다. 또한 인공 질소는 토양에서 발견되는 칼슘 · 마그네슘 그리고 칼륨을 파괴한다. 뿐만 아니라 흙에서 자연적으로 만들어지고 식물 건강에 필수적인 미생물도 죽인다. 하지만 이는 식물에만 해를 끼치는 것이 아니다. 사람들이 이러한 비료를 사용해서 자란 과일과 채소를 먹으면 혈액 내에 유독성 질산염 수치도 증가한다.

미국국립연구회의에 의하면 암을 유발하는 상위 15가지의 음식 중 9가지는 질소비료와 살충제로 인해 질산염 함량이 높은 농산물이라고 했다. 12년 간에 걸쳐 자연재배와 화학적으로 재배된 과일과 야채를 비교한 연구에 따르면, 화학적으로 자란 작물들의 질산염 함량이 16배나 높았다는 결과를 보여준다. 인공 질소비료는 탄수화물 합성도 감소시켜 포도당 함량을 감소시키고 그 결과 과일과 채소의 맛에도 영향을 준다. 할아버지의 말씀이 옳았다. 할아버지 세대가 더 맛있는 과일과 채소를 먹었던 것이다.

질산암모늄은 폭발물이나 테러리스트 무기에 산화제로 사용된다. 실제로 오클라호마 시티의 폭탄 테러와 2011년 델리의 폭탄 테러에도 질산암모늄 기반의 폭발물이 사용되기도 했다. 그런데 이것이 우리가 먹는 식물 뿌리에 함유된 성분이라고? 정말 무서운 것은 다음과 같다. 질산암모늄의 경고 문구에는 '염소와 금속(알루미늄 · 안티몬 · 비스무트 · 카드뮴 · 크롬 · 코발트 · 철분 · 납 · 마그네슘 · 망간 · 니켈 · 틴 · 아연 등)이 포함되어 있는 무기질에 오염되지 않도록 주의하라. 만약 오염될 시 격렬하게 반응하거나 폭발할 수 있다.'라고 쓰여 있다.

뭐라고? 흙에서 자연스럽게 발견되는 금속 광물과 비료 성분이 맞닿으면 안 된다고? 차라리 흙에서 이러한 주요 미네랄이 고갈된 것이 다행일 수도 있다. 당근이 다이너마이트로 변하는 것보단 낫다! 인정한다, 방금 것은 너무 과장스러웠다. 비료를 폭발물로 만들기 위해서는 더 많은 것들이 필요하다. 하지만 당신은 정말 우리 조상이 빌딩을 폭파하는 데 쓰이는 성분과 같은 합성재료를 이용해서 과일과 채소를 키웠다고 생각하는가?

인공비료의 또 한 가지 문제는 나트륨을 과다하게 함유하고 있다는 것이다. 이 염분 함량은 수분을 머금는 토양의 능력을 감소시켜 식물이 생장하는 데 필요한 양의 물을 얻는 것을 방해한다. 또 이러한 지속적인 염분 노출은 식물의 연약한 뿌리를 손상시키고, 설사 땅이 흠뻑 젖어 있더라도 물을 흡수하는 능력을 약화시킨다. 뿐만 아니라 이처럼 과다한 양의 염분은 흙 속에 사는 유익한 미생물과 지렁이를 죽이고 질병과 파괴적인 곤충들을 키워내는 비옥한 번식지가 된다. 걱정하지 마라! 유독한 살충제가 구출에 나섰다! 모순이 있다면 유기질 비료(뿌리 덮개와 퇴비)로 키워지는 채소가 화학비료로 키워지는 채소보다 해충을 훨씬 덜 끌어들인다는 것이다.

GMO – OMG!

4년 전, 내가 사는 지역에 트레이더조의 건강한 식품점이 하나 열렸다. 쇼핑객들의 줄은 말 그대로 빌딩을 둘러쌀 정도였다. 계산대에서 내 앞에 서 있던 한 남자는 여성에게 물었다. "이해가 되지 않네요. 뭐가 이렇게 대단한 거죠?" 그녀가 대답했다. "처음 오신 분인가요? 우리는 유전자 조작 농산물(GMO)을 판매하지 않아요." 그는 갸우뚱한 표정으로 쳐다보고 물었다. "누가 식품점에서 자동차를 산다는 거에요?" 속세를 벗어나 사는 사람들을 위해 설명하자면, GMO는 자동차를 지칭하는 것은 아닐 거다. 유전자(Genetically) 변형(Modified) 농산물(Organism)이라는 뜻으로, 높은 기술의 유전공학이든 아니면 오랜 시간의 전통적인 식물 품종개량이든, 연구소에서 유전자 조작을 통해 수정된 농산물을 지칭한다.

이 유전자 변형 기술은 여러 가지 근원으로부터의 DNA를 사용해서 한 분자로 합쳐 새로운 유전자를 만든다. 연구실의 분자 엔지니어들은 독성 살충제와 제초제를 채소의 씨앗과 유전자 접합을 시켜 식물들이 자신을 손상하는 지렁이와 벌레로부터 본질적으로 스스로 보호할 수 있게 한다. 대체 이 신 놀음을 하고 프랑켄슈타인 씨앗을 만들어내는 기업은 누구란 말인가? 그건 다름 아닌 거대 생명공학 기업이자 세계에서 가장 잘 팔리는 제초제 · 살충제 라운드업의 발명자인 몬산토다. 이 유전자 접합된 씨앗들은 사실상 '라운드업 레디(Roundup Ready)'란 곡물을 생산한다.

살충제와 제초제를 먹는 것에 대한 위험은 잘 알려져 있다. 이 제품들의 주요 독은 글리포세이트란 독소다. 이 화학물질은 처음 1974년에 유전자 변형 농산물이 알려지기 전 제초제로 처음 알려졌다. 이 화학물질은 몬산토가 1940년대에 제작했던, DDT로 더 잘 알려진 또 다른 유독한 살충제 디클로로디페닐트리클로로에탄과 놀랍도록 비슷하다. DDT는 1972년 인간 건강에 심각한 문제와 여러 환경문제를 일으킨 후 금지됐다. 글리포세이트와 DDT는 둘 다 분해되기 어려운 복합체이기도 하고 병을 일으키는 병원균을 증식하지만, 수많은 전문가들은 글리포세이트가 DDT보다 건강에 더 심각한 문제를 유발한다고 여긴다. 퍼듀대학의 교수인 돈 휴버 박사는 선구적인 전문가로 유전자공학(GE)으로 만들어진 식품의 유독성에 대해 연구하고 있다. 그는 식물병리학과 토양미생물학을 35년 이상 가르치기도 했다. 그런 그에게 DDT와 글리포세이트, 이 두 악 중 하나를 사용해야 한다면 어떤 것을 선택할 거냐고 묻자, 휴버 박사는 무조건 DDT를 선택하겠다고 했다.

캘리포니아환경보호청의 농약 유발 질병 감시 프로그램에서 나온 통계에 따르면, 글리포세이트로 유발된 건강문제는 그 어떤 다른 살충제로 생긴 문제보다 많다고 한다. 글리포세이트 제초제는 인간세포 내에 DNA를 손상시키고 선천적 결손증, 내분비성 질환 그리고 암을 유발한다. 몬산토에 의해 고용된 과학자들이 거짓된 실험 결과로 글리포세이트의 위험에 대해 숨기려고 한 혐의가 제기됐다. 1983년 환경보호국(EPA)은 산업생체실험실(IBT)을 조사하다 '반복적인 데이터 위조'를 발견했다. 1991년 크레이븐연구소도 몬산토를 위한 실험을 수행했다. 이 연구소의 소장과 세 명의 직원은 거짓으로 연구 결과를 조작해와 20개의 중죄로 기소됐다. 연구소장은 5년의 징역형과 5만 달러의 벌금을, 그리고 연구소는 1,550만 달러의 벌금과 370만 달러의 손해배상금을 선고받았다. 그렇다, 몬산토의 기념할 만한 또 다른 극악무도함이다!

나는 베지 워시의 열렬한 지지자다. 이 천연 스프레이는 농산물에 묻어 있는 왁스, 흙 그리고 농약을 제거해 준다(veggie-wash.com). 그렇지만 화학물질은 씨앗에서부터 시작하고 식물이 자라면서 내부에 침투한다. 따라서 안타깝지만 농산물을 씻는 것만으로는 내부에 있는 위험한 글리포세이트 잔여물까지 없앨 수는 없다. EPA는 글리포세이트를 3급 독성물질로 평가했는데, 성인에게 치사량은 30g이다. 과학적 상호 검토를 거친 의학서적에서는 이것을 2, 30가지의 건강에 해로운 영향과 관련짓는다. 게다가 이 독성 화학물질은 지하수까지 오염시킨다!「환경독성학회지」는 모든 공기와 빗물 표본에서 이 화학물질이 60~100%가량 존재한다는 것을 보여주었으며, 미국이 전국적으로 글리포세이트 오염에 노출되었다는 사실을 나타냈다.

인간이 유전자 조작된 곡물을 섭취할 때 같이 먹게 되는 글리포세이트 수치는 놀라울 만큼 높다. 실제로 유전자 조작된 콩이 처음 도입됐을 때 나온 글리포세이트 수치는 너무 높아서 유럽에서는 법적으로 허용가능한 수치를 200% 올려야 했었다. 만일 유전자가 변형된 식물 · 과일 · 채소를 먹고 있다면, 당신이 화학물질도 같이 먹고 있다는 것은 부정할 수 없는 사실이다. 당신이 글리포세이트를 먹을 때 이 화학물질은 당신의 대장에 도달해, 좋은 박테리아를 죽이고 면역 시스템을 위험하게 만들어 여러 가지 질병을 유발할 수 있다. GMO 섭취는 심각한 건강문제와 연관되는데, 불임, 빠른 노화, 인슐린 조절장애 그리고 간 · 콩팥 · 비장 · 위장의 기능장애를 일으킨다.

좋다. 그러면 이 못된 GMO 제품을 멀리하면 된다. 그렇지 않은가? 하지만 안타깝게도 GMO를 함유하지 않은 음식을 찾는 것이 점점 더 어려워지고 있다. 미국 옥수수의 85%는 이미 유전자 변형이 되었고, 콩의 91%, 목화(면실유는 식품에 흔히 사용된다.)의 88%, 슈퍼마켓에 있는 가공식품들(음료수부터 수프, 크래커 그리고 조미료까지)의 70%는 모두 유전자 변형된 성분을 가지고 있다. 유전자 변형 농산물을 사용하지 않은 식재료(Non-GMO) 프로젝트라는 고마운 비영리 단체 덕분에 우리는 그나마 식품에서 조금 더 투명성을 찾아볼 수 있다. 이 프로젝트는 소비자를 교육하고 유전자 변형 농산물을 사용하지 않아도 되도록 선택지를 준다. 소비자가 점점 GMO가 없는 음식에 대해 깨달으면서 생산자들도 유전자 조작 농산물이 아닌 더 많은 선택지를 제공하고 있다. 유전자 조작 농산물을 사용하지 않는 식재료와 식당을 보고 싶다면 nongmoproject.org를 방문하라.

DIG 해볼까?

유전자 조작 식품과 만성질환의 관계

유전자 조작 식품은 1996년 처음 시장에 진출했고, 이와 관련해 미국 내 만성질환을 지닌 사람의 수도 7%에서 13%로 거의 두 배나 증가했다. 유전자 조작 식품이 유행하면서 알레르기와 음식과 관련된 질환도 5년 동안 200%나 증가했다. 비영리 보호단체인 '라임병으로 인한 자폐증 재단'은 GMO를 먹는 사람들에게서 발생하는 자폐증, 라임병 그리고 이와 관련된 증상에 관한 수많은 해로운 증거들을 발견했다.

유기농 식품

가공식품이나 식물성 식품을 먹을 때 유전자 변형이 되었거나 인공비료로 재배된 것들은 피해야 한다. 'Non-GMO(유전자 조작 농산물을 사용하지 않은 식재료)'라고 표시된 마크를 찾아라. 또 다른 방법은 현지 농산물 직판장이나 건강식품점에 가는 것이다. 현지 농산물 직판장에서 과일과 채소를 사면 현지 농가를 지원할 수 있을 뿐만 아니라 식품이 슈퍼마켓에 도달하기까지 먼 거리를 이동하면서 발생하는 수많은 탄소 배출도 막을 수 있다.

2014년 '지속농업에 관한 교육 센터'는 식재료가 농장에서 당신의 냉장고에 다다르기까지 얼마나 걸리는지에 대한 결과를 발표했다. 사과는 1,233km로 이동거리가 가장 짧았다. 이에 반해 포도는 3,449km로 이동거리가 가장 길었다. 미국에서는 과일의 50%, 채소의 20%가 해외로부터 수입된다. 농작물이 더 멀리 이동할수록 영양소는 더 적고 방부제는 더 많이 함유될 가능성이 높다. 당신이 조지아에 산다면 캘리포니아에서 온 신선한 과일이란 것이 있을 수 없다. 현지 농부들과 농작물 직판점을 지지하고 '미농무부(USDA) 인증 유기농' 식품을 찾아라. 미농무부의 '국립유기농프로그램'은 유기농으로 생산된 농산물을 판매하려고 하는 농가와 야생작물 수확 및 취급작업에 대한 기준을 규정한다. 유기농은 인공비료 · 제초제 · 살충제와 GMO를 사용하지 않으며, 전통적으로 생산된 식품보다 영양적인 면에서 더욱 우수하다. 사실은 유기농 과일과 채소는 유기농이 아닌 것들보다 항산화물질이 20~40%나 더 많이 함유되어 있다.

나는 사람들이 "예산이 부족해서 유기농 식품을 살 수 없어요."라는 변명을 몇 번이나 하는 것을 본 적이 있다. 그렇지만 이는 지금 조금 더 쓰든지 나중에 훨씬 더 많이 쓰는지의 차이이다. 당신의 건강을 위해 지금 유기농 식품을 사는 것은 나중에 당신의 알레르기를 위해 클라리넥스, 관절염을 위해 코르티코스테로이드, 위장장애를 위해 시프로플록사신, 발기부전을 위해 아바나필을, 신장기능장애를 위해 포스레놀정을, 아니면 당신의 암을 치료하기 위한 수천만 달러짜리 항암 치료에 사용하는 것보다는 훨씬 저렴하다. 당신이 사는 곳에서 USDA 유기농, Non-GMO 농산물을 살 수 있는 농산물 직판장, 가족농장, 또는 유기농 식품을 파는 다른 곳을 찾으려면 '현지수확(localharvest.org)'을 방문하라. 또한 당신이 피해야 할 GMO가 들어 있는 제품들의 상표나 식품 리스트를 보기 위해서는 TrueFoodNow.org/shoppers-guide를 방문하라.

GMO를 피하기 위한 10가지 조언

1. 100% 'USDA 인증 유기농'으로 판정받지 않은 옥수수와 콩을 함유한 모든 가공식품을 피하라.
2. 식물성 기름, 식물성 지방, 마가린(콩 · 옥수수 · 면실유 · 카놀라유로 만들어진)을 피하고 대신 유기농 식품점에서 구할 수 있는 유기농 포도씨유, 순수 코코넛오일, 삼씨 기름 그리고 올리브유를 사용하라.
3. 콩으로 만들어진 것들을 피하라. 즉, 콩가루, 콩단백, 분리대두, 콩 이소플라본, 레시틴 분말, 식물성 단백질, 콩단백질로 만든 고기 대용품(TVP), 두부, 티마리, 템페 그리고 콩단백 보충물들을 피하라.
4. 옥수수에서 나온 재료를 피하라. 즉, 옥수수 가루, 옥수수 시럽, 옥수수 글루텐, 옥수수 마사 그리고 액상과당(HFCS)을 피하라.
5. 100% USDA 인증 유기농으로 표기되지 않은 팝콘을 피하라.
6. 북미에서 만들어진 무기물질 중 재료에 '설탕(순수한 사탕수수 설탕

이 아닌)'이 들어간 것을 피하라. 대부분의 것들은 사탕수수에서 나온 설탕과 유전자 조작 사탕무의 혼합체다.

7. 아스파탐을 사용하는 감미료를 피하라. 인공감미료는 유전자 조작 미생물에서 유래되며, 특히 뉴트라 스위트나 이퀄 같은 데 사용된다. 인공감미료는 일반적으로 설탕보다 건강에 좋지 않기 때문에 항상 피해야 한다.
8. 과즙 100%인 과일주스를 구입하라. 대부분의 과일주스는 파파야를 제외하고는 유전자 변형 식품이 아니지만, 대다수의 과일주스(그리고 탄산음료)에 사용되는 감미료는 거의 대부분이 유전자 변형 옥수수에서 추출되는 액상과당이다.
9. 옥수수에서 유래된 곡물을 피하라. 대신 100% 통밀(통밀 쿠스쿠스를 포함한) · 쌀 · 퀴노아 · 귀리 · 보리 · 수수를 먹어라.
10. 9로 시작하지 않은 PLU 스티커가 붙은 제품은 절대 먹지 마라. 제품에서 찾아볼 수 있는 스티커의 번호는 제품이 어떻게 재배됐는지를 알려준다.
    - 네 자리 숫자는 전통적으로 재배되었음을 알려준다.
    - 8로 시작하는 다섯 자리 숫자는 유전자 조작 식품이다. 그러나 PLU 라벨링은 선택 사항이기 때문에 모든 GM 식품을 확인할 수 있는 것은 아니다. 이것을 기억할 쉬운 방법은 '8은 팔아주지 말자.'
    - 9로 시작하는 다섯 자리 숫자는 유기농 제품을 뜻한다.

콩과 관련된 사기

콩 산업계는 우리가 콩이 몸에 가장 좋은 건강식이라고 믿기를 원한다. 그들은 콩이 식품과민증과 같은 우리의 생명을 위협하는 알레르기 반응과 호르몬 불균형 및 암을 포함한 각종 질병으로 이어질 수 있는 면역장애를 유발할 수 있다는 사실을 알고 있음에도 그 증거를 우리에게 공유하지 않는다.

어떻게 '자연'에서 나온 무엇인가가 그런 건강문제를 일으킬 수 있는 걸까? 현대 서구에서 콩은 원래 페인트나 충격흡수액을 만드는 데 사용됐다. 실제로 1940년에 헨리 포드는 각 포드 자동차에 콩 두 통(54kg)씩을 쏟아부었다. 포드는 또한 콩을 기반으로 한 플라스틱을 만들어 '콩 자동차'라고 알려진 차량을 만드는 데 사용하기도 했다. 콩 농사는 기원전 1100년대에 중국에서 시작했는데, 토양을 비옥하게 만들고 가축에게 먹이는 데 사용됐다. 중국인들은 콩을 발효시키면 소화가 가능하다는 사실을 깨닫기 이전까지는 인간에게 맞지 않는다고 여겼다. 동양에서는 이제 발효된 콩을 낫토 · 된장 · 타마린드 · 템페 등의 형식으로 식단에 포함시킨다. 발효되지 않은 두부나 두유, 콩단백 같은 콩제품은 많은 양의 자연독소를 함유하고 있다. 아시아 문화에서는 시간이 오래 걸리는 발효 과정을 통해 콩에서 독소를 걷어내 먹기 안전하게 만든다. 미국에서 이러한 과정은 시간이 너무 오래 걸리고 수익을 잃게 할 뿐이다. 오늘날 미국의 첨단 방식은 콩이 원래 갖고 있는 항영양소(만성염증을 일으키는 물질)와 독소를 걷어내지 못할 뿐만 아니라 도리어 높은 온도와 높은 압력, 알칼리, 산욕 그리고 석유용매법으로 인해 독소와 발암물질들을 만들어낸다. 또한 아시아에서 콩은 주로 조미료나 반찬으로 사용될 뿐 미국에서처럼 주식으로 먹진 않는다. 콩에서 발견된 여러 화학물질은 인간이 섭취하기에 위험하다고 알려졌다.

식물 에스트로겐(Phytoestrogens) 콩에 풍부하게 들어 있는 식물 에스트로겐으로 내분비계와 갑상선을 훼손하여 자가면역질환을 유발할 수 있다. 부모들이여, 당신의 자녀들에게 피임약을 주겠는가? 만일 당신이 콩 기반 분유를 먹이고 있다면, 아이들에게 경구 피임약에 들어가 있는 에스트로겐 혼합물을 함유한 물질을 먹이고 있는 것과 같다. 콩 기반 분유를 먹는 신생아들은 우유 기반 분유를 먹는 아이들보다 혈액 속 에스트로겐 혼합물 수치가 최대 2만 2천 배나 더 높았다. 그건 매일 피임약 다섯 가지를 먹는 것과 동일한 수치다. 여자아이들에게는 성조숙증을, 남자아이들에게는 작은 고환과 발육부전을 유발시킬 수도 있다. 세계적인 추세로 푸에르토리코는 조기 유방 발생률이 가장 높은 것으로 알려져 있다. 최대로는 두 살짜리 어린 여자아이들에게서도 유방이 발달하고 있었다. 조사에 의하면 이 아이들은 콩 기반 분유를 먹었다. 콩은 소아백혈병과도 연관이 있다. 콩은 성인들에게는 갑상선 질환의 위험도를 높이고 여성에게는 유방암을, 남성에게는 불임의 가능성을 높인다.

피트산(Phytic acid) 두유와 같은 콩제품에서 높은 수치로 발견되는 피트산은 나이아신 · 칼슘 · 철분 · 마그네슘 그리고 아연과 같은 필수 미네랄의 흡수를 저하한다. 콩을 그대로 물에 끓이면(미국에선 흔한 요리법) 피트산 수치는 떨어지지 않는다. 하지만 콩이 발효되면 피트산의 절반 이상이 제거되고, 발효된 상태로 튀겨지면(동양에서 흔한 요리법) 피트산의 모든 유해물질이 제거된다. 과학자들은 일반적으로 피트산이 콩이나 곡물을 많이 먹는 사람들에게서 무기질 결핍을 일으킨다는 사실에 동의한다. 피트산이 아연의 결핍을 일으킬 수 있기 때문이다. 이를 섭취하면 피부 문제는 물론 식욕감퇴 · 피로 · 유전자 변형 그리고 면역체계 약화에 이르기까지 여러 건강문제로 이어질 수 있다. 콩에 함유된 피트산은 단백질을 소화하는 효소인 트립신을 억제한다. 억제된 췌장은 더 많은 효소를 만들어내기 위해 더 열심히 일하고 결국에는 췌장비대증과 췌장암을 유발하게 한다.

리시노알라닌 흔하지 않은 아미노산으로 요리된 음식의 단백질 내에서 발견된다. 리시노알라닌은 콩이 데워질 때 만들어진다. 이는 신장 손상과 연관이 있다. 또한 콩이 발효되면 제거되지만 가열할 때는 제거되지 않는다.

니트로사민 니트로사민은 인간 발암물질로 추정된다. 예를 들어, 담배 특유의 니트로사민은 담배의 주요 화학발암물질 중 하나이며 의심할 여지 없이 담배와 암 사이에 연관성이 있다. 니트로사민은 간암과 위암을 유발한다.

혈구응집소(Hemagglutinin) 콩에 있는 응혈촉진물질로 적혈구를 덩어리지게 한다. 적혈구가 덩어리지면 다리나 폐, 심장 내에 위험한 혈전을 만들 수 있다. 혈구응집소는 성장저하제이기 때문에 콩을 먹인 동물은 성장 억제를 막기 위해 별도로 라이신 보충제를 주어야 한다.

아시아에서 흔히 볼 수 있는 콩을 발효하는 것은 이런 혈구응집소를 중화시킨다.

고이트로젠 고이트로젠은 갑상선에 의한 호르몬의 생성을 억제하거나 감소시키는 물질로, 갑상선의 요오드 흡수능력을 차단한다. 이로 인해 갑상선 질환을 일으킬 수 있다. 콩에 고이트로젠이 함유되어 있다는 우려에 대해서는 몇 년 전부터 연구되어 왔지만 구체적으로 문제가 제기된 건 콩의 전문가인 FDA 연구자 다니엘 도르지와 다니엘 시한에 의해서다. 2000년도에 그들은 당시 FDA가 승인했던 콩에 관한 긍정적인 건강정보에 대해 반박 보고서를 썼다. 그들은 콩이 갑상선종 유발물질과 발암물질의 원인이 된다는 상당한 양의 데이터를 보여주었다.

알루미늄 콩은 산업용 세정 때문에 알루미늄 함량이 높은 경우가 많다. 생산자들이 콩을 강한 알칼리성 용액에다 담글 때 처리장비에서 알루미늄이 침출한다. 보존액은 분리대두단백질 · 농축대두단백질 · 콩 보충물 · 콩단백질 보충제 그리고 대두조직단백질 소시지와 같은 현대의 콩제품 생산에 사용된다.

콩은 기억력을 감퇴시킨다

콩이나 두유를 섭취하는 것은 기억력 감퇴, 심지어는 알츠하이머와도 연관이 있다. 옥스퍼드대학의 전문가들은 719명 고령자의 콩 섭취를 조사한 결과, 콩을 지속적으로 섭취한 이들이 그렇지 않은 사람들보다 기억 기능이 20%나 더 떨어졌다고 했다.

2000년도 4월에 하와이에서 진행된 한 연구는 두부를 정기적으로 먹는 것이 뇌를 줄어들게 한다고 했다. 이 연구는 지난 몇십 년간 남성들의 대규모 표본을 통해 두부 섭취가 뇌 퇴행과 상관관계가 있다는 것을 발견했다. 두부를 먹는 남성, 특히 중년층에서 알츠하이머병에 걸릴 확률은 2.5배나 높았다. 하와이 연구의 연구원들은 콩이 식품이 아닌 위험한 약품으로 분류되어야 한다고 결론지었다.

지금 두유 한 잔을 즐기며 이 책을 읽고 있는 사람들이 있다면, 당신은 내일 이것을 읽은 사실을 기억하지 못할 수 있다. 지금 1분만 시간을 내서 당신의 스마트폰에다 입력하라, '두유를 그만 마시자. 기억력을 감퇴시킨다.' 잊기 전에 어서 써 놓으라.

모르쇠로 일관하는 FDA

FDA는 콩을 유독식물 데이터베이스에다 올렸다. 발표된 사례 중 어떤 연구에서는 피부질환에서 췌장질환에 이르는, 우리에게 있을 수 있는 부작용에 대해 말하고 있다. 그렇다. 정부는 콩의 위험성에 대해 분명 알고 있지만 모른 척하는 길을 택했다. 소의 우유에 사용된 호르몬과 항생제에 대한 위험성과 마찬가지로 말이다. 결국 콩은 수십억 달러짜리 산업이다. 기업식 농업에 의해 선거유세를 하는 의원들은 이런 수십억의 납세자들의 돈을 이용해서 콩으로 만들어지는 수백 가지의 제품을 포함해서 콩 산업의 주요 재료에 보조금을 주는 데 사용한다.

콩에 대한 200여 가지 광범위한 검토는 콩이 주는 건강상 이득에 관해서는 아주 제한적인 증거만을 보였다. 콩은 '나쁜' LDL 콜레스테롤을 조금 낮출 수 있고, 갱년기 여성들 중 적은 비율이 콩을 쓰면 일과성 열감이 조금 줄었다고 했다. 미국심장협회는 콩의 지지에 관해 역추적을 해봤지만, 콩이 심장 건강에 좋거나 콜레스테롤을 낮추는 데 특별한 이점을 갖고 있다는 증거는 없다고 했다.

해조류: 완벽한 자연의 음식

미네랄이 고갈된 흙에다가 휘발유를 마구 먹어대는 트랙터와 비료 살포제로 경작하며 독성 살충제와 화학비료가 가득한 GMO 씨앗을 심는 몬산토 악당들에게서 멀리 떨어져, 이 지구 내에 아직 우리에게 필요한 영양을 줄 수 있는 완벽한 장소가 있다. 바로 바다다. 우리에게 가장 많은 영양분을 제공하는 해조류를 얻기 위해서는 DIG를 하지 않아도 된다. 도리어 자신들이 자라는 땅에서부터 미네랄을 얻는 육지 식물과는 다르게 해조류는 자신을 둘러싼 물로부터 미네랄을 얻는다. 해조류는 바다의 '잡초'라고 불리는데, 실제로 이것들은 해안에서 자라는 해조류들로 땅에서 자라는 잡초와는 비교할 수도 없다.

인간은 집 · 백화점 · 빌딩 · 도로 · 공항 · 공장 등을 짓기 위해 지구의 삼림을 없앴다. 우리를 둘러싼 남은 땅들은 대부분 화학약품 · 인공비료 · 살충제 그리고 석유 등으로 오염됐다. 하지만 바닷물은 아니다…. 아직까지는. 자연적으로 생기는 모든 영양소들은 바다에도 존재한다. 이 광산물이 풍부한 영양분 보호구역은 '인간에게 알려진 모든 영양분을 함유한 해조류를 생산한다. 나는 '인간에게 알려진'이란 부분을 다시 강조하는데, 그 이유는 아직 인간이 발견하지 못한 요소들이 바다에 있기 때문이다. 비타민 B가 어떻게 발견될 수 있었는지에 대한 이야기는 과학적 발견이 어떻게 점진적으로 이루어지고 있는지에 대한 좋은 사례를 제공한다. 1925년에는 단 한 가지의 비타민 B만 알려졌다. 1975년에는 10가지 추가적인 비타민 B의 구성원이 발견되어, 알려진 B 인자가 총 11개가 됐다. 1925년 이전에도 모든 비타민 B군이 존재했다. 단지 인간이 아직 발견하지 못했을 뿐이다. 다음 10년간 과학자들은 또 몇 개의 B 구성원을 더 발견할지도 모른다.

해조류는 아시아 문화권에서 많이 쓰인다. 고고학적 증거에 의하면 일본 문화에서는 10만 년이 넘는 기간 동안 해조류를 섭취해 왔다고 한다. 건강을 향상시키는 해조류의 섭취는 아시아인의 전체적인 건강 증진과 낮은 사망률에 도움이 됐다. 18세기 다시마는 요오드의 중요한 공급원으로 소개되었고 갑상선종(갑상선이 붓는 현상)을 성공적으로 치료했다. 이후 미국에서 요오드 결핍을 막기 위해 식탁용 소금에 요오드를 더했고, 갑상선종의 비율은 대폭으로 줄어들었다. 해조류는 사실상 무지방에 낮은 칼로리 그리고 식물계에서 가장 풍부한 미네랄을 제공한다. 미네랄이 부족한 토양 때문에 영양분이 감소한 육지에서 나는 채소와는 다르게 바닷물은 오늘날에도 몇십억 년 전과 거의 동일한 양의 미네랄 성분을 함유하고 있다. 오늘날의 평균적인 육지식물에는 20가지보다 적은 미네랄과 비타민을 함유하고 있지만, 해조류는 거의 92가지(채소보다 460% 높은) 미네랄을 함유하고 있다. 또한 해조류는 필수 섬유질과 효소·단백질 그리고 복합탄수화물을 제공한다. 알긴산 나트륨도 함유하고 있어 몸속에 방사성원소와 중금속을 제거한다. 해조류는 스테롤도 있는데, 이는 우리 인간의 콜레스테롤을 낮추는 것을 돕는다고 알려져 있다. 또한 식용해조는 모든 식물계에서 유일하게 비타민 D와 B_{12}를 함유하고 있다.

지구 표면의 70%가량은 물로 덮여 있다. 평균적으로 성인의 몸의 60~70%도 수분으로 이루어졌다. 어린아이는 75%나 된다. 또한 공통점은 더 있다. 바닷물과 인간 혈액은 비슷한 농도의 동일한 미네랄이 많이 함유되어 있다. 혈액과 바닷물의 pH 농도도 7.4 정도로 거의 비슷하다. 프랑스 의사이자 생물학자 그리고 생화학자인 르네 칸톤은 처음으로 인간 혈액과 바닷물의 구성분을 비교 연구한 선구자였다. 1897년 그는 식물성 플랑크톤(해조류)의 엄청난 치유속성을 연구한 첫 의사로 인정받았다. 그는 많은 퇴행성 질환을 앓는 수천 명의 환자를 성공적으로 치료했지만, 결국 제약업계(치유보다는 이익을 추구하는)가 개입해 그의 활동을 강제적으로 중단시켰다. 해조류는 항균 · 항진균 · 항산화 · 항암 그리고 혈액 희석제와 같은 속성들을 지닌 천연화합물로 잘 알려진 후코이단을 함유하고 있다.

해조류, 방사선 그리고 환경오염물

해조류의 가장 두드러진 건강상 이점 중 하나는 우리 몸에 쌓인 방사성 스트론튬과 그 밖의 중금속들을 제거하는 능력이다. 다시마와 같은 갈색 해조류는 알긴산이 함유되어 있는데, 이것이 장내 독소와 결합해서 소화되지 않고 배설물이 되어 우리 몸 밖으로 배출된다. 즉, 해조류(특히 갈색 해조류)를 꾸준히 먹으면 신체 내에 독성 요소를 효과적으로 줄일 수 있다는 것이다. 사실상 다시마는 장내 방사성 스트론

튬 흡수를 50~80%까지 감소시킨다.

미국원자력위원회는 대기권 핵실험으로 인한 방사능 낙진으로부터 우리 몸을 보호하기 위해 매일 5g의 다시마를 섭취할 것을 권장하고 있다. 방사선 피폭은 핵무기나 발전소뿐만 아니라 다양한 곳에서 발생한다. 엑스레이 · 전자레인지 · 형광등 · 전선 · 휴대전화 · 컴퓨터 모니터 그리고 심지어 당신의 알람시계에서까지 방사능이 발생하고 있다. 이런 전자기파(EMR)는 우리 몸속을 통과해 DNA를 손상시키고 우리 몸에 해로운 활성산소를 형성시킨다. 해조류는 알긴산 나트륨과 요오드가 풍부하기 때문에 이러한 위험한 전자기파로부터 우리 몸을 효과적으로 보호한다. 해조류 안에 있는 요오드는 또한 갑상선이 방사성 요오드 131을 흡수하는 것을 막아준다. 만일 이것이 몸속에서 쌓인다면, 갑상선 변이를 일으켜 암을 일으킬 수 있다. 해조류 안에 든 이 천연 식물성 요오드를 섭취하면 이런 위험한 요소로부터 갑상선을 보호할 수 있다.

DIG 해볼까?

해조류의 응용

해조류를 직접 재배할 수는 없으니 외부에서 구매해야 한다. 신선한 식용해조류는 일본 초밥집이나 몇몇 건강식품점에서 찾을 수 있다. 현지에서 유기농 해조류를 찾을 수 없다면, 유기농 제품 온라인 판매점을 찾아보라. 가장 건강한 해조류 중 하나는 김이다. 유기농 김은 noridirect.com에서 찾을 수 있다. 신선한 해조류 샐러드를 당신의 집 앞으로 배달받기를 원한다면 alwaysfreshfish.com을 추천한다. 해조류는 찬 반찬으로 먹어도 좋고, 따뜻한 수프에 같이 넣어 먹거나, 잘게 잘라 스무디에 섞어 먹어도 좋다. 김 조각은 밥은 물론 국수나 파스타, 샐러드에 좋은 고명이 된다. 따로 준비할 것 없이 식사를 내오기 전에 위에다 뿌려주면 된다.

친환경적 정원 꾸미기

보조금을 받는 농부, 거대 제약회사, 몬산토 그리고 우리의 식물 · 과일 · 채소에 사용되는 화학품과 살충제의 손아귀에 놀아나기 싫다면, 간단한 방법이 있다. 직접 재배하라! 당신의 유기농 정원을 직접 가꾸는 것은 돈을 절약하고 건강한 농산물을 먹기 좋은 방법이다. 당신이 먹는 것에 대한 완벽한 통제를 할 수 있다!

만일 당신이 도시에서 산다면, 창가 화분에서 식물을 길러라. 만일 당신이 시골에 산다면 뒤뜰에 정원을 하나 가꿀 수 있고, 조그만 아파트에 산다면 조그만 용기정원을 만들자. 정원은 주변에 있는 것을 이용해서 당신이 필요한 모든 농산물을 쉽고 저렴하게 키울 수 있다. 나는 직접 유기농 토마토 · 레몬 · 당근 · 피망 · 케일 · 상추 · 오이 그리고 허브를 키운다. 내가 슈퍼에서 썼을 수백 달러를 절약하게 해준다. 나는 심지어 스테비아까지 직접 길러 뒤뜰에서 재배한 레몬을 이용해서 짜낸 레모네이드를 더 달게 해서 먹는다.

대다수 당신들에게 문제는 돈이 아닐 것이다. 바로 우리가 항상 부족한 두 글자짜리 단어, 즉 시간! 당신은 정원을 가꿀 만한 시간이 없을 것이다. 그렇지 않은가? 아이나 애완동물이 있는가? 청소해야 할

집이 있는가? 빨래를 직접 하는가? 정원을 가꾸는 것은 이러한 일들보다 시간이 덜 걸린다. 그리고 당신에게 자녀들이 있다면, 정원에 애정을 담아 가꾸며 많은 것을 배울 수 있다. 아주 좋은 가족 간의 노력이다. 당신의 정원은 주기적으로 물과 햇빛이 필요하다. 한번 시도해보라, 아마 금방 알게 될 것이다. 집에서 기른 과일과 채소 그리고 다른 식물을 먹는 것만큼 만족스러운 일은 없다. 친환경 정원을 가꾸는데 필요한 모든 것을 위해서는 groworganic.com을 방문하라.

DIG

D(발견): 비용을 절감하려는 행위, 수확 과정에 들어가는 질소가 가득한 미네랄 결핍 비료, 화학물질 그리고 살충제 등으로 인해 과일과 채소의 영양적 가치는 감소하고 있다. 여기에 음흉한 GMO 식물까지 더해지면서 적당한 음식을 찾기란 더욱 어려워진다. 우리 토양의 표토보다 더 깊은 곳을 보면 자연이 남긴 기적의 식재료 '해조류'를 찾을 수 있다. 하지만 유기농 과일 · 채소를 구입하라. 더 나은 것으로는 직접 기르는 방법도 있다.

I(본능): 할아버지가 가장 정확하게 말씀하셨다. "내가 어렸을 때 먹었던 과일과 채소가 더 맛있다."고 말이다. 당신이 정원에서 직접 기른 토마토를 먹거나 아니면 '유기농' 인증을 받은 토마토를 먹은 후 일반 슈퍼마켓에서 구입할 수 있는, 기존 방식대로 길러진 토마토와 색깔 · 맛 · 질감 등을 비교해 보라. 그런 다음 당신의 결론을 믿어라.

G(신): 과학자들이(프랑켄슈타인 놀이를 하며) 식량 공급에 간섭하여 유전자 변경을 한 씨앗 · 가공과일 · 채소를 만들어내면, 그것은 더 이상 자연이 주는 것을 먹는 것이 아니다.

위대한 비타민의 음모론

-수십억 달러가 하수구로-

"지구는 모든 인간이 필요한 걸 채워줄 수는 있지만 모든 인간의 욕심을 채울 수 없다."

마하트마 간디

나는 영양보충제의 굳건한 신도였다. 대학을 졸업한 후 진료를 할 때 영양보충에 대해 배운 모든 것들을 다 응용했다. 전문가들이 나에게 가르쳐준 것처럼, 환자들을 건강식품 매장으로 보내 한 봉지 가득 알약병을 사오도록 했다. 나 또한 내가 선도하는 것을 행동으로 옮겨야 한다는 믿음 아래 매일 26가지의 보충제를 먹었다.

하지만 영양제에 관한 나의 관점은 1992년에 한 환자가 나에게 자신의 집 정화조가 막힌 이야기를 해 준 이후 급격히 바뀌었다. 수리공이 그녀에게 말해 준 탱크가 막힌 이유는 바로 브랜드 이름까지 읽을 수 있을 정도로 소화되지 않는 수백 가지의 종합비타민제 때문이었다. 몇 주 후 앤디라는 이름의 남성이 월례 치료를 위해 왔는데, 그는 나에게 자신이 겪었던 복통 경험에 대해 말했다. 복통으로 인해 병원에 간 그는 몇 가지 검사를 했고, 그 후 의사가 그에게 비타민을 다량으로 복용했냐고 물었다고 한다. 앤디가 매일 30개의 영양제를 먹고 있다고 하자, 의사는 영양제가 소화되지 않은 채 장에 쌓이고 있으니 섭취를 중단하라고 했다고 한다. 대체 누가 앤디에게 매일 30개의 알약을 복용하라고 알려준 걸까? 아마 기소되는 대로 유죄판결을 받을 것이다.

정화조 이야기와 앤디의 낙담스러운 이야기 이후, 나는 지금까지 배워온 영양제의 모든 것에 대해 의문을 제기하기 시작했다. 만약 이 알약들이 흡수되지 않았다고 한다면, 교과서가 알려준 대로 어떻게 질병과 싸울 수 있을까? 나는 지난 시간 동안 거짓에 시달린 것인가? 나는 나 자신과 환자, 친구 그리고 내 가족에게 거짓말을 하고 있던 것인가? 슬프게도 답은 '그렇다!'였다.

나는 내 눈을 가리고 있던 장막을 걷어내고 비타민과 미네랄 보충제의 흡수에 관해 연구하기 시작했다. 그리고 매년 도시 쓰레기 처리장에서 수천 킬로그램의 비타민이 걸러진다는 것을 알게 됐다. 1990년도 중반에 나는 의료성경이라고도 불리는 미국의사처방참고전(PDR)의 1,542페이지에서 비타민이나 미네랄 보충제 중 단 10%만이 우리 몸에 흡수된다는 사실을 알게 되었다! 그 말은 우리가 비타민에 사용하는

100달러 중 90달러는 변기에 씻어내리고 있었다는 것이다. 17개의 유명한 비타민의 가용성을 실험해 본 결과, 애리조나에 있는 연구소 '생체분자법인통합'은 이 영양제 중 그 어떠한 것도 두 시간 내로 완전히 녹지 못한다고 결론을 지었다. 사실 이 중 몇 가지는 12시간이 지나도 녹지 않았다. 당신이 먹은 음식물들은 섭취 후 한 시간 내로 위를 통과해 장으로 이동한다. 하지만 이 알약들은 2시간에서 12시간이 지나야 소화가 되기 때문에 온전한 상태로 장으로 이동하는 것이다. 방사선 전문의들은 종종 엑스레이를 찍을 때 환자의 아랫배에서 소화되지 않은 비타민을 발견하곤 한다. 간호사와 위생병들은 실내용 변기에서 녹지 않은 수많은 비타민들을 발견하고 '실내용 변기 총알'이라고 별명을 붙였다고 한다.

삼키기 힘든 알약

인간의 몸은 여러 가지 이유로 비타민과 미네랄을 완전히 흡수하지 못한다. 바위와 조개(굴껍데기 · 탄산염 · 산화물 · 돌로마이트)는 칼슘 · 구리 · 아연 · 철분과 같은 미네랄 보충제를 만드는 데 사용된다. 하지만 인간의 몸은 돌과 조개껍데기를 소화하지 못하기 때문에 그대로 통과한다. 그리고 애초에 우리 몸은 아무것이나 통째로 삼킬 수 있도록 만들어지지 않았다. 소화는 위가 아닌 입에서부터 시작된다. 치아는 우리가 먹는 것을 작은 조각으로 부수고, 침에서 나오는 세 가지 소화효소는 영양분 · 탄수화물 · 지방 그리고 단백질이 위로 들어가기 전에 분해하고 흡수할 수 있도록 돕는다. 비타민 알약을 삼키는 행위는 소화 과정에서 이 중요한 부분을 생략하는 것이다.

알약은 여기에 결합제 · 충전제 · 색소 · 유도제 그리고 코팅(풀)을 첨가해 만들어진다. 그렇게 만들어진 것이 자연식품의 영양소 흡수력의 발끝에도 못 미친다는 것은 명백한 사실이다. 노벨상 수상자 권터 블로벨 박사가 말했듯 자연식품에 들어 있는 비타민은 '샤프론(보호자)' 역할을 하는 단백질을 함유하고 있다. 1999년도에 블로벨은 이 샤프론 단백질을 가리켜 비타민을 혈류 속으로 녹아들게 하는 핵심요소라고 했다. 그의 연구에 따르면, 우리 몸은 합성비타민의 경우 10%밖에 흡수하지 못하지만, 자연식품을 통해 섭취하는 비타민은 77~93%까지 흡수한다는 것을 보여준다. 슈퍼에서 파는 거의 모든 비타민 보충제는 합성물이며, 자연식품에서 얻을 수 있는 것과 같은 비타민은 함유하고 있지 않다. 나는 10%를 흡수하는 것이 차라리 아무것도 흡수하지 않는 것보단 낫다고 합리화하곤 했다. 하지만 곧 몇 가지 비타민과 미네랄은 심각한 건강문제와 호르몬 불균형, 면역체계 저하 그리고 사망 위험 증가 등으로 이어질 수 있다는 사실을 알게 되었다.

합성이란 말은 '자연적이지 않거나 또는 모조'란 뜻이다. 위조지폐와 같다고 볼 수 있다. 실험실 가운을 입은 화학자들은 자연으로부터 얻을 수 있는 영양분을 재현해 내려고 최선을 다했다. 하지만 이것들은 50달러짜리 위조지폐처럼 여전히 모두 가짜다! 육안으로는 위조지폐를 알아내기 힘들지만, 지폐교환기에다 한번 넣어 보라. 기계는 무게, 성분 그리고 디자인의 미세한 부분까지 모든 것을 분석할 수 있도록 고안되었다. 기계는 이 50달러짜리 위조지폐를 인식한 순간 곧바로 다시 뱉어낼 것이다. 위조 영양분도 마찬가지다. 우리 혈액 속의 세포 수용체는 영양분 접근에 관해서는 그만큼 까다롭도록 설계되었다. 왜냐하면 우리 세포는 선택적이라서 자연식품의(모조가 아닌) 근원에서 나온 것들만 받아들이기 때문이다. 대부분의 합성비타민들은 우리의 장기, 근육 그리고 뼈에 절대 사용되지 않는다. 화학자들은 똑똑할지 몰라도 속담이 말하듯 '대자연을 속일 수는 없다!'

불행하게도 이것은 오늘날 가장 인기 있는 합성비타민을 생산하면서도 자신들의 보충제가 '천연' 성분을 함유하고 있다는 라벨을 사용함으로써 우리를 속이려 드는 거대 제약회사를 막지는 못한다. 사실상 거대 제약회사는 모든 개별 비타민 브랜드를 소유하고 있다. 아스피린으로 유명한 바이엘 헬스케어는 원어데이(One A Day)와 추어블이라는 비타민을 생산하고 있다. 브리스틀마이어스스큅은 테라그란엠을 생산하고 있다. 비타민 업계의 제왕인 센트럼은 세계에서 가장 큰 제약회사인 화이자가 소유하고 있다. 한술 더 떠서 미국 정부는 '자연 · 천연'에 대한 정의를 내리고 있지 않다. 그 말은 대다수의 제조사가 이 단어를 남용하고 있다는 말이다. 어떤 제품이 '100% 천연성분을 함유하고 있다.'라고 한다면 그것은 90% 합성화합물과 10%의 천연소재를 이용했다는 말일 수도 있다. 속임수라고? 바로 그거다! 만일 당신이 '전부 천연성분을 함유하고 있다.'고 쓰인 영양제를 산다면, 한두 가지만 자연식품이 들어가고 나머지 30가지는 합성물이어도 법적으로는 문제가 없다.

대다수의 사람들이 약 대신 영양제를 복용한다. 어떤 이들은 거대 제약회사에 돈을 쓰는 것을 보이콧하려고 영양제를 선택하기도 한다. 하지만 거대 제약회사가 비타민 산업을 손에 쥐고 있는 이상, 당신이 비타민 알약 하나를 삼킬 때마다 제약회사에 돈을 건네고 있는 셈이다. 이해의 충돌이 아닌가? 이 동일기업들은 매년 처방약 · 암치료제 · 백신 · 진통제 그리고 심혈관질환과 당뇨치료로 수십억씩 번다. 정말 그들은 비타민이 우리를 건강하게 만들어주고 의사를 방문할 필요가 없도록 도와주고 싶어 할까? 거대 제약회사는 이 수십억짜리 파이를 한입 먹을 수 있도록 모든 주요 비타민 기업들을 매수했다. 제약회사들이 의약품을 제조하는 데 사용하는 수많은 화학물질들은 비타민을 만드는 데도 사용된다.

[표 9-1] 식품과 비식품 비타민의 구성

비타민	이것이 들어 있는 자연식품	합성제품을 만드는 데 사용되는 화학물질
비타민 A / 베타카로틴	당근	메탄올 · 벤젠 · 정제유 · 아세틸렌 · 석유 에스테르
비타민 B_1	이스트, 쌀겨	콜타르 유도체 · 염산 · 암모니아를 포함한 아세토나이트릴산(면역억제제를 만드는 데 사용하기도 함.)
비타민 B_2	이스트, 쌀겨	2N 아세트산을 이용해 합성된다.(항균제와 항진균제를 만드는 데 사용하기도 함.)
비타민 B_3	이스트, 쌀겨	콜타르 유도체 · 암모니아 · 3-사이아노피리딘(항경련제와 진정제를 만드는 데 사용하기도 함.)
비타민 B_5	이스트, 쌀겨	포름알데히드가 함유된 응축 이소부틸알데히드(심장혈관 약물 치료제로 사용하기도 함.)
비타민 B_6	이스트, 쌀겨	포름알데히드가 함유된 석유 에스테르와 염산(백신에 사용하기도 함.)
비타민 B_8	쌀	수산화칼슘과 황산으로 가수분해된 피틴(항균성 · 미생물 약에 사용하기도 함.)
비타민 B_9	브로콜리, 쌀겨	석유 추출물과 산으로 가공된다. 아세틸렌(진정제를 만드는 데 사용하기도 함.)

비타민 B_{12}	이스트	코발라민은 시안화물(청산가리)과 반응한다.(궤양 치료제를 만드는 데 사용하기도 함.)
비타민 BX	파바 이스트	암모니아에서 나온 질산으로 산화된 콜타르(마른버짐 치료제를 만드는 데 사용하기도 함.)
콜린	이스트, 쌀겨	염화수소가 함유된 타르타르산 · 에틸렌 그리고 암모니아(기침약을 만드는 데 사용하기도 함.)
비타민 C	아세로라 체리, 감귤류	아세톤으로 가공된 수소화된 설탕(매니큐어 리무버를 만드는 데 사용하기도 함.)
비타민 D	이스트	방사선을 쬔 동물성 지방, 소의 뇌나 용매 추출
비타민 E	쌀, 식물성 기름	트라이메틸하이드로퀴논과 이소피톨(여드름과 피부 치료제를 만드는 데 사용하기도 함.)
비타민 K	양배추	콜타르 유도체 · p-대립 니켈로 만들어진다.(습진 치료제를 만드는 데 사용하기도 함.)

DIG 해볼까?

종합비타민과 화학물질

집에서 간단한 실험을 한번 해보라. 사과나 바나나를 자르고 그 옆에 종합비타민을 두어 보라. 몇 시간 후에 살펴보면 과일이 갈변되고 시들시들해진 것을 알 수 있을 것이다. 왜냐고? 과일은 세포 단계에서 살아 있기 때문이다. 과일은 공기 중의 활성산소에 노출이 되면 산화되고 죽어간다. 이제 과일 옆에 있는 종합비타민을 한번 보라. 원어데이든, 센트럼이든, 테라그란엠이든, 플린스톤의 추어블이든, 색에 변화가 없다는 것을 깨달을 것이다. 이것들은 애초에 살아 있지 않기 때문에 갈변하지도, 시들시들해지지도 않는다. 다음 주에도 다음 달에도, 이 죽은 비타민들은 여전히 그 상태로 남아 있을 것이다. 종합비타민은 과일도, 채소도, 허브도, 통밀도 함유하고 있지 않다. 단 한 개의 천연비타민도, 파이토케미컬이나 주요 무기질, 효소, 아니면 아미노산도 존재하지 않는다. 이런 종합비타민을 삼키는 것은 실험관 속에나 있던 화학물질을 삼키는 것이나 다름없다.

‘기타 성분들…’

잠재적으로 위험한 많은 화학물질들이 영양제를 만드는 데 사용되고 있다. 하지만 그런 영양제의 성분 라벨에는 보통 ‘기타 성분들’이라고만 표기되어 있기 때문에 당신은 그것들에 대해서 절대 알지 못할 것이다. 이 ‘기타 성분들’에는 여러 물질들을 하나로 결합시키는 결합제나 발색을 위해 넣는 합성염료, 알약을 쉽게 삼킬 수 있게 해주는 플라스틱 코팅이나 셸락(벌레 분비물을 정제한 것으로 보통 결합제나 고정제로 쓰인다.)이 포함되어 있어, 입에서 너무 빨리 녹지 않게 하고 냄새나고 활성화된 화학물질을 감춰준다. 거기다가 ‘유효 성분’의 경우에는 약을 더 반짝거리게 보이도록 카르나우바 왁스도 포함되어 있는데, 이는 주로 나무 바닥재나 배를 코팅하는 데 쓰인다. 이런 왁스 코팅은 공장에서 세정하고, 검사하고, 계수하고, 병에 담기까지 온전하게 약을 유지할 수 있도록 도와준다. 또한 소비자가 비타민을 복용할 때 알약이 잘 나올 수 있게 해야 한다. 이 문제를 해결하기 위해 많은 비타민의 경우, 생산 과정과 병에 담는 과정 중에 서로 달라붙는 것을 방지하기 위해 유도제가 들어간다. 그렇게 함으로써 기계는 최대 속도를 유지할 수 있게 되고, 청소는 최소한으로 하고, 수익은 최대로 올릴 수 있다. 유기농소비자연맹은 최소 95%의 종합비타민 기성품은 합성물로, 비정상적인 첨가물 · 부형제 · 색소를 함유하고 있다고 한다. '천연'이라고 표기된 비타민조차 인공화합물의 흔적을 지니고 있다.

불행히도 많은 제조사들이 이런 '기타 성분들'을 표시하지 않거나, 표시하더라도 고무 · 젤라틴 · 유화제 · 안정제 · 제화제 그리고 가끔은 '천연이 아닌 기타 성분들'과 같은 애매한 단어들로 표기한다. 비타민을 만드는 데 사용되는 첨가물들은 면도용 젤 · 시멘트 · 시트록 · 페인트 · 세제 · 매니큐어 그리고 타이어를 만드는 데 사용하기도 한다.

인간은 제약회사 연구소에서 태어나지 않았다. 따라서 우리가 먹는 영양제품도 제약회사의 연구소에서 만들어지면 안 된다. 소비자들은 영양제가 '자연적'이고 '병을 막아준다'라고 세뇌되어 왔다. 원래라면 입에 넣을 생각조차 하지 않을 제품들을 만드는 데 사용하는 같은 화학물질이 함유되었더라도 말이다. 설사 영양제에 천연 영양적인 요소가 함유되어 있다 하더라도, '기타 성분들'은 그 장점들을 감소시켜 건강하지 못한 균형을 만들 수 있다. 안타깝게도 이런 내용을 아는 소비자들조차 라벨 표시만 보고 알 수는 없다. FDA는 라벨의 정확성에 대해 책임을 지지 않고, 법은 영양제 제조업체에 제품의 내용물이나 안전성과 효능에 관한 증거를 제출하라고 요구하지 않는다.

다음은 FDA의 사이트에서 추출한 문구이다.

> 1994년 통과된 건강기능식품법(DSHEA)에 의해 영양보충제나 건강보조식품 제조사들은 영양보충제나 건강보조식품이 출시되기 전에 이것들이 안전하다는 것을 보장할 책임이 있다. FDA는 시장에 나온 영양보충제 중 안전하지 않은 제품에 대해 조처를 할 책임이 있다. 일반적으로 제조사들은 영양보충제를 생산하거나 판매할 때 FDA에 제품을 등록하거나 FDA 허가를 받아야 할 필요는 없다. 제조사들은 상품표기가 정확하고 오해의 소지가 없도록 명확하게 만들어야 한다.

이 말은, 즉 FDA가 안전하지 못한 영양보충제에 대한 조치를 그것들이 시장에 나온 이후에나 한다는 것이다. 정말 걱정스러운 일이 아닐 수 없다. 제조사들은 책임을 지지 않아도 되기 때문에 누구나 직접 영양제를 만들어 판매할 수 있다. 몇 년 전에는 플로리다의 한 제조사가 에키네이셔 허브 병을 파는 것을 발견했다. 그렇지만 캡슐 안에는 풀과 건초밖에 없었다! 좋다. 몸에 해로운 것은 아니고 단지 지갑에만 해로울 뿐이다. 하지만 그 반대의 상황이 생길 때도 있고, 소비자들이 자신들이 사려는 것과는 다른 것을 받을 수도 있다. 한 예로 '토탈 바디 포뮬러(Total Body Formula)'라는 제품이 있다. 이 제품 라벨에는 셀렌 미네랄이 함유됐다고 표기되어 있었고, 실제로도 그렇긴 했다. 문제는 셀렌이 마이크로그램이 아닌 밀리그램으로 있었다는 것이다. 1천㎍이 1mg이니까, 토탈 바디 포뮬러는 치사량에 이르는 양의 셀렌이 들어 있던 것이다! 실제로도 이 제품은 탈모와 심장기능장애를 유발하고, 신부전 3기를 유발했다. 토탈 바디 포뮬러를 연구개발한 라이트 그룹은 시장에 제품이 나오기 전에 검사를 했어야 했다. 하지만 이 회사는 대신 가짜 분석증명서를 발행했다.

2012년 5월에 데이트라인 NBC가 토탈 바디 포뮬러에 대한 조사를 실시했다. 취재기자 크리스 한센은 크로마덱스(영양보조제의 질과 양을 분석하는 연구소)의 공동창립자이자 대표 과학 책임자인 프랭크 작스를 인터뷰했다. 작스는 이렇게 말했다. "많은 영양보충제 제조업체들이 '드라이 랩(직접 실험하지 않고 결과만을 받아서 여러 분석을 하는 것)'을 실시하고 있는데, 그 말은 진짜 샘플은 곧바로 쓰레기통으로 직행하고 가짜 분석증명서에 허위로 '검사하고 통과됨'이라고 도장 찍혀서 나온다는 말입니다. 수백만의 사람이 성분의 질과 양을 확실히 알지 못한 채 맹목적으로 제품을 복용함으로써 자신의 목숨을 걸고 있어요. 영양제 제조업체들은 규제가 없어도 너무 없는데, 어떤 한 업체의 경우에는 값비싼 정화장치를 구매하지 않으려고 나일론 팬티스타킹을 이용해서 불필요한 찌꺼기를 걸러냈어요. 그래요, 그 여성들이 신는 팬티스타킹으로 말이에요. 너무 심한 거 아닌가요?"

액상 영양제

액상 영양제를 복용하면 결합제나 충전제 · 코팅제 · 캡슐 등을 삼키지 않아도 되기 때문에 알약보다는 소화가 더 잘 된다. 그리고 천연 액상제품은 많은 알약들을 먹어 생기는 소화문제는 일으키지 않을 것이다. 더 편리하기도 하고 흡수가 잘 되기도 한다. 그러나 이런 액상으로 된 영양제와 연관된 문제는 주로 저온살균시킨다는 것이다. 이 열처리 과정에서 많은 자연 본래의 영양소들이 파괴된다. 또한 액상으로 된 제품에는 소포제와 천연이 아닌 합성 보존료가 함유되어 있다.

액상제품에는 물이 첨가되는데 이건 박테리아가 자라기 가장 좋은 장소이다. 그래서 합성 보존료가 쓰이게 되는 것이다. 벤조산나트륨은 가장 흔히 쓰이는 방부제 · 항균제이다. 이 화학물질은 폭죽과 은식기 광택제를 만드는 데도 사용된다! 액상으로 된 영양제를 개봉하는 순간 공기에 노출되어 박테리아 · 이스트 그리고 곰팡이를 자라게 한다. 자, 그럼 상식 하나! 벤조산나트륨이 살아 있는 박테리아를 죽이는 데 사용된다면, 과일 · 채소 · 허브 안에 든 천연성분도 같이 파괴할 수 있지 않을까? 당신은 슈퍼마켓에서 건강에 좋은 자연성분을 함유하고 있는 진기한 아사이베리 · 구기자 · 망고스틴 · 노니 열매와 같은 슈퍼과일로 된 액상제품을 찾아볼 수 있다. (나를 포함한) 선구적 영양학자들은 이 과일들을 세상에서 가장 영양이 풍부한 과일로 여긴다. 하지만 그것들은 절대 항생제와 혼합되어서는 안 된다. 물론 벤조산나트륨을 대체할 수 있는 자연 대체물이 존재하긴 하지만, 벤조산나트륨에 비해 단가가 훨씬 높기 때문에 대부분의 제조업체들은 천연이 아닌 값싼 화학물질을 사용한다.

액상 비타민 보충제에서 찾을 수 있는 또 다른 화학물질로는 폴리디메틸실록산이라고 불리는 소요제가 있다. 이 소요제를 사용하면 병을 빠른 속도로 채울 수 있다. 만일 소요제를 사용하지 않으면 액상 보충제들은 거품이 가득한 카푸치노 같을 것이다. 불행히도 소요제는 실제 성분의 일부로도 간주되지 않기 때문에 라벨에 표기할 필요가 없다. 그래도 한 가지 좋은 소식은, 이 화학물질이 인간에게 유독한 영향을 끼치지는 않는 것이다. 150도의 높은 온도로 가열되지만 않는다면 말이다. 만일 그렇게 된다면 디메틸실록산은 포름알데히드로 분해된다. 그렇다, 시체를 방부처리 하는 데 쓰는 그 포름알데히드 말이다! 액상

제품은 저온살균 과정을 거쳐야 하는데, 그 말은 160도가 넘는 온도로 가열한다는 이야기고, 소요제를 시체 방부제로 변하게 한다는 것이다.

❧ 내 기운을 돋운다고?

나는 어느 날 한 환자에게 비타민이나 미네랄을 먹느냐고 물었던 적이 있다. 그녀는 "그럴 필요가 없어요. 나는 매일 아침마다 필수인 비타민 A · 티아민 · 리보플라빈 · 엽산 · 철분 그리고 비타민 B_6를 보충해주는 음식을 먹고 있거든요."라고 대답했다. 내가 그녀에게 매일 영양분을 제공해 주는 그 음식이 무엇이냐 묻자 그녀가 말했다, "팝 타르트요!"

식품 라벨에 적혀 있는 비타민과 자연스럽게 생기는 비타민에는 차이가 있다. 전자는 '보강'된 식품으로 앞서 말한 쓸모없는 종합비타민에서 발견되는 화학 복합체와 같은 것으로 만들어졌다는 뜻이다. 안타깝게도 대다수의 사람들이 자신의 비타민 · 콘플레이크 그리고 체중감량 셰이크가 다 천연자원으로 만들었다고 믿는다. 사실은 그렇지 않다. 오히려 시중에 파는 95%의 식이보충제는 어떤 천연자원도 사용되지 않았다. '자연' 또는 '자연식품'의 진짜 정의는, 자연 그대로의 형태대로 살아 있는 무엇인가로부터 나와 복합적인 비타민 성분과 미량요소(알려진 것과 아직 알려지지 않은 것)로 이루어져 있는 것이다. 이 천연 영양분은 잘 흡수되어 최적으로 사용할 수 있도록 협동적으로 균형을 이룬다. 합성화학 복합체에서 나온 영양분은 이렇게 자연이 만드는 협동적인 효과가 없어 몸이 영양분을 제대로 사용할 수 없게 된다.

영양보충제에 있는 성분을 하나하나 따져서 합성영양제가 건강에 미치는 위협에 대해 따져보는 것보다는 차라리 네 가지 가장 중요한 비타민 C, D, E와 칼슘에 대해 읽어 보는 것을 권장한다. 사람들은 나머지를 다 합친 제품보다 이 네 가지 영양분이 들어 있는 제품을 가장 많이 구매한다.

DNA 파괴자: 비타민 C

비타민 C는 세상에서 가장 중요한 보충요소 중 하나다. 내가 국내에서 강의를 할 때, 사람들에게 비타민 C 보충제를 먹거나 먹어 봤던 경험이 있다면 손을 들어 보라고 했다. 거의 모든 사람들이 손을 들었다. 그 이유를 물었을 때 가장 흔한 대답 두 가지는 '감기에 걸리지 않기 위해' 또는 '암을 예방하기 위해'였다. 안됐지만 손을 든 대부분의 사람들은 진짜 비타민 C가 아닌 연구실에서 만들어진 모조 합성화학물질인 아스코르브산을 먹었을 것이다. 연구실에서 만들어지는 다른 모조품처럼 대부분의 비타민 C 보충제도 당신이 절대 먹지 않을 독성 화학물질을 혼합해서 만든 것이다.

'비타민 C는 유전자를 손상시킨다!' 이런 뉴스 제목이 있었다. 이 뉴욕타임스 기사는 아스코르브산이 DNA를 손상시킨다는 사실을 깨달은 수백만 명의 비타민 지지자들을 충격에 빠뜨렸다. 1998년 영국 조사원들은 매일 먹는 비타민 C 500mg이 세포를 손상시키고 암을 유발하는 유리기를 만들어낸다는 사실을 발견했다. 비타민 C 보충제는 몸속에 무해한 제2철을 해로운 제1철로 변환시켜 심장에 손상을 주거나 장기에 장애를 일으킬 수 있다.

마운트시나이의대의 빅터 허버트 박사는 뉴욕타임스에서 이렇게 말했다. “오렌지주스 같은 식품의 자연비타민 C와는 달리 보충제의 비타민 C는 산화방지제가 아닙니다.” 그는 이렇게 덧붙였다. “음식에 있는 비타민 C는 (부정적인) 산화 영향이 없습니다.” 다량의 비타민 C 보충제와 유전자 손상과의 관련에 관해서는 1970년대 중반까지 거슬러 올라간다. 90년대 후반에는 캐나다 연구원들이 비타민 C가 세균세포, 시험관에서 자란 인간세포 그리고 살아 있는 쥐라는 세 가지 체계에서 유전자 물질을 손상시킨다는 사실을 발견했다. 나는 몇 년 동안 3천mg의 아스코르브산을 매일 섭취했다. 그것이 건강에 최적이고 암을 예방하는 가장 적합한 수치라고 배웠기 때문이다. 나는 암유발과 관련된 유전자 손상을 일으키는 양보다 600%나 더 먹고 있던 것이다!

내 병원은 일본의 가장 큰 제약기업인 타케다화학산업(미국 지사)에서 15분 거리에 있다. 타케다의 몇 가지 미국 제품으로는 항암약인 루프론, 위산 억제제인 프레바시드, 혈압약인 블로프레스 그리고 유명한 항생제인 세팔로스포린이 있다. 타케다에서 만드는 약뿐만 아니라 비타민 보충제 · 시리얼, 또는 탄산음료에 사용되는 아스코르브산도 생산한다. 앞서 언급한 기사가 발표되기 전, 나는 타케다 최고의 화학박사 중 한 명을 치료하고 있었다. 그가 다시 방문했을 때, 나는 뉴욕타임스의 기사를 건네주며 물었다. “이 기사에 대해서 어떻게 생각하시나요? 여기서 당신들이 만드는 비타민 C가 사람들의 유전자를 망가뜨리고 있다고 하네요!”

그가 뭐라고 했냐고? “놀랍진 않네요. 만약 당신이 우리가 아스코르브산을 만드는 데 사용하는 독성 화학물질을 봤다면, 이게 어떻게 유전자에 손상을 주는지 이해할 거예요. 개인적으로 이런 걸 내 몸속에 넣진 않겠어요!"

아스코르브산은 정확히 어떻게 만들어지는 걸까? 먼저 소르비톨과 바다 건너 날아온 조그만 딱정벌레로 시작한다. 벌레 배설물(벌레 똥이다!)은 매니큐어 제거제에 쓰이는 것과 같은 화학물질인 아세톤으로 처리한다. 그 다음 로켓 연료와 폭발물에 들어가는 것과 같은 재료인 과염소산이 더해진다. 이 재료들이 여과되면 벤젠(휘발유에 들어가는 독성 화학물질)이 더해진다. 벤젠이 증류되고 분리된 후, 페인트와 풀에 사용되는 독성 용액인 화학 톨루엔과 함께 부식성 표백제와 니켈이 더해진다. 그 후 이 화학물질들은 여과와 처리 과정을 거쳐 비타민 C(아스코르브산)로 판매되는 것이다. 당신의 자녀들은 토스터 페이스트리를 먹으면서 이것도 같이 먹게 되고, 당신은 비타민 · 탄산음료 · 과일 음료를 먹으면서 이것도 같이 먹게 된다.

다시 한번 말하는데, 천연비타민 C는 유전자 손상을 일으키지 않는다. 유전자 손상은 화학자들이 실험실에서 만든 것에서만 발생한다. 나는 화학자들이 내게 말해 준 게 사실이라는 것을 증명한 후 지역 간행물인 「앙코르」에다 이 주제에 관련된 기사를 하나 썼다. 배관회사를 운영하는 환자 중 한 명이 대기실에서 이 기사를 읽고 난 후 이렇게 말했다. "이제 알겠네요! 나는 타케다의 배관공사 도급자였는데, 그들은 나에게 티타늄 배관 설치를 부탁했죠! 비타민 C를 생산하는 회사에 왜 특이하게 이런 강력한 배관이 필요한지 몰랐는데, 거기서 사용되는 모든 독성 화학물질에 대해 읽고 나니 이제 이해가 돼요. 일반 배관을 썼다면 부식성 화학물질들이 한 달도 안 돼서 구멍을 냈겠죠!" 그렇다면 이 인공 아스코르브산을 먹을 때 우리의 연약한 결장 · 혈관 · 장기 · 근육은 어떻게 될까? 티타늄과는 견줄 수도 없다.

만일 당신이 '아스코르브산'이라고 표기된 영양제품 · 탄산음료 · 주스 또는 비타민 보충제를 먹고 있다면 당장 멈추라! 자연에서 나는 비타민 C는 몸을 건강하게 해주고 질병과 싸우지만, 여러 이중맹검시험으로 아스코로브산은 어떤 병과도 싸우지 않고, 치유해 주지도 않으며, 막아주지도 못한다는 사실이 증명되었다…. 감기조차도 말이다.

비타민 C: Corruption(부패)의 C

누가 비타민 C를 선전하기 시작했을까? 정답은 화학자이자, 생화학자이자, 평화운동가이자, 작가이자, 교육자인 라이너스 폴링 박사다. 폴링은 경력을 쌓는 동안 스무 개가 넘는 상을 받았고 명예를 얻었다. 그는 역사상 가장 영향력 있는 화학자로 여겨지며, 20세기 가장 중요한 과학자로 순위 매겨진다. 그는 사람들에게 최소 1천mg의 비타민 C를 섭취해야 감기에 걸릴 확률이 낮아진다는 믿음을 주는 데 큰 역할을 했다.(비타민 일일 권장량은 60mg이다.) 1976년 그는 자신이 권유했던 권장량을 변경하여 하루에 최소 3천mg을 섭취해야 암 · 심장질환 및 다른 질환과 싸울 수 있다고 했다. 폴링 자신도 하루에 1만 2천mg의 비타민 C를 매일 섭취했다! 인간이 얼마만큼의 비타민 C를 섭취하도록 설계되어 있는지와 이 수치를 관련지어 보자. 비타민 C의 제일 큰 천연 공급원은 대략 30mg의 비타민 C를 제공하는 오렌지다. 만일 인간의 몸이 매일 3천mg의 비타민 C를 섭취해야 한다면 100개의 오렌지를 먹는 것과 같은 것이다! 당신은 인간이 하루에 그렇게 많은 오렌지를 먹도록 설계되었다고 생각하는가? 폴링 박사는 오렌지 400개를 먹는 것과 같은 양의 비타민 C를 매일 먹었던 것이다!

폴링 박사는 암을 치료하기 위해 대량의 아스코르브산을 사용했다고 했는데, 메이요병원에서 367명의 악성 암환자에게 세 가지 이중맹검시험을 진행했다. 환자들에게 1만mg의 아스코르브산이 매일 주어졌지만, 플라세보가 주어진 환자들과 별다른 차이를 보이지 않았다. 폴링의 오랜 동료인 아서 로빈슨 박사는 결국 대량의 비타민 C를 섭취하는 것은 속임수일 뿐이라는 사실을 폴링에게 증명해 보였다. 영양포럼뉴스레터의 보고서에 의하면, 로빈슨은 연구를 통해 1978년에 폴링이 권했던 대량의 비타민 C 섭취가 쥐에게 암을 유발할 수도 있다는 결론을 냈다. 로빈슨이 이 사실을 폴링에게 알리자, 도리어 연구소를 떠나라는 통보를 받았다. 폴링은 자신을 죄인으로 만드는 로빈슨의 연구를 모두 없애버렸다.

폴링은 천연비타민 C에 반대하고, "천연비타민 C는 돈 낭비입니다."라며 건강식품 산업을 공격했으며, 합성비타민 C(아스코르브산)는 천연비타민 C만큼 저렴하고 효능도 좋다고 했다. 왜 폴링은 자연에서 발견되는 비타민 C보다 이 가짜 비타민 C를 지지하는 것일까? 답은 역시 돈이다. 라이너스폴링과학기술원은 1973년도에 설립되었고 22년 간 운영됐다. 그 동안 폴링의 가장 큰 재정적 지지자는 다름 아닌 제약의 왕이자 아스코르브산을 생산하는 호프만 라로쉬였다. 그렇다. 거대 제약회사가 폴링의 업적을 재정적으로 후원하고 있었다. 트로피카나 오렌지주스가 폴링의 기관에 돈을 더 지원해 주었다면, 그는 태도를 바꿔 오렌지가 비타민 C의 더 좋은 자원이라고 했을 수도 있다. 그는 계속해서 매일 아스코르브산을 대량으로 섭취하면 감기부터 암까지 예방할 수 있다는 단호한 태도를 취했다. 라이너스 폴링 박사는 1994년 8월에 사망했다…. 암이었다.

비타민 C의 천연 자연식품 근원

- 감귤류, 붉은 파프리카, 키위, 딸기, 양배추
- 비타민 C 보충제를 고를 때 아스코르브산 · 에스터 C 그리고 팔미트산아스코빌이 들어간 제품은 피하라. 천연원료를 쓰는 아세로라체리 · 들장미 열매(장미에서 나는 과일) · 카뮤카뮤베리, 아니면 비타민 C가 풍부한 다른 과일 · 채소에서 나오는 자연식품을 찾아라. 내가 추천하는 두 가지 좋은 선택지는, 메가푸드의 복합적인 C(www.megafood.com)나 시너지의 순수한 빛 C(www.synergy-co.com)다.

칼슘 보충제: 이득일까 해일까?

골다공증(뼈에 칼슘이 부족한 현상)은 심장질환 · 암 · 뇌졸중에 이어 네 번째로 높은 여성의 사망원인이다. 골다공증으로 인한 사망은 골절 이후 따라오는 여러 합병증에 의해 발생한다. 칼슘 보충제가 당신을 구원해 준다고? 불행히도 그렇지 않다. 시중에서 파는 대다수의 칼슘 보충제는 가치 없는 쓰레기이고, 뼈를 튼튼하게 만들어준다는 거짓된 희망과 기대를 품게 하는 외에는 아무것도 하지 않는다. '튼튼'해진다는 것은 사람들을 속이는 제조사들의 은행계좌일 뿐이다. 대다수의 칼슘 보충제는 인간이 소화할 수 없는 바위와 굴껍데기로 만들어진다. 미국에서 판매되는 가장 유명한 칼슘은 '굴껍데기' 칼슘이다. 당신은 조상들이 바닷가를 거닐며 굴껍데기 조각을 주워 부숴서 물과 함께 삼켰을 것으로 생각하는가? 아니다. 왜 현대 인간이 굴껍데기 칼슘을 먹어야 하는가? 바위와 굴껍데기로 흡수되는 칼슘은 5% 이하이다. 그러니까 당신이 1천mg의 칼슘을 먹고 있다면, 그중 50mg밖에 얻지 못한다는 뜻이다. 그 50mg은 혈관으로 들어가는데, 뼈로 흡수되는 것은 없다. 칼슘은 알칼리성 미네랄로 산성이 있어야 흡수된다. 그래서 과학자들이 시트르 · 글루콘 · 젖산 같은 산을 보충제에 첨가하는 것이다. 이런 첨가제들이 바위와 굴껍데기의 흡수를 도와주긴 하지만, 이것이 정말 당신 몸에 들어가도 괜찮은가? 바위와 굴껍데기는 몸속에서 순환해 혈관에 달라붙고, 결석이 되어 유섬유종과 낭종을 유발하는 요소가 된다.

또한 굴껍데기는 독소인 납성분도 약간 있는 것으로 알려졌다. 백운석(또 다른 바위 칼슘 근원)에도 납이 있다는 보고서도 있다. 어떻게 납이 칼슘약에 들어가는 걸까? '천연'이라고 분류된 많은 칼슘제품들은 납이 들어 있는 미네랄 층에서 생겨난다. 게인스빌에 위치한 플로리다대학의 연구원들은 그들이 조사한 22가지 칼슘제품 중 칼트레이트 600과 같은 유명한 국내 브랜드를 포함한 8가지 제품에 납이 들어 있다고 보고했다. 이것은 빈혈증, 고혈압, 성인의 뇌 및 신장 손상, 아이의 발달 손상 등을 포함한 여러 증상을 유발할 수 있다.

바위와 굴껍데기는 자연식품이 아니고, 칼슘을 뼈에 흡수되게 하는 아연 · 마그네슘 · 비타민 D · 인 · 붕소와 같이 다른 비타민과 미네랄이 균형잡혀 있지 않다. 몸에 완전히 흡수되려면 자연 칼슘제품이 필요하다(대다수의 칼슘 보충제의 5% 흡수율이 아닌).

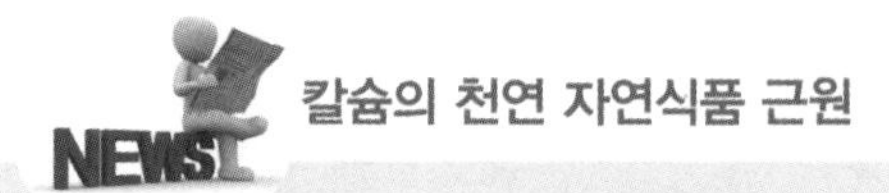

칼슘의 천연 자연식품 근원

- 초록 이파리 식물은 아주 좋은 예시다. 식물은 땅의 무기칼슘인 '바위'를 살아 있는 유기칼슘으로 만들기 때문이다.
- 해조류는 바다에 있는 바위 · 껍데기 · 산호 덕분에 또 다른 훌륭한 칼슘의 근원지다.
- 우리가 물고기나 크릴새우 또는 칼슘이 풍부한 플랑크톤과 해조류를 먹은 새우를 먹은 물고기를 먹으면, 천연 칼슘 식품을 먹는 것과 같다. 과학자들은 바위 · 껍데기 · 백운석 그리고 산호에 칼슘 성분이 높기 때문에, 이런 무기 근원을 먹으면 필요한 칼슘을 채울 수 있다는 말도 안 되는 생각을 했다. 정말 말도 안 된다! 바위나 껍데기를 먹으면 심각한 건강문제가 생길 수 있다.
- 치아시드는 풍미가 없어 샐러드 · 수프 · 채소 · 스무디에 훌륭한 첨가제가 된다.
- 참깨는 칼슘의 훌륭한 근원지다. 타히니라고도 하는 참깨맛 버터는 땅콩잼의 또 다른 좋은 대체품이다.
- 말린 자두는 칼슘의 또 다른 좋은 근원이다. 모순되게도 자두, 더 나아가 말린 자두는 칼슘과 결합하여 생물학적으로 활용되지 못하게 만드는 물질인 옥살염이 아주 적게 함유된 소수의 과일 중 하나다.
- 내가 추천하는 칼슘 보충제는 알지칼이다(www.algaecal.com). 이것은 Algas calcareas라는 남아메리카 해조류에서 유래한, 야생에서 난 식물 기반 칼슘이다. 하버드의대와 코네티컷대학의 연구원들이 협력하여 분자세포생화학 학술지에서 발간된 「상호심사저널」에 실린 발견에 대해 연구했다. 과학자들은 대면실험을 통해 알지칼의 효능을 두 개의 최고 판매품인 탄산칼슘 · 구연산칼슘과 비교했다. 그러자 알지칼이 탄산칼슘보다 알칼리포스파타아제 활성을 200% 증가시켰고, 구연산칼슘보다는 250% 더 낫다는 연구 결과가 나왔다. 거기다

알지칼은 탄산칼슘 · 구연산칼슘보다 400% 더 나은 결과를 냈다! 또한 골아세포를 증가시켜 뼈를 만드는 세포를 생산했다. 이 연구로 식물 기반 칼슘이 폐경 후 여성들의 골밀도를 6~12개월가량 높인다는 사실이 밝혀졌다.

큰 '딜레마(Dilemma)': 비타민 D

우리는 비타민 D 결핍국이 되었다. 국가비타민D협회에 의하면, 미국인의 70%가 비타민 D 결핍이며, 이 추세는 급속도로 확산되고 있다고 한다. 엄밀히 따지면, 비타민 D는 '비타민'이 아니라 몸이 햇빛에 노출되면 분비되는 호르몬이다. 비타민 D는 혈청 칼슘을 충분히 만들어 뼈의 광화작용을 돕는다. 비타민 D가 없으면 뼈는 쉽게 부러질 것이다. 또한 1918년에는 비타민 D가 뼈 관련 질환인 구루병을 예방한다는 사실이 발견되었고, 나중에는 음식에서의 칼슘 흡수도 조절한다는 사실이 알려졌다. 그 후로 과학자들은 이 '햇빛 비타민'을 연구소에서 구현해 내기 위해 노력했다.

첫 시도는 균질 스테롤을 비타민 D_1으로 근절시키는 것이었지만, 효과가 없는 것으로 알려졌다. 그 다음에는 비타민 D_2(에르고칼시페롤)를 식물로 합성시켜 재현했다. 후에 과학자들은 인간 피부에 중파장 자외선이 닿을 때 합성되는 비타민 D의 한 종류인 비타민 D_3(콜레칼시페롤)를 발견했다. 또한 과학자들은 비타민 D_3가 항종양 속성이 있어서 암을 예방한다는 사실도 알게 되었다. 계속해서 탄탄해지는 연구는 비타민 D_3가 제1형 및 제2형 당뇨병과 고혈압 · 포도당과민증 · 포도당불내성 · 다발성경화증 · 암 및 수많은 질병을 예방하는 데 중요한 역할을 한다는 사실을 암시한다.

합성으로 만들어진 비타민 D_3는 합성 D_1과 D_2보다는 더 좋지만, 자연에서 발견되는 비타민 D_3만큼 좋지는 않다. 사실 비타민 D_3는 자연에서 얻을 때 인간이 만든 모조품보다 10배 더 효력이 있는 것으로 알려져 있다. 어떤 제조사는 합성비타민 D 용량을 캡슐마다 두 배로 올려 효능을 높이려 했지만, 신생아에게 문제가 되어 고칼슘혈증(혈관 내 위험한 정도의 칼슘 수치)이 초래됐다. 다다익선이 항상 답은 아니다. 많은 의사들이 일일 권장량보다 1,700% 높은 5만 IU의 비타민 D_2를 환자에게 처방한다. D_3보다 효능이 좋은 것도 아닌데 왜 그렇게 많은 D_2를 처방하는 것일까? 이유는 5만 IU의 D_2는 처방으로만 얻을 수 있기 때문이다. 거대 제약회사는 D 파이 한 조각을 원하는 것이다. 열 명 중 일곱이 비타민 D 결핍상태다. 의사들은 햇빛을 더 쬐거나 건강식품점에 가라고 하기보다는 그들의 작업방식인 처방전을 받으라고 한다!

비타민 D 결핍의 원인

충분한 양의 비타민 D를 얻으려면 매일 10~15분 동안만 햇빛을 쬐면 된다. 식물이 햇빛을 받아야 자랄 수 있는 것처럼 인간도 마찬가지다. 식물이 오랫동안 햇빛을 받지 못하면 결국엔 죽을 것이다. 우리도 마찬가지로 햇빛을 쬐지 못하면 비타민 D 수치가 떨어져 사망률이 높아진다.

역사상 지금만큼 비타민 D 결핍이 심한 적이 없었다. 햇빛이 마치 전염병이라도 되는 양 피하기 때문이다. 사회는 햇빛이 암을 유발하는 악이기 때문에 어떻게든 피해야 한다고 우리를 세뇌시켰다. 절대 그렇지 않다. 햇빛은 비타민 D를 만들어내고, 암과 싸울 수 있게 해준다. 자외선 차단 지수가 8 또는 그 이상이 되는 자외선 차단제는 피부에서 95% 이상의 비타민 D 생산을 막는다. 햇빛 과다노출(일광 화상에 이르게 하는)만이 위험을 일으킨다. 충분한 햇빛을 쬐지 못하면 결장암과 유방암의 위험이 높아지기도 한다.

캘리포니아대학교 샌디에이고 캠퍼스의 암센터 연구원들은 비타민 D 수치가 높아지면 매년 60만 개의 유방암과 직장암 사례를 예방할 수 있다고 한다. 비타민 D_3 수치가 높아지면 암뿐만 아니라 매년 세계에서 거의 백만 명의 목숨을 앗아가는 질병도 막을 수 있을 것이라고 한다. 1992년 고든 아인슬레이 박사는 「예방의학회지」에 논문을 실었다. 50년 간의 암과 햇빛에 관한 의학서적을 검토한 것이다. 그는 햇빛에 주기적으로(하루 15분씩) 노출되면 기저 편평 피부암 · 노화 그리고 흑색종에 걸릴 위험을 줄여 준다는 결론을 내렸다. 주기적으로 적당히 일광욕을 하면 미국의 유방암과 직장암으로 인한 사망률을 3분의 1까지 낮출 수 있을 것이다. 그저 얼굴이나 팔을 노출시키는 것만으로도 충분한 양의 비타민 D를 흡수할 수 있다.

우리를 죽이는 것은 햇빛 결핍이다. 화장용 피부관리 제품산업이 대중들에게 자외선 노출은 유해하고 피부노화와 피부암을 일으킨다는 잘못된 믿음을 준다. 사실 자외선에 화상을 입지 않을 만큼의 주기적인 노출이 피부손상이나 암을 일으킨다는 연구는 없다. 더 무서운 것은 선크림으로 피부암을 막을 수 있다는 증거가 없다는 것이다. 악성 흑색종은 선크림을 바르지 않는 사람보다 바르는 사람에게서 더 많이 발견되었다. 다른 연구에서는 선크림을 더 많이 바르는 피부가 흰 사람들의 피부암 발병률이 더 높다는 사실을 발견했다. 넓은 범위의 공중보건기관(FDA를 포함해서)에서는 선크림이 대다수의 피부암을 예방한다는 증거가 매우 부족하다고 한다. 국제암연구기관은 피부암을 예방하는 가장 좋은 방법은 옷이나 모자를 이용해 화상을 입지 않도록 하고, 자외선을 피하고 싶으면 그늘로 가라고 한다.

마치 시중에 판매되는 모든 제품에 자외선 차단제가 들어 있어 우리를 피부암에서 보호해 주는 것 같다. 얼굴크림부터 바디크림까지, 화장품과 샴푸, 심지어는 매니큐어에도 자외선 차단기능이 있다. 손톱으로는 소량의 햇빛도 흡수되는 일은 없는데 말이다! 갭(GAP)이나 엘엘빈(L.L. Bean)과 같은 가맹점에서는 자외선을 막는 티타늄이나 산화아연이 든 셔츠, 반바지 및 다른 옷가지들을 판매한다. 의류판매장에서 자외선 보호제가 들어간 신발도 판매한다. 자외선으로부터 보호해 주는 옷에 돈을 더 쓰기 싫다면, 직접 해도 된다. 세탁 첨가제인 선가드는 티노솝을 함유하고 있다. 이것은 제조사인 피닉스 브랜드가 장파장과 중파장 자외선으로부터 일상복을 보호해 준다는(최대 20번 세탁할 때까지!) 성분이다.

우리는 햇빛을 항상 두려워해 피하기 위해 온갖 고생을 마다하지 않으며, 이 '위험한' 광선으로부터 숨으려고 한다. 사람들은 자외선을 막기 위해 수십억 달러를 소비하지만, 피부암에 관한 사례는 점점 더 증가하고 있다. 1970년대 이후, 피부암 수치는 700%까지 올라갔다. 매년 1만 3천 명이 넘는 사람들이 피부암 중 가장 치명적인 악성 흑색종을 겪는다. 2027년도에는 총수치가 2만 명까지 치솟을 것으로 예상된다. 1975년에는 고작 1,800명이었다. 「유럽암저널」에 실린 연구는 꾸준하고 적당한 양의 햇빛 노출이 흑색종 위험을 감소시킨다고 한다. 햇빛을 더 오래 쬐는 사람이 피부암에 걸릴 확률이 더 낮다는 뜻이다.

왜 40년 전에는 피부암에 걸리는 사람이 더 적었을까? 선크림을 사용하지도 않던 시절에? 이 질문에 대한 답은 선크림에 들어가는 성분으로 알 수 있다. 스스로를 암으로부터 보호하기 위해 구매하는 제품들이 사실은 암을 유발시키고 있다.

당신이 피부에 바르는 것은 혈류 속으로 흡수된다. 미국환경연구단체(EWG)는 1,700개의 선크림 브랜드 제품을 검토했고, 그중 84% 이상이 햇빛을 충분히 막아주지 못하거나, 안전에 문제가 될 만한 성분을 함유하고 있다고 했다. 그 성분 중 하나는 옥티노세이트다. 이것은 태양 민감성을 증가시켜 에스트로겐과 갑상선 호르몬의 불균형을 일으킬 수 있다. 결과적으로 면역체계를 저하시켜 암에 더 쉽게 걸릴 수 있게 되는 것이다. 또 다른 자외선 차단제는 옥시벤존이다. 이것은 유기수를 내보내 피부암 발달에 기여한다고 한다. 옥시벤존은 일주일의 적용기간 동안 남성의 테스토스테론 수치를 현저히 감소시키는 것과 관련 있다고 한다. 낮은 테스토스테론 혈청 수준은 전립선암의 원인이 된다. 해변의 56%와 스포츠 선크림에 옥시벤존이 함유되어 있다.

80%의 상업용 자외선 차단제에서 발견되는 또 다른 위험한 화학물질은 옥틸메톡시신나메이트다. 이 화학물질은 조금만 투여해도 쥐의 세포를 죽일 수 있다고 알려져 있다. 최근 아동기 질환에 관한 연구에서는 이 화학물질이 ADHD · 천식 그리고 알레르기와 관련이 있다고 보고했다. 레티닐팔미테이트는 선크림에서 발견되는 또 다른 위험한 성분이다. CNN 보도에 따르면 '정부 재정지원 연구를 통해 이 레티닐

팔미테이트를 햇빛에 노출된 피부에 사용했을 때 피부암이 발생할 위험이 커진다는 사실을 발견했다.'라고 했다. 미국비영리환경연구 단체의 화학 데이터베이스에는 레티닐팔미테이트를 국소적으로 투여할 때 레티노산이 증가하고, 기관계에 잠재적 독성을 일으킬 만한 위험성이 있는 물질이라고 표기했다.

주말에 햇빛 노출에 관한 연구를 주도한 유행병학자 줄리아 뉴턴 비숍 교수는 이렇게 말했다. "주기적으로 햇빛에 노출되면 피부가 적응해 스스로 햇빛의 해로운 영향을 막는 데 도움을 주는 것 같습니다. 햇빛에 노출되어 증가하는 비타민 D도 보호 효과가 있습니다." 자외선 차단제가 햇빛에 노출될 때 생기는 세 가지 종류의 피부암을 막아준다는 실질적인 증거는 없고, 더 많은 연구가 진행될수록 이에 반대되는 내용이 사실인 것으로 드러나고 있다. 자외선 차단제가 화상을 막아주긴 하지만, 암을 유발하는 위험한 성분들과 더불어 암을 예방해주는 비타민 D를 흡수하지 못한다는 것은 안 좋은 점이 더 많다는 뜻이다. 장시간 야외에 있을 때는 피부를 가리는 것이 선크림을 사용하는 것보다 훨씬 낫다. 화상을 막는 가장 좋은 방법 중 하나는 오후 2시 이후 햇빛에 노출되는 것이다. 그때가 몸이 햇빛으로부터 비타민 D를 가장 많이 만들어내는 시간이기 때문이다. 우리는 그저 매일 10~15분 동안 햇빛을 쬐면 비타민 D를 충분히 얻을 수 있다. 햇빛을 20분 이상 쬐면 화상을 입기 때문에, 이것은 흥미로운 사실이다. 만약 당신이 그 이상 햇빛에 노출될 경우에는 보호용 옷을 걸치거나 우산 또는 모자를 이용하라. 자외선 차단제를 바르고 싶으면 암과 관련된 유독한 화학물질을 포함하고 있는 제품들은 피하라.

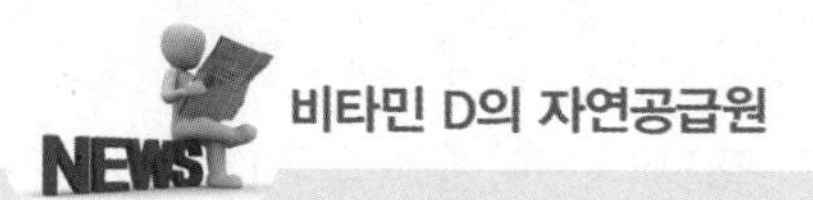

비타민 D의 자연공급원

- 햇빛에 이어 천연비타민 D가 있는 몇 가지 음식이 있다. 표고버섯 · 양송이 · 고등어 · 연어 · 청어 · 정어리 · 참치 · 메기 · 간유 · 달걀 · 해조류.
- 비타민D 보충제로는 메가푸드(www.megafood.com)를 추천한다. 피부 제품으로는 로우엘레먼트수사(날성분, www.rawelementsusa.com)를 추천한다. 이 제조회사는 모두 천연 인증을 받은 유기농 성분을 사용한다. 영양분이 많고 피부에 화상을 입는 것을 막아준다고 한다. EWG는 날성분 회사에 안전과 효능 1등급을 주었다. 이곳 제품은 다른 제품과는 다르게 신체의 비타민 D 흡수를 제한하지 않는다.

비타민 E

가짜 보충제의 해로운 부작용에 관한 예시를 하나 더 살펴보자. 비타민 E. 이 비타민은 몸의 신진대사, 세포의 배양 그리고 기능을 하게 하는 데 필수적인 요소다. 또한 강력한 산화방지제로 적혈구 형성에도 필수적인 요소다. 우리는 이 비타민이 뇌에 좋고 심혈관기관 · 생식기관 그리고 호흡기관에도 도움이 된다고 알고 있다. 이것은 모두 사실이다. 하지만 자연적으로 자란 비타민 E에 한해서만 아주 중요한 영양분이라는 것이다. 간은 까다롭기 때문에 음식에서 나온 비타민 E를 과학자들이 만든 다른 모조품에서 나온 것보다 더 잘 받아들인다.

코밸리스의 오리건주립대학교 연구원들은 인간의 몸이 천연비타민 E를 모조품보다 세 배 더 많이 유지시킨다는 사실을 발견했다. 천연비타민 E는 자연식품 형태에서 디-알파토코페롤이라고 불린다. 합성

(모조)비타민 E는 디엘-알파토코페릴 또는 디엘-토코페릴아세테이트라고 표기된다. 무엇을 찾아야 할지 모른다면 차이점은 간단하다. 천연비타민 E를 찾고 싶으면 항상 'd'('dl'이 아닌)를 선택하고, 토코페롤이 'ol'('yl'이 아닌)로 끝나는 제품을 선택하라. 우리가 다룬 다른 비타민들처럼 연구실에서 종합비타민제를 잘게 나누면 비타민 E가 제대로 흡수되고 소화될 복잡한 협동적 속성이 발생하지 않는다. 심지어 태어나기 전의 태아조차 합성비타민 E보다 천연비타민 E를 더 선호한다. 「미국임상영양학저널」은 '태반과 태아의 간은 천연비타민 E와 합성비타민 E를 구분할 수 있다.'라는 연구를 발표했다.

비타민 E는 전립선암을 유발한다

많은 남성들이 주기적으로 비타민 E 보충제를 먹는다. 탈모를 방지하고, LDL(저밀도 지방단백질)을 낮추고, 염증을 가라앉히고, 관절염과 싸우고, 성욕을 높여 주기 때문이다. 연구는 천연(디-알파토코페롤)이 아닌 합성(디엘-알파토코페릴)을 사용한 3만 5천 명의 남성을 대상으로 진행되었다. 미국의사협회에서는 비타민 E 보충제로 인해 건강한 남성의 전립선암 위험이 높아졌다고 보고했다. 남성들을 위험에 빠뜨릴 수 있는 투여량은 400IU로, 대다수의 일반 비타민 보충제의 양과 동일하다. 피부암을 제외하고 미국 남성에게 가장 흔한 암은 전립선암이다. 국제적으로 알려진 전립선암 전문가로 국내연구 코디네이터로 일하는 에릭 클라인 의학박사는 "일반적으로 남성들은 실험에 사용되는 비타민 E를 먹을 필요가 없다. 이 보충제는 좋지도 않고 위험성만 높다."라고 했다.

비타민 E는 요절의 위험성을 높인다

존스홉킨스병원의 연구원들은 400IU를 넘는 높은 치사량의 비타민 E 보충제는 사망과 크게 관련 있다고 한다. 「내과학회지」에 실린 이 연구는 1993~2004년 사이에 진행되었고, 13만 6천 명이 넘는 환자들이 참여했다. 높은 수치의 비타민 E를 복용하는 사람들의 사망률과 플라세보(설탕 알약)를 복용하는 사람들의 사망률을 비교해 사망위험도를 추정했다. 관찰기간은 1.4~8.2년이었다. 이 실험의 자료를 재평가해 보니, 하루에 400IU나 그 이상으로 비타민 E를 섭취한 11가지의 실험 중 9가지 실험에서 사망률이 높게 나타났다. 주요 필자이자 내과전문의인 존스홉킨스의대의 부교수 에드가 밀러 3세는 이렇게 말했다. "우리의 연구 결과는 비타민 E 보충제를 많이 섭취하는 것에 반대합니다. 만일 종합비타민제를 먹고 있다면, 비타민 E의 최소 복용량을 넘지 않아야 합니다. 많은 사람들이 장기적으로 건강에 도움이 되고 수명이 연장될 것으로 생각해 비타민을 먹습니다. 그렇지만 우리 연구로 많은 양의 비타민 E 보충제를 먹는다고 해서 결코 수명이 연장되지 않고 도리어 높은 사망률과 연관되어 있다는 사실이 드러났습니다."

비타민 E 보충제는 보통 400~800IU를 함유하고 있는데, 이 수치는 너무 높고 위험하다고 밝혀졌다. 내가 대학에서 배운 것과는 너무 다르지 않은가! 내가 공부한 영양전문가들은 건강과 심장을 위해 하루에 최대 1,500IU까지 섭취하라고 했다. 비타민 E 보충제(디엘-알파토코페릴)가 14,641명의 남성 내과의사의 심혈관질환 위험에 미치는 영향에 대해 분석한 「의사건강연구」에 의하면 사실이 아니다. 플라세보와 비교해서 비타민 E는 주요 심장질환 증상을 막는 데 효과가 없다고 한다. 오히려 비타민 E는 출혈성 뇌졸중의 위험성 증가와 관련이 있다! 「존스홉킨스연구」와 「의사건강연구」는 천연(디-알파토코페롤)비타민 E가 아닌 합성비타민 E로 진행되었다.

비타민 E는 골다공증과 관련이 있다

과학자들은 비타민 E 섭취와 골다공증 사이의 연관성을 발견했다. 쥐에게 보충제에 든 것과 비슷한 정도로 비타민의 양을 늘려주자 쥐의 뼈가 얇아졌다. 「자연의학」의 2012년 3월호에는 쥐가 일반식단에 있는 것보다 훨씬 더 많은 양의 비타민 E를 8주 동안 섭취하자 골다공증이 생겼다는 내용이 실렸다. 이 연구에 의하면, 비타민 E가 파골세포를 자극해 뼈세포를 분해시켜 힘을 잃게 한다는 것이다. 다시 말하지만, 이 실험은 천연비타민 E가 아닌 합성비타민 E로 진행되었다.

자연, 비타민 E 자연식품의 근원

비타민 E 자연식품의 근원인 자연을 먹을 때는, 죽음이나 암과 관련된 위험성이나 뼈가 취약해질 걱정이 없다! 비타민 E의 자연적 근원(디-알파토코페롤)에는 맥아 · 견과 · 씨앗 · 올리브 · 시금치 · 아스파라거스 그리고 다른 초록 이파리 채소가 포함된다.

밀싹의 경이로움

밀싹은 자연의 완벽한 종합비타민이다. 이것은 밀의 부드러운 초록 새싹의 이름이다. 이 풀은 줄기에 낟알이 맺어지기 전의 밀의 어린 새싹들로 구성되어 있다. 밀 글루텐은 없고 치유력이 굉장하다. 밀싹은 슈퍼푸드로서 영양분이 가득한 비타민 · 미네랄 · 아미노산 · 효소 그리고 섬유를 함유하고 있다.

밀싹은 많은 양의 비타민 A · E · B복합체와 풍부한 미네랄 · 칼슘 · 인 · 셀륨 · 나트륨 · 칼륨 · 마그네슘 · 철분 · 아연을 포함한 미량원소를 함유하고 있다. 밀싹은 8가지의 필수아미노산인 페닐알라닌 · 발린 · 트레오닌 · 트립토판 · 아이소루신 · 메티오닌 · 류신 · 리신을 포함해 12가지의 아미노산이 있다. 필수아미노산은 체세포에 필수적이지만, 신체가 만들어낼 수 없어 식단을 통해 얻어야 한다. 단 한 가지 아미노산만 결핍돼도 알레르기 · 기력쇠퇴 · 소화불량 · 감염에 대한 저항력 저하 그리고 조로로 이어질 수 있다. 밀싹에는 아밀라아제, 단백질 분해 효소 및 리파아제라는 세 가지 주요 소화효소가 있는데, 이것들은 탄수화물 · 단백질 · 지방을 분해하는 데 사용된다.

밀싹주스는 혈액이 세포로 산소를 공급해 주는 것을 돕는 엽록소가 풍부하다. 인간 혈액의 헤모글로빈 분자와 비슷한 것이다. 엽록소는 간 · 조직 · 세포를 깨끗이 해주고 피를 맑게 해준다. 엽록소 주스는 혈액에서 납 · 수은 · 알루미늄 같은 독성 중금속을 제거하는 것을 도와준다. 엽록소는 콜론에 매복해 있는 물질을 분해시켜 감염과 싸우기 때문에 아주 좋은 해독제다. 소화에 필수적인 요소이고, 머리를 맑게 해주며, 혐기성균으로부터 보호해 준다.

또 밀싹의 엽록소는 자연스러운 제거 과정에 필수 근육운동인 연동운동을 자극한다. 게다가 독성물질을 중화시키거나 약간의 이뇨현상으로 독성물질을 쉽게 없앰으로써 장의 내막을 보호해 준다. 밀싹의 엽록소는 심장기능을 증진시키고 혈관계에 영향을 미치기도 한다. 기본적인 질소 교환을 증가시켜 그 어떤 영양분과도 비교할 수 없는 강장제 역할을 한다.

마지막으로 밀싹의 알칼리성 효과 때문에 '알칼리성 음식의 왕'이라고 불린다. 밀싹주스는 궤양성 대장염과 과민대장증후군 같은 소화불량을 치료하는 데 쓰인다. 궤양성 대장염의 밀싹 치료에 관한 이중맹검시험 연구에서, 주기적인 밀싹주스 치료가 이런 증상을 현저히 감소시켰다는 사실을 발견했다.

그뿐만 아니라 밀싹은 세포 부식과 변형을 줄이는 P4D1(단백질)과 SOD(산화효소)라는 복합체를 함유하고 있다. P4D1은 전자기 방사선(컴퓨터 · 휴대전화 등)과 엑스레이로 인해 손상될 수 있는 RNA와 DNA(인간 유전자 물질)를 재생시킨다. 또한 SOD는 인간세포를 음식 속 화학첨가제에 숨어 있는 유리기나 오염된 환경으로부터의 끊임없는 공격에서 보호해 준다.

내가 밀싹에 열광하는 이유

나는 다음과 같은 도움을 주는 밀싹에 열광한다.

1. **염증을 줄여 준다** P4D1은 췌장염 · 구내염 그리고 구강과 피부염의 염증 증상을 줄이고 억제한다.
2. **항암속성이 있다** P4D1은 암적 세포벽을 백혈구가 공격하기 더 좋

게 도와줌으로써 암세포를 공격한다.

3. **구강위생을 촉진시킨다** 밀싹을 입에 넣으면 치은염과 악취를 일으키는 박테리아가 박멸한다. 어떤 전체론적인 의사는 잇몸에서 피가 날 때 거즈에다 밀싹을 적셔 출혈 부위에 올려두는 것으로 큰 효과를 보았다.

마셔라

밀싹은 섬유질이라서 먹으면 소화가 어려우므로 주스로 만들어 먹는 것이 가장 좋다. 동결건조된 가루 형태는 주스보다는 효능이 떨어진다. 만일 당신이 신선한 밀싹을 주스로 만들고 싶다면, 직접 재배하라. 고개를 절레절레 흔들지 말고. 식물을 재배하는 데 재능까지는 필요없다. 밀싹은 스스로 자라기 때문이다. www.wheatgrasskits.com에 접속하면 당신만의 USDA 인증 유기농이나 유전자 변형 식물이 아닌 밀싹을 재배하고 주스로 만드는 데 필요한 모든 정보를 다 찾을 수 있을 것이다. 만일 당신이 무글루텐 식단을 따를 예정이면 걱정하지 마라. 밀싹은 밀에서 나오는 글루텐을 함유하고 있지 않다.

밀싹 한 접시는 열흘도 안 돼 주스로 만들 수 있다. 5일째에는 두 번째 접시를 준비하도록 하라. 절대 바닥나는 일이 없을 것이다. 밀싹 한 잔만큼 상쾌한 것이 없다. 나 역시 거의 매일 한 잔씩 마신다. 어떤 사람들은 '흙 같은' 맛이 난다고 하는데, 그러면 당근주스 한 잔과 같이 섞어 상큼한 생강과 같이 마시는 것을 추천한다. 아니면 당신이 싱싱하게 짜낸 밀싹 한 잔을 아침 스무디에 섞어라. 대부분의 샐러드드레싱은 건강하지 못한 화학물질과 방부제로 가득하다. 밀싹으로 당신만의 드레싱을 직접 만들어라! 밀싹 한 잔, 레몬 그리고 마늘가루 한 줌이면 영양과 활력이 가득한 맛좋은 샐러드드레싱이 된다.

밀싹을 매일 자연식품 종합비타민제로 사용하는 데는 그렇게 많은 시간이 들지 않는다. 주말에 30분 정도 시간을 내서 얼음통에 채워 얼려 보라. 그리고 정신없이 바쁜 일과 도중 밀싹 얼음 하나를 물이나 좋아하는 주스 안에 넣어서 먹어보라. 그러면 사람들에게 '건강하게 마시는 습관'이 있다고 자랑할 수 있다. 얼음통 하나면 2주 동안 먹을 수 있다. 얼음 두 통이면 한 달이다.

당신의 종합비타민제를 변기 속으로 던져라. 어차피 그곳으로 갈 것이니! 밀싹 한 잔에는 대다수의 종합비타민제가 함유하고 있는 화학물질이나 독소 없이, 자연식품과 같은 영양분이 함유되어 있다. 만일 당신이 직접 밀싹을 재배하고 주스로 만드는 데 관심이 없다면, www.dynamicgreens.com에서 아예 신선하게 착즙된 주스를 집으로 배달시킬 수도 있다.

보충제를 선택하는 ABC

나는 30개국에서 팔리는 여러 가지 보충제 제조자로서, 형편없는 식습관을 보충해야 한다고 생각한다. 하지만 나는 규제되지 않는 안전성 · 순수성 · 효능성을 우선으로 하지 않는 제조업자들은 믿지 않는다. 나는 허브, 동종요법의 비타민, 미네랄, 프로바이오틱, 크릴새우 어유 보충제가 자연적 근원에서 나온 자연식품이라면 이를 강력하게 지지한다. 좋은 질의 보충제를 판매하는 좋은 제조업자를 만나려면 ABC를 따라가라. 흡수(Absorption) · 균형(Balance) · 인증(Certification).

A – Absorption(흡수)

천연 영양식품은 흡수와 동화를 확실히 하는 가장 좋은 방법이다. 씹어먹을 수 있는 약은 입에서부터 소화되기 때문에 삼키는 알약보다 낫다. 우리는 과일이나 채소나 다른 식물들을 씹어먹도록 설계되어 있다. 왜 우리는 영양보충제를 씹어먹지 않을까? 당신의 증조할머니는 비타민을 그냥 삼키거나 마시지 않았다. 영양분은 씹는 것에서 얻었다. 그녀 이전 세대도 마찬가지였다.

당신이 처음 약을 삼켰을 때를 생각해 보라. 어땠는가? 부자연스러웠을 것이다. 사실 약을 삼키는 것은 자연스럽지 않아서 배워야 한다. 아직도 많은 성인들이 약을 꿀꺽 삼키는 데 어려움을 겪고 있다. 씹는 것을 배우기가 얼마나 어려웠나? 씹는 행위는 생존하기 위해 내재되어 있기 때문에 따로 배우지 않았을 것이다. 천연영양보충제를 흡수하는 가장 좋은 방법은 씹어먹는 것이다. 아직까지는 씹어먹는 자연식품이 유행하고 있지 않기 때문에, 아마 알약이나 액체로 먹을 수밖에 없을 것이다.

만일 알약을 선택한다면, 정제나 결합제를 함유한 압축 환제 · 충전제 · 왁스 · 셀락 · 합성착색료는 피하라. 동물의 가죽 · 힘줄 · 인대 등을 끓여서 만든 젤라틴을 함유한 약은 절대 먹지 마라. 젤라틴 캡슐은 동물에서 나온 것이기 때문에 해로운 속성을 지니고 있다. 많은 동물들에게 항생제가 주어지고 살충제가 들어간 음식을 먹이기 때문에, 이와 같은 독소들이 젤라틴 캡슐에도 함유되어 있을 수 있다. 젤라틴 대신 채소나 식물 섬유소 또는 식물성 캡슐을 찾아라. 이것들이 흡수가 더 잘 된다. 흡수가 더 잘 되는 자연식품 근원을 얻고 싶으면 성분 목록에서 잎사귀 · 과일 · 추출물 · 식물 · 줄기 · 뿌리 · 씨앗 등의 삽입어구가 들어간 것을 찾아라. 근원이 자연이라는 것이다. 성분 옆에 화학물질이 써 있다면 합성이다. 액체 제품의 경우에는 '냉각공정'이란 말을 찾아라. 왜냐하면 자연식품 액체가 저온살균 처리되면(열이 가해지는) 효능을 잃기 때문이다. 벤조산나트륨과 소르브산칼륨 같은 방부제를 피하고 대신 구연산이나 나타미신 같은 천연제를 사용해라. 초산염 · 산성 주석산염 · 염화물 · 글루코산염 · 염산염 · 질산염 그리고 숙신산을 포함해 영양의 안정성을 증가시키기 위해 더해지는 소금을 멀리하라. 이것들은 흡수를 저하시키는 모조품들이다.

B – Balance(균형)

자연이나 과일 · 채소 · 콩과식물 · 견과류 및 다른 식물들이 비타민 · 미네랄 · 효소 또는 아미노산을 많이 함유하고 있는 것은 아니다. 오직 알약에만 수백, 수천mg이 들어 있다. 자연에서는 많은 양이 중요한 게 아니라 균형이 중요하다! 앞서 말했듯, '비타민 C의 아버지' 라이너스 폴링 박사는 모든 사람들에게 비타민 C를 매일 3천mg씩 섭취하도록 권유했다. 오렌지 하나가 대략 30mg이라는 것을 고려해 보면, 하루에 오렌지 100개를 먹어야 한다는 뜻이다! 다다익선이 항상 좋은 것은 아니고, 우리가 이 장에서 말했듯이 과한 양은 심각한 질병뿐만 아니라 심지어 죽음에까지 이르게 할 수 있다. 양이 아닌 균형이 중요한 것이다. 자연식품 · 채소 위주로 식단을 보충하는 것이 가장 좋다. mg이란 단어를 찾지 못했다고 당황하지 마라. 만일 진짜 자연식품이면 용량 대신 '전매' 과일이나 채소 혼합이라고 써 있는 제품을 찾을 수 있다. 많은 과일과 채소가 미량원소와 칼슘 · 철분 · 붕소 · 망간 · 구리 · 아연 · 바나듐 · 나트륨 그리고 구리를 포함한 다량광물질을 ppm으로 함유하고 있다는 사실을 기억하라. 자연의 경우는 라벨에 쓰인 수천mg이 중요한 것이 아니라 인간이 만든 영양제로는 가질 수 없는 알맞은 균형이 중요하다.

몸은 특별한 교통관리관이다. 필요한 영양소가 있으면 당신이 섭취하는 음식에서 얻을 것이다. 예를 들어, 남성은 전립선에 아연이 필요하므로 아연을 여성보다 더 많이 흡수한다. 그래서 남성이 조개류를 섭취하면 전립선에 높은 아연 성분이 흡수된다. 반면, 여성은 갑상선 기능 장애가 생길 가능성이 크므로, 여성이 조개류를 섭취하게 되면 갑상선에서는 아연보다는 요오드 성분을 더 흡수한다.

'숫자' 게임에 놀아나지 말고, 일일 권장량 같은 것에 세뇌되어 얼마가 필요한지에 대해 생각하지 마라. 자연의 채소 위주 보충제를 선택하고 영양 균형에 맞게 섭취하라. 자연과 함께라면 충분하다!

C – Certification(인증)

라벨에 쓰여 있는 성분이 꼭 병 속에 다 있는 것은 아니다. 제조사들은 라벨에 표기된 대로 제품을 만들어야 한다는 책임이 없다. 2015년 2월, 뉴욕 법무상은 검사를 통해 네 개의 주요 유통사에서 그들이 제공한다고 주장하는 성분을 전혀 함유하고 있지 않은 보충제를 팔고 있는 사실을 발견했다고 발표했다. 월마트, 월그린, 타깃 그리고 GNC는 값싼 쌀가루, 아스파라거스 그리고 심지어 실내용 화초 같은 충전제를 사용했다! 덧붙여 월그린에서 판매하는 인삼보충제는 그저 마늘가루와 쌀가루로 이루어져 있었다. 월마트에서 판매하는 기억력을 향상시켜 주는 약초 상품인 징코빌로바는 사실 무 가루와 밀로 만들어졌다. 어쩌면 그들이 제조 과정에서 기억력을 잃은 게 아닐까? '밀과 글루텐이 함유되어 있지 않습니다.'가 무슨 뜻인지도 잊은 것 같다. 다음은… 타깃의 고추나물과 발레이안 뿌리 제품들이 모두 라벨에 표기된 허브를 함유하고 있지 않았다. 미국의 가장 큰 건강보충제 체인점인 GNC는 알레르기가 있는 사람들에게 치명적일 수도 있는 땅콩과 콩 같은 성분을 표기하지 않은 채로 판매했다. 통제에서 너무 벗어난 것 같지 않은가? 그렇다. 영양보충제 산업은 규제받지 않기 때문에 당신이 직접 신뢰하고 책임질 수 있는 제조사를 찾는 것이 중요하다. 그렇지 않으면 누군가의 창고에서 만들어진 보충제를 먹어야 할 것이다.

식품보충제를 선택할 때는 cGMP 같은 인증이 있는 제품을 찾아라. 이것은 '현행우수제조관리기준' 규정을 통과했다는 뜻이다. 이 인증은 NPA라는 단체에서 진행하는데, 엄중한 여러 검사가 실시되고, 제조 과정과 공정의 설계, 모니터링 그리고 규제 과정을 거친다. cGMP 규정을 통과한 제품은 본질 · 힘 · 질 · 순수성 그리고 성분의 안전성이 보장된다. 또한 모든 영양정보가 정확하다는 사실을 확실히 해주며, 오염 · 혼합 · 편차 · 실패 그리고 제조 시 발생하는 오류도 방지해 준다. www.npainfo.org에 방문하면 인증된 제조사를 확인할 수 있다.

그리고 라벨에 미국 약전(USP)이나 영국 약전(BP)의 명칭을 확인하라. 이 표기가 있다면 당신이 구매하려는 분리비타민의 품질이 가장 높고, 소화 시 가장 잘 녹는다는 뜻이다. 이 단체들은 비정부단체이고, 건강관리제품의 공정 규정을 세운다. USP와 BP는 130개가 넘는 나라에서 식품보충제의 품질 · 순수성 · 힘 그리고 일관성을 위한 프로토콜을 정했다. USP와 BP 인증마크가 있는 제품은 또한 일정시간이 지나면 성분이 몸속에서 분해되고, 해로운 오염물질이 없다는 사실을 나타낸다. USP와 BP 인증은 제품이 위생적이고, 잘 통제된 절차에 따라 만들어졌다는 사실을 보장해 준다. 이런 기준을 따르는 제조사를 찾으려면 www.usp.org를 방문하라.

DIG

D(발견): 수백 개의 편견 없는 연구는 합성비타민과 미네랄 보충제의 위험성을 증명했다. 대다수 시장에서 판매되는 보충제는 매니큐어 제거제 · 은식기 광택제 · 휘발유 · 페인트 등에 들어가는 것과 동일한 화학물질로 만들어진다. 반대로 자연식품의 비타민과 미네랄에는 독성물질이 없다. 자연이 만든 이 영양분들은 병을 예방하고 수명을 늘려 준다.

I(본능): 인간의 몸은 기본적인 기능을 수행하기 위해 여러 가지 자연영양(비타민 A부터 아연까지)이 필요하다. 이것이 근육과 장기, 뼈 그리고 뇌에 영양분을 공급해 주는 것이다. 몇 세기 전 사람들은 약국에 가서 병 안에 들어 있는 비타민을 사지 않았다. 예전에는 자연에서 몸에 필요한 모든 것을 얻었다. 종합비타민제는 대략 30가지의 재료를 함유하고 있는데, 우리를 질병에서 지켜주는 식물 속 수백 가지의 영양복합체와 비교하면 아주 적은 양이다. 스스로에게 물어보라. “내가 화학물질 · 접합제 · 충전제 그리고 염료를 먹어야 할까, 아니면 자연에서 나온 자연식품 성분을 먹어야 할까?” 본능을 따르라.

G(신): 인간의 몸은 연구실에서 만들어지지 않았다. 그런데 영양제품은 왜 그래야 할까?

당신은 과체중이다

-다이어트에 대해 잘 알려지지 않은 정보-

"이제 미국에는 평균체중인 사람보다 과체중인 사람이 더 많다.
그러니까 과체중인 사람들이 이제 평균인 것이다.
당신이 새해 목표를 이루었다는 뜻이다."

제이 레노

수없이 많은 다이어트와 체중감량법을 보면, 미국인들이 매년 460억 달러를 다이어트 제품에 쓴다는 사실이 그리 놀랍지 않다. 내가 라디오쇼를 진행하던 중, 내 몸무게를 재어 어떤 다이어트가 효과가 있고 어떤 철학이 가장 논리적인지 찾아보라는 도전을 받았다. 내가 해줄 말은 이것이다. "모두 다 효과가 있다!" 혈액형에 맞추어서 먹든, 애트킨스든, 팔레오든, 존(Zone)이든, 사우스비치든, 완전채식이든, 뉴트리시스템이든, 웨이트워처스든, 아니면 그 외 지금 존재하거나 나중에 생길 다른 방식이든, 한 가지 프로그램만 꾸준히 하면 체중을 감량할 수 있다.

많은 방식의 다이어트가 효과가 있는 이유에는 한 가지 공통점이 있다. 일상생활을 바꾸는 것이다. 색다른 음식을 색다른 방법으로 색다른 시간에 먹도록 부추긴다. 자몽을 먹든, 스테이크를 하루에 세 번 먹든, 양을 바꾸든, 100% 채식주의가 되든, 일상이 변하면 신진대사도 같이 변해 혈당치와 신체의 pH가 바뀌고, 그 결과 체중감량으로 이어질 수 있다. 불행히도 대부분 일시적인 결과다.

만일 당신이 수백 가지 체중감량 방법 중 하나를 시도해 보았거나 유행성 다이어트를 해 보았다면, 다음이 사실이라는 것을 알 것이다. 대다수가 처음 30일 이내에 체중이 감량되고, 한 달이나 두 달 동안 계속 감량되다가 90일 이후에는 아주 조금만 감량된다. 넉 달째가 되면 안정기에 도달하게 되어 좌절하며, 성공'했었던' 다이어트를 포기하게 된다. 그러면 소용없는 수십억짜리 다이어트 산업으로 되돌아가 원점에서부터 다시 시작한다.

우리는 뭘 어떻게 해야 하는 건가? 계속해서 유행성 다이어트 목마를 타는 표를 사야 하는 건가? 일상을 바꾸면 초반에는 체중이 감량되지만 사는 방식을 바꾸어야 영구적 체중감량으로 이어진다. 마지막으로 한 번 더, 나는 체중을 감량하는 데 무엇이 잘못됐는지를 확실하게 알려주고 싶다. 이 장에서 영구적 체중감량을 방해하는 세 가지에 대해 말할 것이고, 이것은 운동과는 전혀 관련이 없다.

마른 유전자가 있을까

많은 이들이 몸무게 문제에 대해 유전을 탓한다. 실제로 나는 사람들이 왜 자신이 비만인지에 대한 합리화로 유전을 탓하는 것을 많이 들었다. "우리 부모님이 뚱뚱해서 나도 그런 거야."라고 한다. 이것은 완전히 거짓이다. 당신의 유전자는 당신이 그 바지에 맞지 않는 것과는 전혀 관련이 없다! 당신의 부모님이 비만이라면, 그것은 그들이 아직 이 현대 문화의 일부여서일 것이다. 1900년도에는 비만율이 5%로 오늘날의 70%와 비교된다. 그 당시에는 식품점도 없었을 뿐더러 사람들은 제초제가 없는 정원에서 자란 싱싱한 농산물에 의존했다. 호르몬과 항생제가 없는 동물을 누군가 도축해 주면 저녁으로 먹었다. 조상들은 자동차도 없어서 목적지까지 걸어다녔다. 오늘날 우리는 종일 책상에 앉아 있거나 계산대에 서 있다. 정원을 직접 가꾸고 음식을 수확하기보다는 드라이브 스루 식당에 점심을 먹으러 가고, 냉동가공식품을 저녁으로 먹고, 그 외에도 설탕 범벅인 과자 · 케이크 · 아이스크림을 디저트로 먹는다. 밤에는 소파에 앉아 텔레비전을 보며 살찌는 프레첼과 감자칩을 간식으로 먹는다. 모두 수백 년 전에는 하지 않던 행동이다. 그러니까 조상 탓은 그만하라! 내 환자들이 그들의 유전자를 탓할 수 없다는 사실을 겨우 깨닫게 되면, 운동으로 변화할 수 있다고 생각해 내게 운동을 통한 다이어트에 대해 묻는다. 안됐지만 이것은 또 다른 어리석은 미신이다.

1970년대에 유행한 베스트셀러 중 하나는 짐 픽스 『달리기에 관한 모든 것』이다. 픽스는 미국에 피트니스 혁명을 일으켰고, 달리기 운동을 인기 있게 만들었으며, 주기적 조깅에 대한 건강상 혜택을 증명해 인정받았다. 그는 말끔하고 날씬하며, 그의 근육질 다리는 백만 부 이상 팔린 그의 책표지에 실렸다. 그는 좋은 건강의 전형적인 표본이었고, 달리기로 몸무게를 감량하고 심장이 건강해지는 방법을 공유했다. 그는 잘라 파는 빵이 화제를 일으킨 이후로 달리기를 가장 큰 화젯거리로 만들었다. 국내 최고의 심장병 전문의들도 물론 픽스의 책을 지지했고, 환자들에게 건강한 심장을 위해 달리라고 격려했다.

불행히도 짐 픽스는 52세의 젊은 나이에 시골길을 달리다가 심장병으로 사망했다. 짐은 열렬한 달리기 신도였지만, 건강하게 먹지는 않았다. 그의 이야기는 몸을 건강하게 하기 위해 운동을 하는 것만이 답이 될 수 없다는 사실을 증명한 것이었다. 부검 결과, 그의 세 관상동맥 모두 심장병의 근본원인인 동맥경화증으로 손상되어 있었다. 픽스의 왼쪽 관상동맥은 99%, 오른쪽 관상동맥은 80%가 막혀 있었다.

빈곤한 식단이 동맥응집으로 이어진 것이다. 픽스의 나쁜 식습관은 잘 알려져 있었다. 픽스의 한 친구인 과격한 마라톤 주자 스탠 코트렐은 픽스와 회견장에 나와 이렇게 말했다. "픽스는 회견장에 나오기 전에 네 개의 도넛을 입에 우겨넣고 '나 아침 안 먹었어.'라고 했습니다."

칼로리 세기

유행성 다이어트가 생겼다 사라지지만, 지난 세기의 가장 인기 있었던 다이어트는 칼로리 세기였다. 체중을 감량하고 싶은 사람들의 가장 표준적인 수법이다. 하지만 1924년까지 거슬러올라가 보면, 필립 노만이라는 유명한 의사는 칼로리 세기의 가치에 대해 의문을 제기했다.

"식단에서 칼로리를 계산하는 것은 그 어떤 것보다 더 멍청한 논리이자 주장이다." 칼로리를 세는 식단의 문제는 몸을 '기아' 상태로 만들어 원래의 몸무게로 되돌리거나 체중이 증가하는 것이다. 그래서 칼로리 계산 다이어트는 가끔 '요요 다이어트'라고도 불린다. 의미상으로만 보자면 칼로리는 열에 대한 측정이다. 이것은 섭씨 1도로 물 1kg의 온도를 올리는 데 필요한 열의 양이다. 칼로리는 열이다! 만일 열이 몸무게를 늘린다면, 남반구에 사는 모든 이들은 비만일 것이다. 하지만 그들은 오히려 더 날씬하다.

세계에서 칼로리를 계산하는 가장 큰 단체는 웨이트워처스다. 그들은 50년 넘게 사람들을 칼로리를 계산하게 만들었다! 흥미롭게도, 2011년 웨이트워처스의 CEO인 데이비드 커셔는 「타임스」 잡지 인터뷰에서 "칼로리 계산은 도움이 되지 않습니다. 한 손에는 100kcal의 사과 하나를 그리고 다른 한 손에는 100kcal의 과자 한 팩을 두고 그 둘을 '똑같다.'라고 보는 건 말이 안 됩니다." 웨이트워처스가 그런 말을 했다는 것은 칼로리 계산이 정말 체중감량에 도움이 되지 않는다는 것을 확실히 보여주는 것이다. 칼로리 계산 다이어트는 먹히지 않는다! 더구나 수학자처럼 열량이나 세고 있으면 음식을 먹는 기쁨을 뺏기게 될 것이다. 당신이 올바른 자연식품을 먹는다면 칼로리를 셀 필요가 없다.

과일: 설탕 음모론

과일은 설탕(과당)을 함유했다는 이유만으로 억울한 누명을 쓴다. 많은 건강 지지자들이 식단에서 과일을 제외시킬 것을 권유한다. 그들은 과일이 설탕을 과다하게 누적시켜 비만 · 심장병 및 제2형 당뇨병을 유발할 수 있다고 생각한다. 나는 이것이 과도한 주장이라고 생각한다. 과일은 식단의 중요한 부분이다. 그렇다, 과일은 설탕을 함유하고 있지만, 그것은 채소도 마찬가지다. 고구마 한 컵에는 설탕 6g이 함유되어 있지만, 당뇨병 환자들에게는 완벽한 음식이다. 브로콜리 한 줄기에는 2.6g의 설탕이 함유되어 있다. 고구마와 브로콜리로 인해 혈당이 올라가지 않는 이유는 이들이 섬유를 많이 함유하고 있어서 설탕을 완충시켜 주기 때문이다. 어떤 과일을 먹을지 정할 때, 글리세믹 지수(GI)를 보는 것이 중요하다. 글리세믹 지수는 과일이 당신의 혈당치에 얼마나 영향을 끼치는지에 대한 것이다. 혈당의 균형을 잡는 가장 중요한 방법은 섬유성분은 높고 GI가 낮은 과일을 먹으면 된다.

포도나 바나나를 먹기보다는 섬유가 많고 GI가 낮은 사과나 블루베리를 먹으라. 이 과일들이 설탕 수치는 높아도(블루베리는 한 컵당 15g의 놀라운 설탕량이 들어 있다.) 섬유 성분이 높기 때문에 자연 과일 설탕이 몸속에서 천천히 퍼져 건강에 나쁠 정도로 혈당치를 높이지는 않을 것이다. 블루베리는 높은 설탕 성분에도 불구하고 혈당치를 정상화시켜 당뇨 위험을 23%나 낮춰 준다. 그러면 세계에서 가장 흔히 먹는 과일인 사과는 어떨까? 이 설탕으로 가득한 과일에 어떻게 '하루에 사과 한 알이면 의사가 필요없다.'라는 말이 생긴 걸까? 왜냐하면 사과는 산화방지제 · 비타민 · 미네랄 및 섬유를 가득 함유하고 있기 때문이다. 펙틴이라는 섬유는 사과의 과당을 완충시켜 인슐린 수치가 오르는 것을 막아 준다. 일주일에 다섯 개 또는 그 이상의 사과를 먹는 사람은 사과를 먹지 않는 사람보다 당뇨병에 걸릴 위험이 더 낮다. 그렇지만 설탕을 완충시켜 주는 섬유는 모두 껍질에 있으니 그것을 벗기면 안 된다.

과일의 글리세믹 안내서

초록빛 과일은 원하는 만큼 먹고, 노란빛 과일은 제한하고, 빨간빛 과일은 상으로 사탕 먹듯 가끔 먹어라.

[표 10-1]

초록빛 (글리세믹이 낮은 과일)	노란빛 (글리세믹이 중간인 과일)	빨간빛 (글리세믹이 높은 과일)
사과, 귤, 배, 블루베리, 자몽, 오렌지, 딸기, 라즈베리, 블랙베리, 체리, 복숭아, 자두, 덩굴월귤, 엘더베리 열매, 구스베리, 보이즌베리	망고, 키위, 포도, 무화과, 파인애플, 파파야, 살구, 칸타루프, 감로멜론, 석류, 귤, 바나나	수박, 파인애플, 대추, 레종, 설탕 조림한 과일

운동을 하면 체중감량이 어려워진다!

뭐라고? 우리 세대의 가장 존경받는 달리기 권위자가 심장병으로 죽은 후, 비활동적인 사람들은 운동이 중요하다는 사실을 믿기 어려워졌다. 사실 운동은 중요하고 몸을 건강하게 만들기 위해 필요하지만, 체중을 감량하고 싶다면 식단을 바꾸는 것이 훨씬 더 효과적이다. 100kcal를 태우기 위해서는 팔벌려뛰기 500번을 해야 한다. 그렇지만 음료수 한 개를 안 마시면 150kcal가 사라진다. 어떤 것이 더 효과가 있는가? 일반적인 사람이 하루에 음료수를 3~5개 마신다는 것을 감안하면, 당신이 형편없는 식품 선택을 하기 위해 매일 팔벌려뛰기 4천 개를 할 수는 없는 노릇이다.

나는 성인이 된 후 거의 늘 헬스장에 갔다. 내가 운동을 반대하는 게 아니다! 하지만 체중을 감량하기 위한 운동에는 반대한다. 대다수의 운동 권위자들이 체중을 감량하고 싶으면 운동을 해서 당신이 먹는 칼로리를 태우고, 태우고, 또 태우라고 할 것이다. 이것은 틀린 말이다.

만일 당신이 체육관을 다니고 있다면, 행크(이름을 물어본 적은 없지만 행크처럼 생겼다.)를 본 적이 있을 것이다. 그는 러닝머신이나 고정된 자전거를 타면서 땀을 하도 흘려서 기계 위에 땀을 뿌리거나 어떨 땐 옆 사람에게 튀기기도 하는 그 비만 남성이다.(나는 행크 옆에 비어 있는 러닝머신을 이제는 사용하지 않는다.) 행크는 항상 체육관에 있다. 그는 정말 성실하다! 매주, 매달, 행크가 고통스럽게 뛰고 있는 것을 본다. 불행히도 같은 체중으로 말이다. 어쩌면 당신도 행크 같지 않을까? 운동으로 1~2kg을 감량하지만, 곧 다시 돌아온다. 그래서 러닝머신 위에 있는 시간을 더 늘리거나 경사를 올리는 것이 도움이 되리라 생각한다. 하지만 운동을 할수록 더 배가 고파진다는 사실을 느꼈는가? 운동이 배고픔을 자극하기 때문이다! 당신이 음식을 더 찾아 더 먹게 만들어 결국에는 운동으로 얻은 체중감량의 의미가 없어지는 것이다. 사실 운동은 체중감량을 더 어렵게 만든다!

2009년 비영리적인 공공과학도서관의 상호심사저널 「플러스 원」은 주기적으로 운동을 하지 않는 464명의 비만 여성에 관한 연구를 발표했다. 여성들은 네 집단으로 나뉘었다. 세 집단은 6개월 간 각자 매주 트레이너와 72분, 136분, 194분씩 운동을 했고, 네 번째 집단을 변수로 두어 일상생활을 그대로 하게 했다. 그 어떤 집단도 식습관을 바꾸지 않았다. 통제집단을 포함한 네 집단의 여성 모두 몸무게를 감량했다! 일주일에 며칠을 트레이너와 함께 운동한 집단은 통제집단과 비교해 그렇게 크게 감량을 하지 못했다. 연구 결과 대다수의 여성이 운동을 하고 나서 이전보다 더 많이 먹었다. 네 집단 모두 식습관을 바꾸지 않았기 때문에 트레이너와 격렬하게 운동한 사람들이 그렇지 않은 사람들보다 체중이 더 많이 감량되지 않은 것이다.

「비만연구학술지」는 컬럼비아대학에서 진행된 한 실험에 대해 발표했다. 0.45kg의 지방이 2kcal를 태우는 것과 비교했을 때, 몸이 쉬는 동안 0.45kg의 근육이 약 6kcal를 태운다는 사실이 밝혀졌다. 이 말은 당신이 열심히 운동해서 5kg의 지방을 태웠다면, 체중이 다시 돌아오기 전에 하루에 40kcal, 즉 버터 한 스푼 정도만 먹을 수 있다는 뜻이다. 그 이상을 더 먹으면 몸무게가 늘어날 것이다. 다시 말해, 당신이 힘들게 운동을 한 후 567g짜리 게토레이(130kcal) 한 병을 마시면, 당신이 태운 칼로리보다 방금 마신 칼로리가 더 많으므로 방금 한 운동이 무용지물이 된다는 말이다. 여기서 볼 수 있듯 몸은 운동한 후에 더 많이 굶주리기 때문에 악순환이 된다. "체중을 감량하려면 먹는 양보다 더 많은 칼로리를 태워라."라는 이야기는 말도 안 되는 소리다. 당신이 팔벌려뛰기 몇 개를 하든, 자전거를 얼마나 오래 타든 운동만으로는 소용이 없다. 그렇기 때문에 운동은 체중감량에 가장 좋은 세 가지 방법 중 하나가 아니다.

당장 100명에게 체중을 감량하고 싶냐고 물으면, 85명이 그렇다고 대답할 것이다. 그들에게 다이어트나 운동을 해서 체중을 감량하고 다시 찐 경험이 있냐고 물으면 대부분이 한숨을 쉬고 "그렇다."라고 할 것이다. 체중을 감량하고 유지하는 데는 세 가지 장애물이 있다. 너무 많은 백색 음식을 먹는 것, 원기를 회복하는 깊은 잠의 부족 그리고 오비소겐(체중을 늘어나게 하는 화학물질)에 노출되는 것이다. 이 세 기둥을 당신의 영구적인 체중감량 삼륜차라고 생각하라. 당신의 식습관은 그저 하나의 바퀴에 불과하다. 다른 두 가지가 없으면 액셀 페달을 밟아 앞으로 나아갈 수 없다.

장애물 1: 백색 음식

만일 당신이 체중을 감량하고 싶으면 백색 음식을 멀리하라. 그러면 혈당 균형에 도움이 되고, 기력이 높아지고, 더 깊게 잘 수 있고, 원치 않은 체중을 감량할 수 있을 것이다. '백색 음식'은 하얀색 음식으로, 가공되고 정제된 음식을 말한다. 우유 · 밀가루 · 쌀 · 파스타 · 빵 · 크래커 · 시리얼 그리고 그래뉴 당이나 액상과당으로 달게 만든 모든 음식을 말한다. 몇 가지 예외는 있다. 꽃양배추 · 마늘 · 버섯 · 파스닙 · 양파 · 감자 · 바나나 · 순무 · 하얀 콩 · 흰살 물고기 그리고 흰살 가금류와 같은 자연적이고 가공되지 않은 백색 음식은 괜찮다. 나머지 백색 음식은 탄수화물 농도가 높아 섭취시 혈당치를 확 올렸다 떨어뜨려 과식하게 되고 체중이 늘어난다.

백색 음식을 공적 제1호인 설탕으로 가득한 '나쁜 탄수화물'로 생각하라. 일반사람들은 매년 68~77kg의 정제된 설탕을 먹는다! 이것은 특히 과거랑 비교했을 때 정말 많은 양의 설탕이다. 100년도 더 되기 전, 설탕의 매년 평균 섭취량은 한 사람당 겨우 1.8kg이었다. 오늘날 설탕 섭취가 4천%나 증가한 것이다. 또한 설탕은 비만 전염병의 최대 원인이다. 당신이 음식이나 음료에 설탕을 더 넣어 먹는 사람이 아니더라도, 이미 설탕을 너무 많이 먹고 있다. 이 감미료는 토마토소스 캔이나 병(반 컵당 15g의 설탕), 그라놀라바(설탕 12g), 그릭 요구르트(226g당 17~33g의 설탕) 그리고 비타민 물(567g짜리 한 병에 설탕 32g) 속에 숨어 있다. 파스타 같은 가공된 곡물도 멀리하라. 비록 표기에 '설탕'이라고 적혀 있지 않아도 혈당치를 높이고 인슐린이 방출된다.

덜 가공된 '좋은 탄수화물'은 가공된 탄수화물보다 체세포에 더 좋다. 나쁜 백색 음식을 먹으면 만족스럽지 못해 양 조절이 어렵다. 더 많이 먹을수록 더 살찐다. 현미 · 오트 · 보리 · 호밀 그리고 퀴노아 같은 통곡물을 먹으면 섬유의 좋은 근원을 얻고, 느리게 흡수되어 오랫동안 배부름을 유지할 수 있다. 복강병이나 글루텐 알레르기를 겪고 있는 사람들에게 통곡물을 대신할 수 있는 식품은 메밀이다. 메밀을 밀가루 대신 팬케이크나 파스타를 만드는 데 쓸 수 있다. 사실 메밀국수는 일본에서 인기 있는 요리다. 커피나 차를 더 달게 하고 싶거나 요리에 설탕이 필요하면, 순수 생꿀 · 유기농 코코넛설탕 · 유기농 메이플 시럽 · 야콘 시럽 · 스테비아, 아니면 나한(나한과에서 만들어진 자연 감미료)을 대신 쓰면 된다.

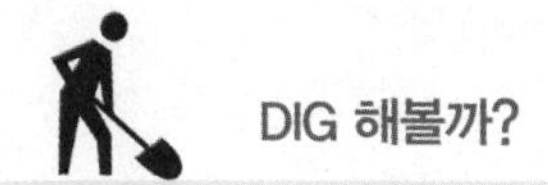

DIG 해볼까?

흰 쌀이 백색 음식 목록에 올라와 있는 이유

중국 음식점에서 먹고 나면 왜 배가 금방 꺼지는지 궁금했던 적이 있을 것이다. 그것은 대다수의 음식이 하얀 쌀과 함께 나오기 때문이다. 하얀 쌀은 현미에서 쌀겨와 배엽이 벗겨진 것이기 때문에 섬유와 영양분이 적다. 또 맛을 내기 위해 단당과 다른 비자연적인 재료들이 하얀 쌀에 첨가된다. 현미는 배를 채워주는 섬유뿐만 아니라 망간과 인도 흰 쌀의 두 배고, 철분은 세 배, 비타민 B_3는 세 배, 비타민 B_1은 네 배 그리고 비타민 B_6는 열 배 더 함유하고 있다. 그래서 흰쌀이 피해야 할 백색 음식 목록에 올라와 있는 것이다.

피해야 할 백색 음식

- 흰 빵
- 통곡물이 아닌 파스타
- 흰 쌀
- 흰 밀가루 그리고 이것으로 만들어진 과자 · 크래커 · 케이크 · 프레첼 · 도넛 · 베이글 · 머핀 같은 제품들
- 감자와 감자칩
- 옥수수와 콘칩
- 팝콘
- 설탕과 설탕을 함유한 제품
- 설탕이 첨가된 청량음료

• 설탕에 절인 고기(절인 햄)
• 소금(음식에 가볍게 소금을 쳐야 하면, 가공이 덜된 분홍색의 히말라야 크리스털 소금을 사용하라.)

빵: 근거 없는 믿음으로 자르기

빵은 평판이 아주 나쁘다. 최근 유행하는 많은 다이어트는 빵을 공공의 적으로 본다. 실제로 빵 · 파스타 · 케이크 · 쿠키는 우리가 피해야 할 흰 밀가루로 만든다. 흰 밀가루는 왜 이렇게 건강에 해로울까? 이 질문에 답하기 위해 흰 밀가루가 어떻게 만들어졌는지 살펴보자.

우선 흰 밀가루는 통밀을 가져다가 겨의 바깥층을 제거한다. 겨는 재포장되어 변비에 걸린 사람들을 위한 건강식품으로 상점에서 팔리고 있는데, 변비는 주로 케이크 · 쿠키 · 빵을 너무 많이 먹어서 걸린다! 그리고 세균을 제거하는데, 이는 건강식품 상점에서 맥아로 재판매된다. 맥아는 식물 스테롤 · 비타민 · 섬유질과 싸우는 질병으로 가득 차 있다. 이렇게 좋은 물질을 모두 제거하고 나면, 나머지는 가루로 만들어 표백하고, 합성(가짜) 무기 비타민을 첨가한 다음, '강화' 밀가루로 판매한다. 안타깝게도 흰 밀가루 제품에 첨가된 이런 합성비타민들은 통곡물만큼 효과적으로 혈액세포에 흡수되지 않는다(제9장 참조).

빵의 또 다른 안 좋은 속성은 글루텐이다. 실제로 대부분의 다이어트 전문가들은 '글루텐이 없는' 제품이 당신의 건강을 최적화시키는 데 가장 좋다고 한다. 글루텐은 밀 · 호밀 · 스펠트밀 · 곡물 · 보리에서 발견되는 단백질의 집합이다. 만성소화장애증을 앓고 있는 사람들은 글루텐을 피해야 한다. 그들의 면역체계는 글루텐 입자를 공격해 결국 소화관 안쪽까지 공격한다. 약 240만 명의 미국인들이 만성소화장애증을 앓고 있다. 글루텐의 과민성이 있는 사람들 또한 그것을 식단에서 제거해야 한다. 몸의 반응을 보면 당신이 글루텐 과민성이 있는지 알 수 있다. 만약 당신이 통곡물 파스타 · 빵 · 시리얼과 같은 것들을 먹고 나면 종종 지치고 피곤함을 느끼거나, 배가 부어 복통을 느끼고, 후에 설사로 이어진다면, 글루텐을 줄이거나 제거하라. 그러나 당신을 포함한 대다수의 사람들은 글루텐과 통곡물을 완전히 피할 필요는 없다.

통곡물 빵과 파스타는 사실 몸에 좋다. 이것들은 건강을 개선하는 데 도움이 되는 섬유질, 건강한 식물성 단백질, 비타민, 미네랄 그리고 다양한 식물성 화학물질을 제공한다. 통곡물은 유기농 상태의 겨, 세균 그리고 배젖을 일부 함유하고 있다. 정제된 곡식의 경우에는, 겨와 세균을 벗겨내기 때문에 구매하지 않는 것이 좋다. 통곡물이나 통밀 중 어느 것이든 '통'이라는 단어를 찾으라. 또한 그 곡물이 상표에 적힌 처음 세 가지 성분 중 하나인지를 확인하라. 통곡물협의회의 '통곡물' 도장이 찍힌 상품을 찾으라. 그것은 적어도 반인분의 통곡물을 함유하고 있다는 사실을 보증하는 것이다.

나는 다이어트 전문가들과 소화건강 서적의 저자들이 식단에서 통곡물을 완전히 제거하라고 하는 것을 보고 당황했다. 통곡물은 소화에 좋다. 그 섬유질 함량은 변을 일정하게 볼 수 있게 해주는데, 이는 변비, 설사, 새는 장증후군 그리고 게실증을 막는 데 도움이 될 수 있다. 통곡물에는 젖산도 들어 있어 대장에서 '좋은 박테리아'의 성장을 촉진시킨다. 이 유기체들은 소화를 돕고, 영양소를 더 잘 흡수되게 하며, 심지어 면역체계를 개선하는 데도 도움을 줄 수 있다.

통곡물, 특히 밀은 암을 억제하는 성질을 가진 산화방지제의 일종인 페놀산을 함유하고 있다. 모든 곡물이 트리글리세라이드를 줄이는 데 도움을 주고, 심장병에 기여할 수 있는 '나쁜' 콜레스테롤 흡수도 막아준다. 실제로 하버드공중보건대학에서 발간한 연구에 따르면, 매일 2~3인분의 통곡물 제품을 먹는 사람은 일주일에 1인분 미만을 먹는 사람에 비해 심장마비나 심장병으로 사망할 확률이 30%가량 낮은 것으로 나타났다. 여기에는 통곡물 · 귀리 · 현미 · 보리 · 퀴노아 · 호밀 · 메밀 · 수수도 포함된다.

몸무게가 걱정된다면, 호밀빵을 선택하라. 2009년 「영양학저널」에서는 호밀빵이 포함된 아침식사를 하면 배고픔이 8시간 동안 줄어들 수 있다는 연구 결과를 발표했다. 2016년 5월에 「플로스 원」 의학저널에 게재된 또 다른 연구에서는 통곡물 호밀 토스트가 혈당 상승을 낮춘다는 사실을 발견했다.

1년 후인 2017년 5월, 영국의학신문에서 25년 간 10만 명의 실험자를 분석한 연구 결과를 게재했다. 그들은 글루텐 섭취량이 가장 많은 참가자들이 글루텐 섭취량이 가장 적은 참가자들보다 심장병 발병률이 현저히 낮다는 사실을 발견했다. 정제된 곡물의 섭취를 조절한 후 글루텐을 먹자, 관상동맥 심장질환에 걸릴 위험이 15%가량 낮아지기도 했다. 그들은 '글루텐을 피하면 몸에 좋은 통곡물 섭취가 줄어 심혈관계 질환에 영향을 미칠 수 있다.'라고 결론내렸다. 만성소화장애증이 없는 사람들에게는 글루텐이 없는 식단을 장려해서는 안 된다. 글루텐을 함유한 통곡물에 대한 좋은 점을 마지막으로 들은 게 언제인가? 최근 유행하는 음식은 마치 악마와 같다!

현미나 통밀빵 등 통곡물을 매일 먹으면, 하루에 90g의 통곡물을 먹을 때마다 대장암 위험이 17%까지 감소한다. 이것은 미국암연구소와 세계암연구기금에서 작성한 보고서에 적힌 내용이다.

소화건강을 위해 글루텐을 피하고 프로바이오틱 보충제를 복용하는 당신에게 안 좋은 소식이 있다. 가장 많이 팔린 프로바이오틱 보충제의 절반 이상이 글루텐을 함유하고 있다는 것이다. 컬럼비아대학의 만성소화장애증 센터에 따르면, '글루텐이 없는'이라는 상표가 붙은 보충제조차도 글루텐을 함유하고 있을 수 있다고 한다. 2015년 그 연구팀은 아마존과 몇몇 국내 소매 체인점들에서 가장 잘 팔리는 프로바이오틱 보충제 22개를 분석했다. 그러고 나서 그들은 액체 크로마토그래피라고 알려진 질량 분석법을 제품에 적용했다. 그들은 12가지 보충제, 즉 약 55%에서 검출가능한 수준의 글루텐을 발견했다. 12개 제품 중 8개 제품에 글루텐이 없다는 상표가 붙어 있었다. 당신이 만성소화장애증이나 글루텐 민감성이 없다면, 통곡물 빵(글루텐을 함유한)은 건강에 좋은 첨가물이 될 수 있다.

나의 백색 상실 이야기

나는 잘 먹는다. 순수한 음식을 먹는다. 유제품을 피하고, 25년도 더 전에 붉은 고기를 먹지 않겠다는 다짐을 했다. 내가 직접 기른 유기농 허브 · 채소 · 과일을 먹는다. 그리고 일주일에 최소 세 번은 운동한다. 하지만 이 모든 것에도 불구하고 몇 년 동안 7kg 정도 과체중이었다. 내가 평생 먹은 디저트 횟수를 한 손으로 꼽을 수 있을 만큼 단 것을 그렇게 좋아하진 않는다. 나의 가장 큰 약점은 팝콘이다. 나는 팝콘을 정말 좋아한다! 집에 와서 튀긴 유기농 팝콘을 먹는 것은 매일 밤마다 하는 의식과도 같은 행위였다. 나는 팝콘 없이 영화를 본다는 것은 신성모독에 가깝다고 생각했다! 팝콘은 섬유로 덮여 있으며 칼로리는 낮다. 그래서 소금이나 버터를 첨가하지 않으면 아주 좋은 건강 간식이라고 생각했다. 나는 앉은 자리에서 팝콘 한 통을 먹어치울 수 있었다.

팝콘은 글리세믹 지수가 높은 음식으로 알려져 있다. 우리가 이전에 말했던 것처럼 글리세믹 지수가 높은 음식을 먹으면 혈당치가 오를 수 있다. 하루는 이 악습을 고치고 팝콘을 그만 먹기로 했다. 놀랍게도 나는 일주일 만에 2.3kg을 감량했다. 그저 매일 커다란 팝콘 그릇을 내려놓았단 사실만으로! 6주 후 나는 거의 7kg을 감량했다! 이것은 7년 전 이야기고, 그때 감량한 체중은 아직 유지중이다. 내가 팝콘을 인생에서 완전히 제외했냐고? 전혀 아니다. 팝콘은 아직도 내가 즐겨 먹는 간식이지만, 단지 적당히 먹을 뿐이다. 이제 나는 한 달에 세 번 정도 튀긴 팝콘 한 그릇을 먹는다. 아까 말한 백색 음식 목록에 있는 음식을 제외시켜 당신이 원하는 만큼 체중을 감량하면, 가끔 팝콘 한 그릇, 파스타, 심지어 과자(딱 한 개만)를 먹는다고 해도 당신이 죽지는 않을 것이다.

간단한 음식 교환

우리는 습관의 동물이기 때문에 익숙한 것에 끌리는 경향이 있다. 동기부여 전문가인 지그 지글러는 이렇게 말했다. "항상 하던 대로 하면 늘 얻던 것만 얻을 것입니다." 필요한 변화는 몸에 도움이 된다. 그렇게 어렵지 않다. 간단한 음식 교환만 하면 된다.

상업적 식탁용 소금은 너무 심하게 가공해 색이 흰색이다. 일반적으로 염화나트륨 함량이 97.5~99.9%이다. 한편, 하와이의 검은 화산이나 히말라야의 소금 같은 고품질의 정제되지 않은 소금은 염화나트륨이 87%에 불과하다. 게다가 이렇게 더 건강한 소금은 칼슘 · 마그네슘 · 칼륨 · 구리 · 철을 포함한 최대 84개의 미네랄과 미량원소를 함유하고 있다. 이 미네랄들은 세포를 건강하게 하는 데 도움이 된다. 이런 영양소가 결핍된 가공한 식탁용 소금을 먹으면 계속 더 먹고 싶어진다. 이것이 패스트푸드 식당에서 식탁용 소금을 많이 쓰는 이유다. 이는 음식을 더 먹고 싶도록 만든다. 요리할 때 가공된 흰 밀가루를 사용하지 말고 아몬드 밀가루 · 코코넛 밀가루 · 메밀가루 · 퀴노아 밀가루를 사용해라. 가공된 백설탕을 사용하기보다는 코코넛설탕, 스님의 과일(나한과라고 알려진), 자일리톨(자작나무 껍질로 만든), 혹은 스테비아 같은 더 건강한 대안을 선택하라. 이렇게 간단한 음식 교환만으로 당신은 계속 좋아하는 맛있는 음식을 즐길 수 있다.

백색 음식에 반대하는 샘플 식단

아래는 몇 가지 권유하는 식단이다. 좀 더 자세한 요리법이나 건강 관련 조언을 원한다면 내 사이트 DrDavidFriedman.com에 방문하라.

아침(하나를 선택하라)

- 스크램블 달걀 두 개와 시금치와 아보카도
- 유기농 잡곡 오트밀
- 메밀 팬케이크와 야콘 시럽(천연감미료로, 연구 결과 식욕을 억제하고 지방을 줄여 준다고 하는)

- 통곡물 크림오브휘트 시리얼(감미료가 첨가되지 않은 아몬드밀크)

위와 함께 유기농 칠면조 베이컨 두 조각이나 칸탈루프 한 슬라이스를 첨가하라.

점심(하나를 선택하라)

- 구운 유기농 치킨 170g과 초록 이파리 샐러드(갓 짠 올리브오일 기반 비네그레트 드레싱)
- 칠면조, 토마토 그리고 호밀에 아보카도
- 버터넛 스쿼시 수프
- 야채버거(호밀빵)
- 시나몬을 곁들인 구운 고구마

위와 함께 찐 채소와 허브를 곁들여라.

간식(하나를 선택하라)

- 견과류 한 줌–아몬드, 캐슈, 마카다미아
- 신선한 과일 2분의 1컵–블루베리, 딸기, 사과, 오렌지
- 사과 하나를 유기농 아몬드 버터 테이블스푼 2개에다 살짝 담가서
- 후무스 테이블스푼 4개에 살짝 담근 채소
- 스무디(바나나 하나와 블루베리, 아몬드나 캐슈넛밀크와 섞어서)

저녁(하나를 선택하라)

- 구운 야생물고기(170g)
- 양념과 허브를 곁들인 구운 유기농 닭(170g)
- 레몬 비네그레트 드레싱을 뿌린 어린 시금치 위에 구운 가리비
- 붉은 조개 소스를 곁들인 통밀 파스타(113g)

• 야채볶음(갓 짠 올리브 오일을 사용한)

찐 브로콜리 2분의 1컵이나 아스파라거스, 혹은 중간 크기의 감자를 추가하라.

후식 선택(하나를 선택하라)

• 살짝 데친 배

• 구운 사과

• 코코넛 요구르트와 조각난 아몬드

• 망고 셔벗. 껍질을 벗겨서 네모난 조각을 낸 얼린 망고를 섞고, 라임주스에 꿀이나 야콘 시럽을 추가하라. 45분 혹은 완전히 굳을 때까지 얼려라.

장애물 2: 원기회복을 돕는 수면의 부족

2006년 11월, 클리블랜드의 케이스웨스턴리저브대학교에서 7만 명의 여성으로 16년 간의 연구가 진행되었다. 5시간 혹은 그 이하로 자는 사람들이 더 오래 자는 사람들보다 체중이 13.6kg 정도 더 많이 나갈 가능성이 30% 높았다.

수면부족이 비만과 어떤 관련이 있는지에 관해 많은 연구가 진행되었다. 2012년 6월, 미국인간생물학에 발표된 한 연구는, 6시간 이하로 잠을 잘 경우 체질량 지수(BMI)가 증가해 비만이 될 수 있다고 한다. 하지만 가장 놀라운 연구는 보스턴에 있는 브리검여성병원에서 행해졌다. 이 연구에서는 수면 패턴이 망가지면 혈당치가 높아지고, 신진대사율, 즉 몸이 움직이지 않을 때 칼로리를 태우는 속도가 느려진다고 한다. 2012년 4월에 발표된 한 특정 연구에서는 완벽히 통제된 실험실에서 시차와 교대근무로 인한 수면부족을 재현해 수면 행동을 분석했다. 연구원들은 각 참가자들의 수면시간과 활동 및 식단 같은 생활요인도 다 통제했다. 연구 결과는 수면이 부족하거나 수면의 질이 낮을수록 비만도가 오를 확률이 높았다.

여러 가지가 비만의 원인이지만, 수면 패턴에서 흥미로운 연관성을 찾을 수 있다. 1960년 미국 성인은 8.5~9시간을 잤고, 비만율은 12% 이하였다. 오늘날 성인은 평균 6.5~7시간을 자고, 비만율은 33%까지 올랐다. 1960년의 아이들은 세포가 자라는 데 이상적인 시간인 9~10시간을 잤다. 같은 시절에 어린이 비만은 3% 이하였다. 오늘날 아이들은 평균 8시간을 자는데, 미국 어린이와 청소년의 비만율은 충격적이게도 17%까지 치솟았다! 물론 몇 시간 동안 앉아서 비디오 게임(잠을 자야 하는 시간에 게임을 하는 시간도 포함해서)을 하는 것도 어린이 비만 전염에 한몫을 하지만 말이다.

비만율의 증가와 수면부족은 단순한 우연일까? '슬립 닥터'로 알려진 마이클 브레우스는 "아니다!"라고 말한다. 브레우스 의사의 베스트셀러 책 『수면의사의 다이어트 계획: 잠을 더 잘 자서 살을 빼라』에서는 잠을 자지 않는 것이 국가의 걱정거리인 비만 문제의 주요 원인이라고 한다. 내가 좋아하는 단골 게스트인 임상심리학자이자 수면전문가 브레우스 의사는 내 청취자들에게 밤에 잠을 잘 자는 것으로 어떻게 체중증가를 막을 수 있는지에 대해 설명했다.

"잠을 자지 않으면 살이 빠지지 않습니다. 수면이 부족할수록 우리 호르몬은 점점 더 미쳐 가죠." 브레우스 의사가 설명했다. "구체적으로 입맛과 신진대사에 영향을 끼치는 호르몬인 그렐린과 렙틴이 주요 범인입니다. 나는 그렐린을 GO호르몬이라고 부릅니다. go(가서) 먹으라고 하기 때문이죠. 나는 렙틴을 STOP호르몬이라고 하는데, 배부를 때 stop(그만 먹어)하라고 하기 때문입니다. 수면이 부족할 때 GO호르몬이 STOP호르몬보다 많아집니다."

브레우스 의사는 또 "수면부족은 신진대사에 영향을 끼칩니다. 이것은 몸이 에너지를 저장하는 방식입니다. 수면이 부족할수록 신진대사가 더 늦어집니다."

수면부족일 때 증가하는 또 다른 호르몬은 코티솔이다. 이 호르몬은 스트레스에 대항하기 위해 분출되는데, 복부에 지방이 쌓이는 주요 원인이다. 코티솔은 또한 혈당치를 높이고 혈압을 증가시킨다. 스트레스를 받을 때 설탕 · 탄수화물 그리고 살찌는 음식 같은 '기분 좋은 음식'이 먹고 싶어진다. 이 음식들이 기분을 좋게 해주는 신경전달물질 세로토닌의 수치를 올려주기 때문이다. 하지만 이 일시적인 행복은 영구적으로 체중을 증가시킬 수 있다. 특히 복부 쪽으로. 가장 위험한 지방 형태는 뱃살(또는 내장지방)이다. 이런 부류의 지방은 코티솔 수치가 높을 때 쌓이고, 세포가 인슐린에 저항하게 하여 고혈압 · 당뇨병 · 심장병 · 뇌졸중 그리고 조기사망 위험도 높아진다. 뱃살은 또한 무알코올성 지방간 질환이라는 미국에서 가장 흔한 만성간질환으로 여겨지는 질병의 전구물이다.

또한 깊은 잠에 빠질 때 뇌하수체에서 인간성장호르몬(HGH)이 분비된다. HGH는 성장을 촉진시키고 세포의 생산과 재생을 독려한다. 연구 결과 정상적인 체중의 성인보다 비만 성인의 HGH 수치가 더 낮았다. 그들은 또한 근육량도 더 낮았고, 대부분의 경우 활력과 삶의 질도 낮았다.

브레우스 의사는 수면부족이 HGH 수치에 어떻게 영향을 끼칠 수 있는지 보여주었다. "수면이 부족할수록 수면의 3단계와 4단계가 줄어듭니다."라고 설명했다. "이 단계는 신체적으로 HGH가 분비되는 재생적 수면을 취하게 해줍니다. HGH는 몸에 지방을 축적할지, 아니면 에너지로 사용할지를 알려주는 것 중 하나입니다."

그는 아주 중요한 점을 언급한다. 상상해 보자. 퇴근하고 집에 와서 자동차 시동을 끄고 엔진 가동을 멈추는 대신, 공원에다 차를 놓고 엔진이 계속 가동되게 두는 것이다. 자동차 엔진은 밤새도록 연료를 태울 것이다. 당신의 몸도 밤 동안 가동을 중지하지 않으면 똑같을 것이다. 밤새도록 연료를 태우는 것이다. 다음날 아침에 일어나면 더 많은 연료, 즉 음식이 필요할 것이다.

우리는 선천적으로 자급자족할 수 있게 태어난 대단한 존재다. 우리 몸의 연료가 한번 떨어지면 반응의 기복이 심해져 많은 양의 음식을 원하게 되고, 이를 지방으로 저장해 나중에 쓰려고 할 것이다. 수면부족은 우리 몸을 계속 연료(그렐린)를 갈망하게 하고, 배부르다고 알려주는 호르몬(렙틴)을 멈추고, 지방을 연료로 바꿔주는 호르몬(HGH) 수치를 낮추어 몸에 스트레스(코티솔)를 주어 위험한 뱃살을 생기게 한다. 이 호르몬 롤러코스터는 체중증가뿐만 아니라 노화도 촉진시켜 주름·기억력 쇠퇴·약함·회색머리 그리고 성욕감퇴 등을 일으킨다. 당신은 그저 잘 자는 것만으로도 이 모든 것과 싸울 수 있다. 많은 사람들은 이미 8시간씩 자고 있을 테지만, 정말 깊고, 원기를 회복시켜 주는, 치유가 되는 잠을 자고 있을까? 많은 사람들이 눈은 감고 있지만 밤새도록 뒤척인다.

「미국역학학회지」에 실린 연구는, 우리가 밤에 얼마나 부족한 잠을 자는지에 대한 걱정스러운 결과를 발표했다. 여성은 평균적으로 매일 밤 6.3시간밖에 자지 않고, 남성은 겨우 5.6시간을 잔다.

DIG 해볼까?

수면부족과 돈과 사망 위험

수면부족은 세계적으로 29억 명의 사람들에게 영향을 끼친다. 미국에서는 사람들이 매년 평균 230억 달러를 써 가며 더 좋은 수면을 취하려 한다. 이것은 그 어떤 질병에 드는 돈보다 많은 금액으로, 국내에서 대면하는 가장 큰 전염병이 불면증이라는 뜻이다. 매일 7시간 이하로 자면 사망 위험이 2배로 오르고, 6시간 이하로 자면 4배로 오른다.

왜 그렇게 많은 사람들이 수면부족일까? 우리가 탓해야 하는 한 남자는 바로 토머스 에디슨이다! 그렇다, 전구를 발명한 그 천재 말이다. 우리 몸은 생물학적으로 낮 동안 활동하고 밤에는 완전히 정지하도록 설계되어 있다. 전구가 발명되기 전 조상들은 매일 밤 깜깜한 어둠 속에서 10~12시간씩 잤다. 밤에는 뇌의 송과샘이 멜라토닌 또는 '어둠의 호르몬'이라는 호르몬을 생산한다. 멜라토닌은 다른 호르몬이 분비되는 시간도 포함해 신체의 24시간 리듬을 만들어낸다. 멜라토닌은 24시간 주기 순환에 따라 HGH 분비를 자극하고, 그렐린을 통제하고, 코티솔 수치에 영향을 끼친다. 바로 이것이 낮에 자는 교대근무자들이 밤에 자는 근무자들보다 더 살이 잘 찌는 이유다. 하버드대학의 한 연구는, 몸의 정상적인 24시간 주기 순환에 맞지 않게 자고, 먹고, 활동하면 당뇨와 비만 위험이 증가한다고 밝혔다.

더 잘 자는 법

어둡고 시원하게! 침실에서는 어떤 불빛도 생물학적 주기를 낮으로 착각하게 할 수 있어서 멜라토닌 분비가 줄어든다. 빛을 내는 물건들은 수면에 영향을 끼칠 수 있다. 야간등 · 텔레비전 · 3차원 디스플레이 · 알람시계 · 휴대전화 충전기 그리고 창 밖에 가로등까지. 만일 당신이 숙면을 취하고 싶으면 방을 최대한 어둡게 하라. 암막 커튼이나 눈가리개를 사용하라. 온도도 수면에 영향을 끼친다. 얼마나 편한지가 얼마나 오래 자는지를 결정한다. 몸은 (화씨 65~72도 사이) 서늘한 환경에서 가장 잘 잔다. 이보다 높거나 낮으면 좋은 질의 급속안구운동(램) 수면이나 꿈꾸는 단계를 취하기 어려울 것이다. 메모리폼 매트리스나 베개는 주의하라, 왜냐하면 열을 내기 때문이다. 미국수면학회는 침실이 어둡고 서늘한 동굴 같아야 한다고 한다.

조용히 침실은 소리나 다른 방해를 받지 않게 조용한 공간으로 만들라. 만일 애인이 코를 골거나 당신이 코를 곤다면, C모양의 베개를 사용하라. 그러면 CPR을 행할 때 고개를 뒤로 젖히는 것과 비슷하게 공기가 통하도록 길을 열어 줄 것이다. 만일 당신이 잠귀가 밝고 어떤 소리에도 쉽게 깬다면(새, 동물, 귀뚜라미, 비, 도로의 소리), 폼 귀마개를 사용하라.

잠자기 전에는 음식이나 술을 섭취하지 마라 잠자기 두세 시간 전에 먹는 것은 체중을 증가시키고 잠 못 이루는 밤이 되기에 좋은 방법이다. 자는 동안 소화가 진행되면, 몸이 설탕을 태우는 활동을 하지 않기 때문에 혈당치가 더 오래 증가할 수 있다. 그렇게 되면 당신이 먹은 칼로리가 지방으로 변한다. 술을 포함한 액체를 마시는 것을 자제하라. 밤에 화장실에 가고 싶어 깨는 것을 방지하기 위해서다. 많은 사람들이 술이 진정제 역할을 한다고 생각하는데, 사실이기도 하다. 더 빨리 잠들 수 있게 해주지만, 대신 중간에 깨게 한다. 초콜릿 · 커피 · 차 · 탄산음료 그리고 에너지 드링크를 포함한 카페인 제품은 잠자기 6시간 전에는 마시지 마라. 몇 가지 일반의약품 진통제에도 카페인이 함유되어 있다.

수면을 유도하는 10가지 가장 좋은 음식

체중을 감량하려는 환자들이 가장 어려워하는 것은 야식이다. 사람들은 퇴근하고 집에 도착해 텔레비전이나 컴퓨터 앞에 앉아 위안이 되는 음식을 먹는다. 살찌면서까지 간식을 먹을 필요는 없다. 사실 밤에 먹는 몇 가지 음식은 잠을 잘 자도록 도와주고, 수면의 질을 높여 주며, 체중을 감소시키기도 한다.

1. **아몬드** 내가 정한 건강하고 편안한 간식거리 중 최고다. 아몬드는 망간을 함유하고 있어서 졸리게 하고, 근육이 이완되도록 도와준다. 아몬드는 단백질의 좋은 근원이라서 혈당치를 안정적으로 유지시켜 주고, 아드레날린을 일으키는 사이클을 끄고, 쉬고 소화하는 사이클을 켜서 깊은 잠을 자게 한다. 감미료가 들어가지 않은 아몬드밀크는 밤에 먹기 좋은 음료다.
2. **호두** 이 견과는 트립토판이라는 세로토닌('기분 좋게' 해주는 호르

몬)과 멜라토닌을 생산시켜 잠을 잘 자게 해주는 아미노산이다. 게다가 텍사스대학의 연구원들은 호두가 잠을 빨리 자게 해주는 멜라토닌의 직접적인 근원일 수도 있다고 한다.

3. **바나나** 바나나는 긴장된 근육을 풀어주는 마그네슘과 칼륨의 훌륭한 근원이다. 또한 세로토닌의 전구물인 트립토판도 함유하고 있어서 식욕, 수면 패턴 그리고 기분 등을 조절한다.
4. **체리** 체리를 먹거나 237ml 정도의 체리주스를 마시면 더 빨리 잠들 수 있다. 체리는 신체의 멜라토닌 공급을 증가시킨다. 또한 말린 체리 한 접시는 잠이 오는 것을 도와주는 건강한 간식이다.
5. **오트밀** 오트밀은 칼슘 · 마그네슘 · 인 · 실리콘 · 칼륨이 풍부하다. 이것은 전부 수면을 돕는 요소들이다. 바나나 혹은 아몬드를 추가하라.
6. **아마씨** 오메가3 지방산이 풍부한 아마씨는 스트레스를 덜어 주고, 자기 전 몸을 느긋하게 만들어준다. 밤에 아마씨를 오트밀에 조금 뿌려 먹거나 테이블스푼으로 따로 한입 먹으라.
7. **칠면조** 트립토판으로 가득한 이 살코기는 당신을 편안하게 만들어 잠이 오게 해준다. 다진 칠면조 살코기를 양배추에 싸먹으면 훌륭한 야식이 된다. 다진 마름(water chestnut)과 신선한 허브(고수잎이나 바질)는 이 칼로리 낮고 잠을 유발하는 간식에 풍미를 더할 수 있다.
8. **카모마일 차** 지친 몸과 마음을 달래 주는 진정제 효과 덕분에 잠자기 전 마시기 아주 좋은 차다.
9. **꿀** 잠자기 전 단것을 먹으면 잠이 깬다고 생각하겠지만, 꿀에 있는 포도당은 오렉신이라는 신경전달물질을 분비한다. 오렉신

은 초롱초롱하게 하고 각성시켜 주는 신경전달물질을 끄라는 신호를 뇌에 보낸다. 카모마일 차에다 조금 부어 먹으라.

10. **후무스** 중동의 유명한 음식인 후무스는 땅콩잼과 비슷한 식감과 농도를 가지고 있다. 후무스를 만드는 데 여러 재료가 사용되지만, 주재료는 병아리콩(가르반조콩으로도 알려진)으로 높은 고단백질의 콩이다. 다른 재료는 레몬주스, 신선한 마늘, 파프리카 그리고 올리브 오일이다. 트립토판 · 페닐알라닌 · 타이로신은 후무스에 있는 아미노산으로 질좋은 수면을 취하게 하며 기분을 좋게 해준다. 셀러리 줄기에 몇 스푼 첨가하면 건강하고 잠이 잘 오는 간식이 완성된다!

장애물 3: 화학물질

사람들이 체중으로 고군분투하는 또 다른 이유는 오비소겐이라는 화학물질 때문이다. 이 화학물질은 천연이든 사람이 만들었든 상관없이 신진대사를 제어해 체중을 증가시킨다. 이 화학물질은 플라스틱에서 발견되는 복합체, 살충제나 살진균제, 콩과 감미료 그리고 가축에게 투여되는 호르몬 등에서 나온다. 이 오비소겐은 식욕을 돋구고, 정상적인 발달과 지질대사를 방해해 비만으로 이어지게 한다. 또한 성장호르몬 · 인슐린 · 코티솔 같은 호르몬 불균형을 일으킨다. 오비소겐에 노출된 사람들은 안드로젠과 에스트로겐 성호르몬 수치 비율이 결핍되거나 변형되어 몸속 지방의 균형이 바뀐다. 즉, 성장호르몬 분비를 낮추고, 코티솔 수치의 균형을 망가뜨리고, 인슐린 저항을 증가시킬 수 있다는 말이다. 오비소겐은 화장품, 물병, 눌어붙지 않는 프라이팬, 전자레인지용 팝콘 그리고 심지어 샤워 커튼에서도 발견할 수 있다. 사실 일반적인 사람은 매일 100가지가 넘는 오비소겐에 노출된다! 게다가 오비소겐은 심장질환 · 당뇨병 · 비만 그리고 높은 콜레스테롤과 관련이 있다.

가장 흔한 오비소겐

액상과당(HFCS)은 특히 어린이 비만의 주원인이다. 음식과 음료의 가장 흔한 감미료로 슈퍼에서 쉽게 볼 수 있다. 오비소겐이 호르몬을 조절하는 인슐린과 식욕에 손상을 입히면, 실제로는 배고프지 않아도 배고프다고 착각하게 된다. 입맛이 돌면 지방이 생산된다. 액상과당은 정부의 옥수수 농장 보조금 덕분에 설탕보다 저렴하다. 액상과당이 들어간 제품은 사탕수수로 만든 제품보다 더 달고 저렴하다. 그래서 추가적인 비용을 들이지 않고도 일반 음료수 사이즈를 237ml에서 592ml으로 올릴 수 있게 되는 것이다. 2004년 6월에 「임상내분비학대사저널」은 액상과당을 먹으면 배고픔을 느끼게 해 음식을 먹으라고 하는 호르몬인 그렐린이 억제되지 않는다는 사실을 보고했다. 2009년 5월에 「임상연구저널」은 액상과당 음료를 마신 참가자들이 포도당이 높은 음료를 먹은 참가자들보다 내장지방이 더 늘었다고 보고했다. 복부 지방은 제2형 당뇨와 심장질환의 위험을 높이기 때문에 가장 위험한 지방으로 여겨진다.

비스페놀 A(BPA) 주로 플라스틱을 굳히는 데 사용되는 이 합성 에스트로겐은 인슐린 저항을 증가시키는 것으로 알려져 있다. BPA는 플라스틱 음식 용기나 음료수병 · 캔 음식 · 유아용 유동식 · 병뚜껑 · 상수도 등에서 발견된다. 몇 가지 치아 실런트와 복합재료에도 BPA가 함유되어 있다. 미국은 매년 272kg이 넘는 BPA를 생산하고, 93%의 미국인에게서 발견된다. 또한 이 화학물질은 영수증이나 행사 · 영화 티켓 · 상표 · ATM 영수증 그리고 비행기표 같은 감열지 물품에서도 발견된다. 임산부는 이런 감열지 제품을 만지고 난 후 눈 · 코 · 입 등을 절대 만지면 안 된다. 미국화학위원회는 먹는 것과 관련된 건강 위험 때문에 FDA에게 이 화학물질을 플라스틱 젖병에서 뺄 것을 청원했다. 2012년 7월, FDA는 BPA가 플라스틱 젖병이나 아기 컵에 들어가면 안 된다고 공식적으로 발표했다.

열 이미지 처리를 한 영수증을 지갑에 넣으면, 지갑에 든 돈이 BPA로 오염된다. 이로 인해 그 지폐가 노출의 2차적인 근원이 될 수 있다. 이 말은 돈에서 여성 호르몬인 에스트로겐을 얻는다는 뜻이다. BPA는 암 · 불임 · 유방암 같은 건강문제와도 관련이 있고, 비만 전염병의 주범이기도 하다.

과일과 채소를 먹는 해충을 죽이는 데 사용되는 **살충제**는 비만 · 당뇨병 및 다른 질병과 관련이 있다. 평균적인 미국인은 매일 10~13개의 살충제에 노출된다. 그리고 그중 90%가 비만과 관련된 환경호르몬이다.

의약품은 오비소겐을 함유하고 있다. 세로토닌 재흡수 억제제(SSRI)로 알려진 몇 가지 우울증 치료제는 식품섭취와 지방축적에 영향을 미치기 때문에 비만과 관련이 있다고 알려져 있다. 당뇨약인 악토스, 아반디아 그리고 티아졸리디네이온은 인슐린 감수성을 향상시키지만, 체중을 증가시키기도 한다.

과불화옥탄산(PFOA)은 계면활성제로 눌어붙지 않는 취사도구에 사용된다. PFOA는 98% 이상이 일반 미국인들의 혈액에서 발견되었다. 비만과 관련된 잠재적 환경호르몬인 것이다.

에스트로겐, 프로게스테론 그리고 테스토스테론 같은 **호르몬**은 소의 체중을 늘리는 데 사용된다. 소를 먹으면 동일한 물질이 당신의 체중을 늘릴 수 있다! 예일의대와 존스홉킨스대학을 포함한 열 군데의 다른 대학 연구원들에 의해 진행된 「국제비만학회지」에 실린 연구는, 스테로이드 호르몬을 식용 가공품과 일반적인 낙농업에서 사용하면 비만에 기여한다고 한다.

닭과 양식 물고기에서 발견되는 항생제 닭과 양식 물고기는 작은 우리 안에 갇혀 있으므로, 감염과 싸우고 크게 자랄 수 있도록 항생제가 사용된다. 이 항생제는 오비소겐이다.

DIG 해볼까?

떨어지는 비만율과 오비소겐 노출

그래서 많은 체중감량 클리닉, 다이어트 책 그리고 전문가들은 사람들이 체중을 감량하지 못하는 첫 번째 원인을 칼로리 과다섭취라고 한다. 이것은 사실이 아니다. 「미국임상영양학저널」에 발표된 연구에 의하면, 지난 10년 동안 비만율은 계속 증가했지만, 성인들은 꾸준히 칼로리를 더 적게 섭취하고 있다고 한다. 1970년대부터 추세를 분석한 결과, 성인의 평균 하루 에너지 섭취는 1971~2003년에는 평균 314kcal가 늘었고, 2003~2010년에는 74kcal가 떨어졌다고 한다. 수치상으로는 비만율에 영향을 줄 만큼 상당한 감소치다. 칼로리를 얼마만큼 섭취하든, 오비소겐에 노출되는 한 체중을 줄이기는 어렵다.

오비소겐을 피하는 방법

- 뜨겁거나 차가운 액체를 담을 때는 플라스틱 병 대신 친환경적인 대체품을 사용하라. 알루미늄 BPA가 없는 스포츠 물병도 가능하다.
- 바닥에 숫자 3이나 7이 들어간 플라스틱 용기를 피하라. BPA가 침출될 수 있다. 대신 BPA를 함유할 가능성이 낮은 숫자 1, 2, 4, 5, 6을 찾으라.
- 물병을 차갑게 두라.(따뜻한 온도에서는 BPA가 침출될 수 있다.) 그리고 플라스틱을 절대 전자레인지에 돌리지 마라.
- 유기농 농산물을 먹으라. 플라스틱이나 반짝이거나 광택이 있는 용기에 든 가공식품은 피하라.
- 풀을 먹이고 방목해 길렀거나, 야생에서 잡힌 닭이나 생선을 먹으라.
- 눌러붙지 않는 프라이팬과 포장된 음식을 피하라.
- 캔 음식을 적게 먹으라. 대신 신선하거나 얼린 음식을 먹으라. 예를 들어, BPA를 함유하고 있지 않은 포장된 참치가 있다.
- 인공감미료를 피하라.

인공감미료의 달콤한 속임수

비만을 일으키는 가장 인기 있는 화학물질은 역시 인공감미료다. 이것은 어디서든 발견된다! 미국인들은 매년 미용제품 · 커피 · 애완동물에 사용하는 돈을 합친 것보다 많은 670억 달러를 인공감미료에 쓴다. 음식과 음료수 제조업자들은 이 감미료를 '죄책감 없는', '칼로리 없는', '제로 탄수화물' 같은 표어를 사용해 광고한다. 불행히도 미국은 속아 넘어갔고, 진실은 그다지 달콤하게 들리지 않을 것이다. '인공'으로 표기된 모든 제품이 다 화학자들이 연구실에서 만든 것이다. 이 설탕 대체품은 많은 독성 화학물질로 만들어지고 신체의 불균형과 우울증 · 관절염 · 알츠하이머 · 파킨슨, 심지어 암과 같은 질병으로 연관된다. 대중들이 이런 사실을 알아도 체중에서 몇 kg을 줄이기 위해 위험을 감수하려고 한다. 안타깝게도 설탕 대체품이 체중감량에 도움이 된다는 확실한 증거는 없다. 연구는 오히려 그 반대를 보여준다. 식당이나 식료품점에서는 파랑 · 노랑 · 분홍의 알록달록한 무지개색 패키지를 판매한다. 가장 인기 있는 세 가지 제품을 한번 살펴보자.

아스파탐

가장 인기 있는 블루 패킷 감미료인 아스파탐은 6천 개가 넘는 소비자 제품 · 탄산음료 · 요구르트 · 껌 · 샐러드드레싱 그리고 종합비타민제까지 들어가 있다. 뉴트라 스위트와 이퀄에서 판매하는 아스파탐은 1965년에 세를회사에 있는 한 과학자가 처음으로 발견했다. 이 화학자는 위궤양 약을 만들던 중 실수로 아스파탐을 발견했다. 그는 페이지를 넘기기 위해 손가락을 핥았다가 단맛을 느꼈다. 그의 손가락 끝에 아스파탐이 묻어 있었고, 이것이 단맛을 낸 것이다. 이 단 화학물질 덕분에 위궤양 약을 판매했을 경우 벌었을 것보다 더 많은 돈을 벌게 되었다. 세를의 초기실험은 아스파탐을 많이 먹었을 때 실험용 쥐의 뇌에 종양이 생겼고, 원숭이에게서는 간질 발작이 발생했으며, 다른 동물들에서는 이것이 포름알데히드로 바뀌었다! 이런 위험한 부작용에도 불구하고 FDA는 아스파탐을 1974년 건량 음식 첨가제로 허가했다. 세인트루이스의 워싱턴대학의 명성 있는 뇌연구원 존 올니를 포함한 많은 과학자들이 이 데이터를 검토했다. 올니는 아스파탐이 쥐에게 뇌종양을 발생시킨다는 사실을 알고 엄청난 충격을 받았고, FDA에 공청회를 청원했다. 올니 박사는 쥐가 아스파르트산(아스파탐의 한 구성)을 먹으면 뇌에 미세한 구멍들이 생긴다고 했다. '더 나은 음식과 약을 위한 소비자 행동단체'에서도 역시 이 제품이 원숭이에게 간질 발작을 일으키고, 눈에 손상을 일으킬 가능성이 있으니 공청회를 열어달라고 청원했다. 아스파탐은 또한 몇몇 약한 아이들에게 페닐케톤뇨증(PKU)을 유발하는 페닐알라닌과 위험한 신경독인 메틸알코올이 포함되어 있다.

1975년 FDA의 한 조사관이 세를의 시험설비를 정기검토하던 중 다수의 위반사항을 발견했다. 이 보고서로 FDA가 특별위원회 전담반을 구성해 세를의 연구실을 검토했다. 1975년 12월, 이 전담반은 세를의 아스파탐 연구에 여러 가지 심각한 문제가 있다고 보고했다. 11가지 주요 실험은 너무 노골적인 결함이 있는 상태로 진행되어 아스파탐의 안전성에 의구심이 생겼으며, 세를의 형사적 책임을 물을 가능성이 제기되었다. 시카고의 미국연방검사는 원숭이 발작 실험에 관해 대배심 조사를 청했다. 이 미국연방검사는 출소기한법을 끝나게 두고 세를의 법률사무소에 들어갔다. 5년이 더 지난 1980년 10월, FDA 공개조사위원회는 드디어 아스파탐의 안전성을 평가했고, 이 화학물질이 동물실험에서 용납할 수 없는 정도의 뇌종양을 발생시킨다는 사실을 발견했다. 이 사실을 근거로 위원회는 아스파탐이 식료품에 들어가면 안 된다는 판결을 내렸다. 이 판결은 15년 간의 FDA와 세를제약회사의 규정 속임수가 밝혀진 판결이었다.

1980년 11월, 공개조사위원회의 판결이 있은 지 얼마 되지 않아, 로널드 레이건이 대통령으로 당선되었다. 1981년 1월, 레이건이 취임하면서 그가 참가한 한 영업회의에서 그의 우선순위는 아스파탐을 그 해가 끝나기 전 승인받는 것이라고 했다. 그는 아서 헐 헤이스 박사를 FDA 위원으로 임명했다. 헤이스는 6개월 만에 아스파탐을 음식 재료로 승인했다! 2년 후 FDA는 아스파탐을 탄산음료에 사용할 것을 승인했다. 이후 헤이스는 청탁을 받은 것이 밝혀져 FDA를 떠나게 되었고, 세를의 수석 의료자문자로 일했다. 1985년 대기업인 몬산토(그렇다, 또다시 그들이다!)는 세를과 뉴트라 스위트(아스파탐의 트레이드마크 이름)의 모든 권리를 사들였다. 세를의 변호사 로버트 샤피로는 몬산토의 회장이 되었다! 사람들이 계속 이동해 멀미가 나는가?

FDA가 아스파탐을 탄산음료에 허가한 지 얼마 되지 않아 FDA 사무실에 인공감미료에 관한 항의서가 1만 건이 넘게 들어왔다. 가장 흔한 항의는 사람들이 메스꺼움 · 현기증 · 시력저하 · 두통 그리고 발작을 겪는다는 것이었다. FDA는 질병대책센터에 연락해 불만을 검토하라고 했고, 센터는 25%의 항의가 아스파탐 섭취를 중단하면 멈추고, 재섭취하자 발생했다는 사실을 발견했다. 드디어 증명된 것이다! CDC의 발견은 FDA에 전달되었지만, 보고서는 무시되었다. FDA는 왜 도움을 청한 단체의 보고서를 무시한 걸까? FDA가 CDC의 보고서를 받은 그날, 펩시콜라가 아스파탐으로 전환했다는 광고를 언론에 냈다. 펩시의 발표와 매우 적극적인 마케팅으로 뉴트라 스위트가 유명해졌다. 1995년 그때 그 동물들처럼 인간의 뇌종양률이 10% 증가했고, 몇 가지 양성종양은 악성으로 변했다. 세를과 FDA의 부청장은 이 새로운 자료를 과소평가했으며, 아스파탐이 건강에 문제가 없다고 했다.

1997년 같은 FDA 관료는 임상연구 부회장이 되었다…. 또 세를이다!

오늘날까지도 음식첨가물로서의 아스파탐 거부반응에 대한 불평이 접수되고 있다. 1994년 2월, 미국의 보건사회복지부는 FDA에 보고된 부작용 목록을 보여주었다. 아스파탐은 FDA의 이상반응 교육에 보고된 모든 부작용의 75%에 해당했다. FDA는 아스파탐으로 인한 92가지 공식적인 부작용을 나열한다. 불안 · 관절염 · 체중증가에서 죽음에 이르기까지. 하지만 아직도 법적으로 식품에 사용이 가능하다!

아스파탐의 주성분인 페닐알라닌은 정신적 기능 상태를 방해하고 신경계를 무너뜨릴 수 있다. 다이어트 탄산음료에서는 신경독성의 역할을 해 퇴행성 질환을 일으킬 수 있다. 1980년대에는 배우 마이클 J. 폭스가 펩시 광고를 했고, 그의 계약 후반기에는 다이어트 펩시만 홍보했다. 이 기간 동안 그는 다이어트 콜라의 열렬한 소비자가 되었다. 그는 후에 역사상 파킨슨병에 걸린 가장 어린 사람이 되었다. 왜 그는 29세라는 어린 나이에 이 병에 걸렸을까? 뇌의 N-메틸-D 아스파르트산염(NMDA)은 파킨슨병과 관련된 신경독성의 원인이다. 아스파르트산염은 아스파탐이 대사작용을 할 때 분비되는 물질로 NMDA 수용체에 직접적인 영향을 끼친다. 그래서 아스파탐을 주기적으로 섭취하면 이런 수용체에 손상을 입혀 파킨슨병을 유발할 수 있는 것이다. 알츠하이머도 이 화학물질에 많이 노출되는 것과 관련이 있다.

라이프타임 방송에서 아침 건강상식에 대해 말하면서, 2부 특집에서는 인공감미료의 위험성을 밝히기로 했다. 나는 마이클 J. 폭스의 파킨슨병과 그의 탄산음료 섭취의 연관성에 대해 말하고 싶었지만, 라이프타임의 법률팀이 대본을 검토한 후 그 부분을 삭제했다. 그들은 불충분한 증거에 우려를 표한 것이었다. 물론 법적인 후폭풍을 말한 것이다. 나는 그냥 두 손 놓고 앉아 이 중요한 특집이 잘리는 것을 보고 싶지 않았다. 그래서 나는 전 FDA 조사관인 제임스 보웬과 아서 M. 에반젤리스타가 행한 강제적인 연구를 포함한 다양한 증거를 통해 아스파탐이 강력한 신경독성물질이라는 사실을 밝혔다. 나는 '증거파일 6: 아스파탐과 파킨슨병'을 추가해서 아스파탐 유독성 정보 센터의 마크 D. 골드에게 제출했다. 이 연구가 검토된 후 라이프타임의 법률팀도 받아들여서 특집이 방영되었고, 나는 극찬을 받았다. 나는 이 주제로 수백 명의 시청자들의 편지를 받았다. 그중 하나를 소개하겠다.

친애하는 프리드먼 박사님

저는 1년이 넘도록 쇠약한 어지럼증 · 피로 · 기억력 감소로 고통받고 있었습니다. 제 담당의사는 저에게 CT 스캔, MRI 그리고 혈액검사 등을 했지만, 제 증상에 대해 진단을 할 수 있을 만한 결과가 없었습니다. 아침에 텔레비전 앞에 앉아서 아스파탐이 들어간 커피를 마시던 중 당신이 내 인생에 영향을 주고 있던 여러 건강문제에 대한 해답을 알려주었습니다. 박사님이 말씀하시는 장면을 보면서 피로 · 어지럼증 · 기억력 감퇴를 유발하는 화학물질을 내 몸속에 넣고 있었던 것입니다. 나는 매일 아침 내 몸에 독을 주입하고 있었다는 사실을 몰랐습니다. (박사님이 설명하는 장면을 본 후) 저는 싱크대에 커피를 부어 버렸고, 두 번 다시 인공감미료에 손을 대지 않았습니다. 이제 모든 증상이 사라졌고, 이제껏 인생에서 이렇게 상쾌한 적이 없습니다! 그날 아침 저를 깨워 주셔서 감사합니다.

–사라 B.

스플렌다

이제 스플렌다(Splenda)라는 이름으로 판매되는 그 흔한 노란 패킷인 수크랄로스에 대한 이야기다. 스플렌다의 안전성을 증명하는 주요한 연구가 진행된 적은 없지만, 가장 '안전한' 인공감미료라고 한다. 수크랄로스가 설탕의 대체품으로 승인되기 전에는 살충제였다. 이렇게 설탕 대체품으로 변한 살충제는 어떻게 만들어졌을까? 우선 진짜 설탕으로 시작해서 칼로리를 없애기 위해 염소로 바꾼다. 그런 다음, 매니큐어 제거제에 들어가는 화학물질인 아세톤이 완충재로 추가된다. 그리고 휘발유에 들어가는 독성 발암물질인 벤젠이 이 혼합체에 추가된다. 참고로 벤젠은 EPA에 '가장 위험한 화학물질' 중 하나로 올라가 있다. 그 다음에 풀과 페인트에 쓰이는 톨루엔이 첨가되고, 또 독성 메틸알코올로 부동액이나 세정액에 사용되는 메탄올과 섞인다. 하지만 내가 죽을 만큼 좋아하는 재료를 잊으면 안 된다…. 포름알데히드! 그렇다. 시체를 방부하는 화학물질이다. 수크랄로스로 하루를 시작하는 여러분들, "커피맛 죽인다."라는 말에서 다른 의미가 느껴지지 않는가?

FDA가 이 화학물질을 인간이 섭취해도 된다는 허가를 하기 전, 수크랄로스의 안전성에 대한 의문이 제기되었다. 수크랄로스에 집중한 이 가장 긴 인간 연구는 나흘 동안 진행되었다. 이는 장기간 인간의 건강에 미치는 영향이 아닌 수크랄로스의 부식에 끼치는 영향에 관한 것이었다. FDA는 수백 개의 동물실험으로 수크랄로스가 안전하다고 검토되었다고 하지만, 그들이 발견했음에도 기업이란 이름 아래 숨긴 부작용에 대해서는 말하지 않았다.

- 정자생산과 활력을 방해하여 증가한 남성불임
- 뇌병변장애
- 커지고 석회화된 신장
- 빈혈증의 징후인 적혈구가 일 1,500mg/kg을 넘는 수준으로 감소
- 수크랄로스를 먹은 토끼 중 절반이 자연유산, 통제집단에서는 유산 사례 없음.
- 수크랄로스를 먹은 토끼 중 23%가 사망, 통제집단에서는 6%가 사망

사카린

이것은 분홍색 패킷에 예쁘게 포장되어 있다. 하지만 포장지가 다가 아니다. 흔히 스위트앤로우(Sweet'N Low)라는 이름으로 판매되는 사카린은 1960년과 1970년대에 동물들에게 암을 유발하는 것과 관련 있었던 인공감미료다. 오늘날 담배가 그렇듯 경고문구가 붙어 있다. 사카린은 콜타르 파생물로 식품적인 가치는 없다. 생각해 보라. 석탄에서 나온 것을 우리가 먹어도 된다고 생각하는가?

사카린을 만들 때 많은 화학물질이 사용되는데, 그중 하나는 암모니아다. 그렇다, 변기를 청소하는 데 쓰이는 바로 그 암모니아다. 사카린은 일반의약품을 포함한 많은 물품에 들어 있다. 씹어먹는 아스피린, 즉 아세트아미노펜 알약의 취학연령 아동의 일일 권장량은 다이어트 탄산음료 한 캔에 함유된 사카린의 양과 같다. 칼로리가 낮은 음식과 음료를 홍보하는 몇몇 기업은 사카린을 EPA의 발암물질 목록에서 빼 달라는 청원을 했다. 2000년에 독성물질 관리프로그램(NTP)에서 초기 연구는 인간이 아닌 동물을 대상으로 진행되었다며, 사카린을

더는 암을 유발하는 요소로 분류하면 안 된다고 했다. 2001년 FDA는 사카린에 대한 입장을 바꾸어 인간이 섭취할 만큼 완전히 안전하다고 했다.

이런 판결에도 불구하고 많은 과학자들은 여전히 이 화학물질을 발암물질이라고 생각한다. 오늘날 유망한 몇 명의 과학자들 또한 모여서 미국국립환경보건과학연구소의 독성물질 관리프로그램에 항의하며 사카린이 안전하다고 하는 것은 "어린아이를 포함한 수십억 명의 사람들을 이 유력한 발암물질에 노출시키는 것이다."라고 한다. 사카린이 약한 발암물질이라고 하더라도, 이 불필요한 첨가물은 대중에게 감내하기 어려운 위험을 준다. 보스턴대학교의 환경보호과 부교수이자 NTP의 편지에 공동서명한 유행병학자 리처드 클랍은 이렇게 말했다. "사카린이 인간에게 암을 발생시킨다는 여러 연구가 있었고, 우리는 매우 조심해야 합니다…." 또 다른 공동서명자이자 시카고의 일리노이의과대의 보건대학 교수인 사무엘 엡스테인은 "많은 동물 및 인간 연구가 사카린이 발암성이라는 사실을 증명한 것을 고려하면, NTP가 사카린을 목록에서 뺄 생각을 한다는 사실이 놀랍습니다."라고 했다.

제퍼슨의대의 병리학 교수이자 전미과학아카데미 의장인 엠마누엘 파버는 1978년 토론에서 사카린이 발암물질이라는 결론을 내렸다. 프레데릭의 국립암연구소 화학암형성프로그램의 전 이사인 윌리엄 리진스키와 세계자원연구소의 건강 · 환경 · 발달프로그램의 이사이자 유행병학자 데브라 데이비스 같은 다른 과학자들 역시 사카린이 암 위험을 높인다고 했다. 이 문서에서 그들은 국립암연구소 연구를 포함한 여섯 가지의 인간 연구를 통해 인공감미료 섭취와 방광암의 연관성을 특히 다이어트 식품을 많이 섭취하는 사람들에게서 발견했다. 그러나 그들의 노력은 모두 물거품이 되었다. 수십억 달러의 사카린 산업은 이미 널리 퍼져 있었기 때문이다.

건강한 설탕 대체품

나한은 자연감미료로 나한과에서 생기고, 설탕보다 300배 더 달지만 칼로리는 그렇지 않다. 글리세믹 지수가 낮아서 당뇨병 환자에게도 좋다. 나한과는 높은 온도에서도 안정적이라서 요리하거나 구워먹기에 좋다.

코코넛설탕은 코코야자나무에서 생긴다. 칼륨 · 마그네슘 · 비타민 B_3 · 비타민 B_6 · 아연 그리고 철분을 포함한 비타민과 미네랄의 풍부한 자원이다. 이눌린이라는 포도당 흡수를 느리게 해주고, 글리세믹 지수를 낮춰 주는 섬유를 함유하고 있다.

스테비아는 또 다른 좋은 설탕 대체품으로, 남미에서 1,500년이 넘도록 사용되었다. 100% 천연이고, 칼로리가 없다.

자일리톨은 칼로리가 낮고, 당뇨병에 친화적인 맛있는 설탕 대체품으로 버치나무에서 생긴다. 또한 충치를 줄여 주고, 여러 국내 치과협회로부터 공식적인 승인을 받은 껌이나 사탕의 설탕 대체품이다.

대다수의 건강한 설탕 대체품은 건강식료품점이나 온라인에서 구매할 수 있다. 결론은 감미료 얻으려면 화학자들이 아니라 자연을 찾아가라는 것이다.

☙ 많은 화학물질: 다이어트 음료의 위험성

칼로리가 낮아 '죄책감 없는' 다이어트 음료라는 이유는 사람들로 하여금 마시는 양에 제한을 두지 않아도 된다는 착각을 하게 만든다. 그러나 단지 '무칼로리'라고 해서 체중감량에 효과적인 제품이라는 것은 아니다. 씁쓸한 사실은 인공감미료가 함유된 탄산음료는 체중감량에 도움이 되지 않고, 오히려 반대로 비만과 많은 질병과 관련이 있다. 당장 마시는 것을 멈춰라! 사람들이 설탕을 먹으면 살찐다고 생각해 음료수에 설탕 대신 인공감미료를 첨가한다. 사실 설탕 한 티스푼은 16kcal밖에 되지 않는다. 그렇다! 당신이 버섯 한 컵, 오이 한 컵, 아니면 완두콩 4분의 1컵을 먹어 얻는 칼로리와 동일하다. 소량의 설탕으로 살이 찌진 않지만, 소량의 인공감미료는 살찌게 할 수도 있다. 인공감미료가 첨가된 음료수는 당신을 날씬하게 하지도 않고 영양분이 있지도 않다.

다이어트 음료가 비만을 일으킨다!

미국은 다이어트 탄산음료에 210억 달러를 쓴다. 이 모든 돈은 정교하게 짜인 돈벌이 장난질에 쓰이고 있다! 이런 다이어트 음료는 입맛을 돋우고 비만을 일으키는 화학감미료 성분을 함유하고 있다. 샌 안토니오에 있는 텍사스의과대학의 건강과학센터에서 행해진 한 연구는, 매일 두세 번씩 다이어트 탄산음료를 마시는 참가자들이 그렇지 않은 참가자들에 비해 허리둘레가 500% 더 크다는 사실을 발견했다. 이 8년 간의 연구는 다이어트 탄산음료를 한 개씩 마실 때마다 비만 위험도가 41%씩 올라간다고 보고했다. 다이어트 음료를 마시는 사람이 평균적으로 하루에 5개씩 마신다는 것을 감안하면, 체중이 늘지 않는다고 사람들을 속이는 바로 이 음료수로 인해 비만 위험도가 200% 더 높아지는 것이다. 나는 일반음료를 지지하지는 않지만, 그나마 두 악 중 차악이다. 많은 사람들이 다이어트 탄산음료가 혈당치를 억제시킨다고 생각한다. 당신도 그중 한 명이라면, 하루에 단지 한 개의 다이어트 음료만 마셔도 제2형 당뇨병이 생길 위험을 67%, 비만 · 심장병 · 당뇨병 · 뇌졸중과 관련된 위험요소인 신진대사장애가 생길 확률을 36%나 높인다는 사실이 놀랍게 들릴 수도 있다. '무설탕'이라고 해서 당뇨병 환자가 마셔도 괜찮은 음료라고 착각하면 안 된다.

배스라는 한 환자가 있었다. 그녀는 몸무게가 179kg이었고, 무엇을 시도하든 체중이 계속 늘기만 해서 화가 나 있었다. 그녀는 매일 탄산음료 8개를 마신다고 했다! 사실 그녀는 병원에 올 때도 매번 다이어트 캔 콜라를 마시고 있었다. 나는 그녀에게 그 음료가 살이 찌는 이유 중 하나라고 했다.

그녀는 대답했다. "그럴 리가 없어요. 다이어트 탄산음료 때문에 이렇게 살이 찐다면, FDA가 왜 '무칼로리'라는 문구를 승인했겠어요?"

나는 드디어 매를 들어야 했다. 차트를 꺼내보자 내가 6개월 전에 처음 만났을 때 그녀는 152kg이었다. 나는 그녀에게 어떻게 6개월 전보다 17kg이나 늘었는데 매일 다이어트 음료를 8개씩 먹는 것이 체중 감량에 도움이 될 수 있느냐고 물었다. 그녀는 드디어 '알아들었고' 습관을 바꾸기로 했다. 8주 후 그녀는 7kg을 감량했다. 다이어트 음료를 끊은 지 5개월 만에 그녀는 또 21kg을 감량했다! 여기서 감안해야 하는 것은 그녀가 따로 운동이나 식습관을 바꾸지 않았다는 사실이다. 단지 이 인공 화학물질인 독을 몸에 집어넣지 않는 것만으로도 그녀의 호르몬이 균형을 잡고, 식욕이 줄고, 음식을 찾거나 많이 먹는 것이 멈추었다. 다이어트 음료를 끊은 지 1년 만에 그녀는 총 66kg을 감량했다!

다이어트 탄산음료는 중독성이 있다

다이어트 탄산음료를 마시면 뇌에서 뭔가 단것이 들어오고 있다는 신호를 보내 췌장에서 인슐린을 분비하기 시작한다. 뇌의 중독 영역이 충족되지 못하면 담배 · 술, 심지어 마약 같은 중독을 담당하는 뇌영역에 시동이 걸린다. 바꿔 말하면, 인간의 뇌는 계속해서 인공감미료가 만들어낸 '취한' 느낌을 찾아 '뇌를 약올리며' 더 갈구하게 된다는 것이다. 2008년 연구에서 설탕으로 달아진 물과 스플렌다로 달아진 물을 마신 여성에게서 어떤 차이점도 발견하지 못했다. 하지만 뇌는 달랐다. 기능적 뇌 자기공명영상(Brain fMRI) 뇌 스캔 결과, 두 음료 모두 뇌의 보상회로를 작동하게 만들었다. 하지만 설탕이 더 확실한 효과를 보인 것으로 나타났다. 뇌가 몸에 설탕을 받을 준비를 하라는 신호를 보내지만, 들어오는 것이 없으면 더 갈구하게 된다. 샌디에이고 캘리포니아대학의 정신의학 교수이자 연구 저자인 마틴 파울로스는 다이어트 탄산음료의 인공감미료가 술이나 심지어 마약 남용과 같은 정적강화 효과가 있어 중독적일 수도 있다고 했다. 다이어트 탄산음료는 육체적이고 심리적인 갈망을 만들어낸다.

다이어트 탄산음료는 심장병과 뇌졸중을 일으킬 수 있다

내가 본 것 중 가장 어이없었던 것은 다이어트 콜라의 심장건강 캠페인이다. 그들의 웹사이트에 이렇게 올라와 있다.

> 심장건강 캠페인은 전국적인 인식 캠페인으로 국립보건원과 보건사회복지부의 미국립심장폐혈액연구원(NHLBI)의 후원을 받고 있습니다. 그들은 NHLBI와 동맹을 맺어 여성 심장병에 대한 인식을 높이고, 위험요소에 대한 조치를 취하기 위한 운동을 합니다.

만일 이것이 사실이라면, 여성들에게 "콜라를 그만 마셔라!"라고 해야 한다. 다이어트 콜라와 광고는 모두 '심장 깃발' 로고로 꾸며 여성들로 하여금 이 음료를 '심장에 건강한' 느낌을 갖게 하는데, 그녀들에게 진실을 알려야 할 때가 왔다. 다이어트 탄산음료는 심장병 위험과 뇌졸중 위험을 높인다.

10년 간 마이애미대학과 뉴욕의 컬럼비아대학의 연구원들이 2,500명이 넘는 사람들을 조사했는데, 매일 다이어트 음료를 마시는 사람들의 뇌졸중과 심장병 위험률이 마시지 않는 사람보다 61% 더 높다는 사실을 발견했다. 이 사실은 미국뇌졸중협회의 로스앤젤레스에서 열린 국제뇌졸중학회에서 발표되었다.

흥미롭게도 몇 가지 연구는 캐러멜이 함유된 제품과 혈관문제의 관련성을 암시한다. 캐러멜은 다이어트 콜라 같은 음료에 어두운 색을 띠게 해주는 성분이다. 아테롬성 동맥경화증에 대한 다민족적 연구는 매일 다이어트 음료를 마시는 사람에게 신진대사장애가 발생할 확률이 36% 더 높고, 당뇨가 생길 확률은 67% 더 높다고 했다. 두 개 다 심장병이나 뇌졸중이 생길 확률을 높이는 것이다.

DIG

D(발견): 유행성 다이어트는 체중감량에 도움이 된다. 문제는 지속적으로 하는 것이다. 단지 식사를 바꾸는 것이 아니라 생활방식을 바꾸어야 한다.

I(본능): 당신은 당신의 할아버지가 뚱뚱한 유전자를 가졌다고 탓할 수 없다. 역사적으로 우리는 최근에서야 비만 전염병을 겪고 있다. 무엇이 '현대'문제를 일으키는 걸까? 당신의 본능이 정말 당신의 할아버지를 탓해야 한다고 말하고 있는가? 우리는 더 살찌우고, 효소를 변화시키고, 호르몬을 방해하는 것들을 음식과 음료에 넣어 먹고 있다. 그리고 예전보다 덜 움직인다. 우리가 나쁜 음식을 선택한다. 그 어느 시기보다 제대로 된 수면을 취하지 못한다. 비만 전염에 기여하는 요인에 대해서는 증거가 많다. 우리는 화학물질을 먹고, 밀가루나 설탕 대체품 같은 백색 음식을 먹고, 충분한 잠을 자지 못하는 것이 그 증거다.

G(신): 체중을 감량하려는 많은 사람들이 인공감미료를 먹는다, 하지만 체중 문제는 그대로다. 이런 사람들이 유행성 다이어트 · 셰이크 · 지방을 태우는 것에 억 단위의 달러를 쓴다. 모순적이게도, 이중 많은 것들에 화학물질이 사용된다. 신체는 이런 감미료를 거부하고, 체중을 증가시키는 식으로 반항한다. 인공감미료를 섭취하면 췌장에서 인슐린이 분비되는데, 이 때문에 뇌가 불만족스럽게 느껴 설탕과 탄수화물을 더 갈구하게 된다. 우리는 파랑 · 분홍 · 노랑의 조그만 패킷으로 팔리는 화학물질을 먹도록 설계되지 않았다.

음식과 영양의 경찰

-선택의 자유는 어디에?-

"영어에서 가장 위험한 열 마디 단어는
'안녕하세요! 저는 정부에서 나왔고,
당신에게 도움을 주러 나온 사람입니다'이다."

로널드 레이건

2003년 6월 16일 월요일이었다. 나는 주유소에 들러 신용카드를 긁었는데 거부됐다는 메시지를 받았다. 이상하다! 주유소에 들어가서 점원에게 다른 신용카드를 주었다. 또 거부됐다! 신용카드 회사에 전화를 걸었더니 내 카드가 모두 정지됐다는 말을 들었다. 뭐라고? 지갑 안에 있던 돈은 전부 기름을 사는 데 썼기 때문에 현금을 인출하러

ATM 기기에 갔다. 그런데 이상한 메시지를 받았다. '잔액 부족.' 순간 심장이 가라앉았고 계정을 확인해 보니 0달러였다. 누군가 도둑질을 한 걸까? 신원이 도용당한 건가? 나는 곧바로 은행으로 갔고, 부사장은 내 모든 자산이 동결되어 십 원짜리 동전 하나도 뺄 수 없을 뿐만 아니라 수표도 쓸 수 없다고 했다. 분명 무엇인가 실수가 있었을 것이다. 그에게 누가 내 자산을 동결하라고 했느냐고 묻자, 연방통상위원회(FTC)라고 답했다.

병원으로 돌아오자 법원 공무원이 나를 기다리고 있었다. 그는 나에게 민사 소환장을 건네주었다. 알고 보니 그 동안 나는 천연 알로에 베라를 기반으로 한 건강제품을 판매하고 있었는데, FTC가 '승인받지 않은 약'을 판매했다는 혐의로 고소한 것이었다. 나중에서야 나는 FTC와 무장한 경찰특공대 집행관들이 캘리포니아에 있는 그 제품회사의 본사와 제조공장을 덮쳐 모든 자산, 기록, 컴퓨터, 회장의 차량, 집 그리고 소유물을 모두 압류했다는 소식을 들었다. 600명이 넘는 직원들을 빌딩 밖으로 내보내 집으로 보냈다. 컴퓨터는 증거로 압수됐다.

나는 내 소환장에 적혀 있던 FTC의 변호사인 데이비드 뉴먼에게 전화해 끔찍한 실수가 생겼다고 말하려고 했다. 그 회사가 무엇인가 잘못을 했다 해도, 나는 소유자도 아니고, 그 회사에서 직책을 맡고 있거나 주식을 가지고 있지도 않았다. 나는 그저 에이본(Avon) 대표자 같은 한 명의 개인 유통자였을 뿐이다. 나는 그 회사 운영에 아무것도 한 것이 없었다. 뉴먼 씨는 나에게 FTC가 그 회사와 본보기로 삼기 위한 두 상위 개인 유통자(그중 한 명이 나)를 쫓기로 했다고 했다. 그들의 마녀사냥은 '수술이 모든 것을 치유한다(Operation Cure All).'고 불렸고, 아프고 약한 소비자들을 노리는 부도덕한 판매자들을 단속하려는 FDA와 법무부 장관이 협동한 것이었다. FTC의 유격전으로 정부가 수백 개의 '승인받지 못한 약'을 팔고 있는 기업의 수억, 수천억의 자산을 압류할 수 있었다.

FTC는 나에게 단 한 장의 경고장도 보내지 않았고, 판매를 멈추라는 명령도 하지 않았다. 나는 의사로서 법적으로 다이어트 · 동종요법 · 약초 · 비타민 · 미네랄 · 차 그리고 팅크의 이점을 공유할 수 있었다. 나는 내가 이 소송에 포함된 이유가 이런 천연성분에 대한 과학적 내용이나 건강 혜택에 대해 말한 녹음 파일이 있어서라는 사실을 알게 되었다. 내가 병원 밖에서 천연제품의 건강 혜택을 공유하는 행위는 불법적으로 허가되지 않은 약을 홍보하는 행위였던 것이다. 그렇게 되면 FTC는 법적으로 한 사람의 자산을 동결하고 벌금을 부과할 근거가 생기는 것이다. 내가 녹음한 것은 단순히 알로에 베라 기반 제품과 관련된 과학적인 정보와 건강 혜택이었다. FTC 지침에 의하면, 제3사 제품을 유통하는 것은 불법이다. 다시 말해, 내가 알로에 베라의 건강 혜택을 수백 명의 환자와 공유하는 것은 치료행위에 해당되지만, 같은 메시지를 CD 같은 곳에 녹음해 수백 명의 사람과 공유하는 것은 연방법 위반이라는 말이다!

왜 FTC는 그저 영양제품을 홍보한 것뿐인 사람의 자산을 동결시키는 것일까? 그들은 국외로 도망치는 것을 방지하기 위함이라고 하지만, 사실 자산을 동결시키는 것은 최고의 변호사를 고용할 능력을 마비시키는 것이다. 아직 법원에 간 것도 아니지만, FTC는 누군가의 자산을 동결시킨 후 지역 언론사 · 잡지사 · 신문사 등에 연락해 '가해자'의 신임을 떨어뜨리기 위해 각 매체에 보도자료를 발표한다. 그렇게 되면 그 사회에서 천연제품이 건강에 좋다고 사기를 치고 다니는 그 사람에 대해 알게 되는 것이다. 그러면 그 사람은 사회에서 불쌍하고 죄없는 피해자들을 속인 허풍쟁이 판매원으로 낙인찍힌다. FTC가 지역신문과 텔레비전 뉴스에 내 이야기를 보도하자, 내 흠잡을 데 없는 명성이 더럽혀졌다.

계속 이야기하기 전에, FTC가 '승인받지 않은 약'을 어떻게 정의하는지 알려주겠다. 그것은 '질병을 치유 · 치료 · 예방 또는 진단'할 수 있다고 주장하는 모든 영양 또는 자연제품이다. FTC가 내리는 질병에 대한 정의는 다양하고, 흔한 감기에서부터 관절염 · 비만 · 치질 · 골다공증 · 요로감염증 그리고 우울증까지 해당된다. '승인받지 않은 약물 주장'의 예는 한 칼슘 제조업자가 자신의 제품이 골다공증을 예방할 수도 있다고 하는 것이다.(그렇다, 예방할 수도 있다고 하는 것도 안 된다.) 칼슘 보충제 표기에 이런 주장을 써놓으면, FTC는 그 제조업을 중단시키고, 자산을 동결하고, 수백억의 달러로 벌금을 물릴 수 있다. 모순적이게도 FTC는 텀스를 칼슘 보충제로 판매하고 www.osteoperosis.com이란 URL(인터넷상의 파일 주소)을 쓰는 것에 대해서는 아무런 문제도 제기하지 않지만, 영양회사가 질병의 이름을 사용해 칼슘제품을 판매하는 것은 불법으로 간주한다. FTC가 왜 텀스 제조업체는 골다공증이란 단어를 쓰게 두는지 궁금하지 않은가? 돈을 쫓아가라…. 텀스는 거대 제약회사 글락소스미스클라인 소유다. 제약회사는 이런 '약품 주장'을 해도 되지만, 경쟁사인 칼슘 보충제는 안 된다.

이제 내 불운으로 돌아와서… 나는 다음 60일을 FTC 항의에 대응하면서 보냈다. 나는 이 회사의 전체적인 소송에 포함되어 있어서 회사의 주장과 판매제품을 모두 다 변호해야 했다. 나는 타사 · 상호심사 · 이중맹검시험 등으로 자연식품 성분의 건강 혜택을 증명하는 수백 개의 연구를 증거로 제출했다. 또한 함께 진술해 준 의사와 환자들의 선서 진술서도 같이 보냈다. 그리고 혈액검사의 전후 검사도 포함해서 건강을 향상시켜 주는 엄청난 속성(혈액은 거짓을 말하지 않는다.)이 제품에 들어 있다는 사실을 증명하려 했다. 나는 FTC가 이 증거를 보면 모든 것이 다 오해였다는 사실을 깨달으리라 확신했다.

FTC가 내 반박 내용을 확인한 그날, 내 변호사가 말해 준 것은 이 체계가 얼마나 부패한지에 관한 것이었다. 그는 FTC에 제출한 건강정보가 정확하다는 것을 증명하기 위해 내가 기울인 엄청난 노력에 대해 FTC가 놀라워했다고 했다. 하지만 이 제품들이 질병을 예방하고, 심지어 되돌릴 수도 있다는 것을 너무 잘 증명했기 때문에 내 무덤을 스스로 파게 된 꼴이 된 것이다! 알고 보니, 영양제품이 질병을 치유하거나 예방한다고 증명이 되면 제약품으로 판매해야 하는데, 그러려면 길고, 엄중하고, 비싼 약품 인증 절차를 거쳐야 한다. 내 변호사는 내가 알로에 제품의 효능을 너무 완벽하게 증명한 것이 그들이 옳다는 것을 증명한 꼴이 됐다고 했다. 더 큰 벌금을 물게 된 것이다.

결국 법원에서 단 하루도 변호할 기회를 얻지 못하고, 나는 변호사를 통해 내게 죄가 없다는 영구적 금지명령에 서명했으며, 그는 '배상'으로 백만 달러를 내야 하는 선택지 외에 다른 방법은 없다고 했다. 내가 왜 배상을 해야 하지? FTC는 이 제품이 건강을 향상해 준다는 사기를 당하고 속은 불쌍하고 순진한 피해자들에게 보상하기 위함이라고 했다. 왜냐하면 오직 약품만이 건강에 영향을 미칠 수 있기 때문이다. 이 '배상'에서 아주 적은 양만 '피해자'들에게 간다. 사실 피해자라고 여겨지는 개인 유통자 · 건강식품점 · 소매점 · 체육관 · 미용실 그리고 심지어 의사들은 이런 소위 사기제품에 대해서 금전적 배상을 받지 못하도록 제외됐다. 왜냐하면 FTC측에서 이런 사람들을 그저 '다단계 금융사기의 일부'로 여기기 때문이다. FTC는 이 잘못 없는 피해자들을 보호하는 척하면서 처벌을 하는 것이다.

나의 의사 · 작가 · 교육자 · 연구원으로서의 뛰어난 명성에 흠집이 났을 뿐만 아니라, 법무 비용과 '소비자 피해구제'에 내가 일생 동안 모은 재산과 퇴직금의 동전 한 푼까지 다 써 버렸다. 그리고 알로에베라 제품의 제조업자는 FTC가 제기한 1억 2천만 달러짜리 소송으로 인해 결국 영구적으로 매장됐다.

가장 슬픈 사실은 내가 병원에서 판매했다고 FTC의 징계를 받은 제품에 관해 단 한 건의 항의도 받지 않았다는 것이다. 단 한 건도! 제품은 효과가 있었다! 도리어 FTC는 제품에 만족한 수천 명의 고객으로부터 전화 · 편지 · 이메일 · 팩스로 제품을 제발 시장에서 거두어들이지 말라고 애걸하는 연락을 받았다. 그렇지만 고객 추천 글은 불법으로 여겨진다. 만일 당신이 콜레스테롤이 높은데 천연 차를 마셔서 낮출 수 있다면, 이 좋은 소식을 다른 사람들과 공유하고 싶지 않겠는가? 이런 추천 글을 웹사이트 · 소셜 미디어 · 책자, 아니면 사람들 앞에서라도 말하면 FTC가 내린 정의에 따라 불법적인 행위가 되고, 당신과 이 제품의 제조사는 '승인받지 않은 약'을 홍보했다는 이유로 고소를 당할 수 있다. 시중에서 판매되는 다른 모든 제품에 대한 추천은 전부 합법이다. 사실 소비자들은 물건을 구매하기 전 상품평에 크게 의존한다. 그렇지만 만약 식품이나 영양제품의 질병 치유나 예방에 관련된 효능에 대해 추천하면 100% 불법이다.

만일 단 한 명의 소비자도 항의를 하지 않았다면, 대체 누가 FTC에게 불만을 표출한 걸까? 그 답을 위해서는 돈을 쫓아야 한다. 바로 거대 제약회사! 암 · 당뇨 · 심장질환 그리고 심지어 발톱 곰팡이(진심으로)까지 치료할 수 있는 자연제품에 대한 소식이 인터넷 · 텔레비전 · 라디오에서 돌면, 거대 제약회사는 돈을 잃을 것이다. 한 달 만에 2,200만 달러의 판매량을 기록하며 80만 명 이상의 흡족한 고객들이 내가 보증하는 알로에 베라 제품을 사갔다. 재판매량은 맥도널드도 질투할 만한 통계인 86%였고, 6일 내의 조건 없는 '묻지마' 환급정책에도 불구하고 1%의 반환밖에 없었다.(게다가 대다수의 반환품은 열지도 않은 병들이었다.) 미국인들이 이 건강제품에 쓴 돈을 병원 방문과 처방약으로 환산하면 수억 달러가 된다. 소비자들이 건강제품에 돈을 쓰면, 질병관리에 그만큼 돈을 덜 쓰게 된다. 이 제품을 사용한 당뇨병 환자들은 인슐린 사용이 줄었거나 아예 없어지기도 했다는 사실을 공유했다! 사실 내 가족 중 한 명도 당뇨가 있었는데, 그도 인슐린을 80%나 줄일 수 있었다! 그의 의사도 그에게 25년의 의사생활 동안 이런 사례는 본 적이 없다고 했다!

내 라디오쇼에서 나는 책임있는 의료를 위한 의사회의 설립자이자 회장인 닐 버나드와 인터뷰했다. 그는 미국의 건강, 영양 그리고 높은 수준의 연구의 선두 지지자다. 또한 그는 『당뇨병을 뒤집기 위한 닐 버나드 박사의 프로그램』이라는 책의 저자이다. 그 책에서 그는 영양적이고 채소 위주의 식단이 혈당치를 낮추고, 인슐린 민감지수를 개선하며, 심지어 약의 필요성을 줄일 수 있다는 명백한 증거를 제시한다. 어떻게 버나드 박사는 이것에 대해 글을 쓰고 텔레비전과 라디오에 나와 이야기하면서도 FTC에 의해 돌팔이 사기꾼 전도사로 고소당하지 않는 걸까? 왜 나는 당뇨병 환자에게 도움이 된 식물 기반의 자연영양 제품에 대해서 공유할 수 없었던 걸까? 버나드 박사는 그의 연구와 생각을 책으로 냈기 때문에 그의 진술은 헌법 1조의 보호를 받고 있었던 것이다.

DIG 해볼까?

언론의 자유는 오직 책 형태로만

미국에서 식단과 영양에 관한 것이라면, 언론의 자유는 오직 책 형태로만 존재한다. 책에서 저자들은 법적으로 병을 낫게 하고, 치료하고, 예방할 수 있는 영양제품과 다이어트에 관해서 권유할 수 있다. 작가는 '하루에 사과 하나면 의사가 필요없다.'라고 쓸 법적 권리가 있다. 그렇지만 이 저자가 똑같은 문구를 라벨이나 웹사이트, 아니면 어떤 홍보용 자료로 넣은 사과회사에서 일하거나 소유하고 있다면, FTC는 승인받지 않은 약품 주장으로 간주한다. 왜냐하면 과일을 먹는 것으로 의료의 필요성을 떨어뜨리기 때문이다. FTC는 총을 가져다 사과회사를 폐업시키고 마치 불법적인 마리화나밭이라도 되는 양 과수원을 압류할 수 있다.

'승인받지 않은 약'을 홍보한다는 혐의를 받은 사람은 나뿐만이 아니었다….

시리얼 갈취

'통밀이 풍부한 식단은 심장질환의 위험을 낮출 수 있다. 저지방 식단의 일부로 통밀을 주기적으로 섭취한다면, 위와 결장을 포함한 몇 가지 암의 위험을 낮출 수 있다.' 치리오스 토스티드 통밀 시리얼의 제작자인 제너럴 밀즈는 이런 문구를 웹사이트에 올리고, 비슷한 문구를 텔레비전 광고에 반영하고, '콜레스테롤을 낮추는 것을 도와줍니다.'라고 출력된 박스를 프린트했다.

2009년 제너럴 밀즈의 광고에 대한 대응으로 FTC는 시리얼을 병의 예방 · 완화 · 치유에 대해 홍보를 했으므로 약품처럼 광고되고 있다고 했다. 치리오스는 과다콜레스테롤(높은 콜레스테롤)이나 관동맥성심장병을 치료하거나 예방하는 데 안전하거나 효과 있다고 인정되지 않았기에 미국 식품의약법 제201항과 321항에 의거해 약품으로 분류된다. 제너럴 밀즈는 연방 식료품 · 의약품 · 화장품 조례(FDCA)를 위반했다는 소식을 들었다. 결국 이 제품은 미국에서 새로운 약품 승인을 받지 않고는 합법적으로 판매할 수 없게 되었다.

치리오스는 콜레스테롤을 낮출 수 있다고 증명된 통밀을 함유하고 있지만, 그것을 치리오스 박스나 회사 사이트에 올리면 승인받지 않은 약품 주장이 되는 것이다! 통밀의 이점은 충분히 입증되어 있다. 하지만 정부에 의하면 이런 주장은 시리얼을 홍보하기 위해 쓰이는 것이고, 제품은 승인받지 않은 약품으로 간주된다.

제너럴 밀즈는 내가 큰 낭패를 겪었을 때처럼 일곱 페이지짜리의 긴 반박문으로 대응했다. 2009년 5월 14일 날짜로 기록된 편지에서 제너럴 밀즈는 여러 상호심사 논문을 발표했고, 그들의 주장이 사실이고 잘못되지 않았다는 과학적 근거를 내세웠다. 제너럴 밀즈는 '이 임상시험 결과와 관련된 사실적인 진술들은 그저 소비자들에게 유용한 정보를 전달할 뿐이고, 제너럴 밀즈가 치리오스를 약품으로 홍보하려는 의도가 없습니다.'라고 썼다. 제너럴 밀즈가 이해하지 못한 것은(나도 어렵게 이해한), 만일 이 진술서가 사실이라면 그리고 치리오스를 먹어서 진짜 콜레스테롤이 낮아진다면, 이 제품은 정부가 정의한 바로는 약품으로 분류된다는 것이다! 제너럴 밀즈는 끝내 항복했고, 치리오스가 시장에서 빠지는 일이나 약품 인증 절차를 거치는 일을 피하기 위해 표기를 바꾸었다.

수백 개의 선도기업들도 '승인받지 않은 약'을 판다는 이유로 FTC와 FDA의 질책을 받았다. 아래는 몇 가지 사례다.

- **GNC** 41가지 제품에 대해 입증과 허가를 받지 않은 약품 주장을 했다는 혐의로 FTC에 240만 달러를 내라는 판결을 받았다. GNC는 이전에도 승인받지 않은 약품 주장을 했다는 혐의로 60만 달러의 벌금을 낸 전적이 있다.

- **QVC** 이 TV방송국은 30가지 식이보조제에 대해 과장광고를 한 혐의로 750만 달러를 내라는 판결을 받았다. FTC는 QVC가 불법적인 약품 주장 중 한 보충제에 관련해 "최근 수술을 하고, 질병에서 회복되고 있거나 여러 섬유근육통 · 만성피로증후군 · 암과 같은 여러 문제로 고통받는 사람들의 기력, 힘 또는 체력을 눈에 띄게 향상시켜 준다."라고 말한 죄가 있다고 했다. 만일 QVC가 이 제품이 트럭운전사들의 기력 · 체력 · 힘을 키워준다고 했다면 이 진술은 합법이었을 것이다! 그저 자연제품이 '질병'이 있는 사람들에게 긍정적인 영향을 줄 수 있다고 암시를 함으로써 법에 위반되는 것이다.

- **폼 원더풀** 석류주스 제품인 폼 원더풀은, 석류주스를 마시면 전립선이 건강해지고 전립선암의 위험도 낮아진다는 믿을 만하고 확

실한 과학적 증거를 보이고도 FTC와의 소송에서 패소했다. 한 판사는 이것을 약품 주장이라고 판결했다. 폼 원더풀은 대다수의 다윗이 하지 않았을 일을 했다. 골리앗을 고소한 것이다! 폼 원더풀은 2010년 9월, FTC를 상대로 그들의 자격요건이 성문법이나 헌법을 위반했다는 확인판결을 요청하는 소송을 제기했다. 다윗은 패소했다. 2015년 미국연방고등법원은 폼 원더풀의 허위광고에 대한 혐의를 인정했고, 이 석류주스 제조회사가 질병과 관련된 발언을 하는 것에 대해 정부가 제지를 해도 된다는 판결을 내렸다.

- **에어본 헬스** 이 업체는 면역촉진제가 감기를 예방한다는 광고를 뒷받침할 증거가 충분하지 않다는 혐의로 FTC에 3천만 달러를 내라는 판결을 받았다. 제품의 효능에 관한 증거는 모두 에어본 헬스가 승인받지 않은 약품을 판다는 FTC의 주장을 뒷받침해줄 뿐이었다.
- **다논** 액티비아와 댄액티브 요구르트는 질병치료제로 팔리고 있었다. 이 제품은 대변인이자 배우인 제이미 리 커티스가 소화건강을 향상시켜 준다고 홍보하고 있었다. 이 회사는 피해 보상금으로 4천5백만 달러를 내라는 명령을 받았다!
- **트로피카나** FTC는 트로피카나의 주장에 압박을 가했다. 트로피카나는 FTC에 의해서 자신들이 오렌지주스가 심장을 건강하게 만들어주고 뇌졸중 위험을 줄여 준다는 승인을 받지 않은 약품 주장을 했다는 혐의를 받았다. 모든 향후 행위에 관한 동의계약이 이루어졌다.
- **뉴 스킨 인터내셔널** 이 업체는 식이보충제에 대한 승인받지 않은

약품 주장으로 150만 달러의 벌금을 물었다. FTC는 뉴 스킨에서 판매하는 지방을 제거해 주고, 근육을 유지시켜 주고, 포도당을 조절해 주는 제품의 주장을 뒷받침할 과학적 근거가 없다고 했다. 즉, 약품 인증 절차를 통과하지 못했을 것이라는 말이다.

- **레블론** FTC는 레블론을 비 셀룰라이트 복합체와 노화 방지 제품에 대해 입증되지 않은 건강 주장을 한 혐의로 기소했다. 레블론은 앞으로 승인받지 않은 약품 주장을 하지 않겠다는 합의계약서에 서명했고, 그렇지 않으면 벌금을 내겠다고 했다.

건강이 아닌 위선

수백 개의 회사가 정부 보기에 사기성이거나 효능이 없다고 판단되어 징계를 받거나, 고소를 당하거나, 또는 폐쇄해야 했다. 위에서 언급한 기업들은 모두 누군가를 아프게 하거나 사망하게 한 제품을 만든 적이 없다. FDA가 안전하다고 승인한 살 빼는 약인 펜펜과는 다르게 말이다. 이 승인받은 비만치료제는 90년 중반 수백만 명에게 처방된 후 심각한 심장판막 손상과 치명적인 폐질환인 원발성 폐고혈압을 발병시켰다. 그 어떤 무장요원도 이 제약회사에 나타나 자산을 압류하지 않았으며, 소유자 · 임원 · 유통사 중 어느 누구의 자산도 동결시키지 않았다. 하지만 FTC는 '승인받지 않은 약'을 판매한 범죄를 저지른 천연 엘더베리주스 공장에는 무장한 경찰 특수기동대를 보내 폐쇄시켰다.

FDA는 또 바이옥스라는 관절약을 승인했다. 14만 개의 심각한 심장질환 사례와 6만 명이 사망한 후에야 제조사 머크는 이 치명적인 약품을 시장에서 거두어들였다. 이 제품을 사용한 후 심장마비와 뇌졸중의 위험이 증가했다는 과학연구 2만여 건이 담긴 내부 이메일이나 홍보자료를 인용해 드러난 은폐의 증거가 「월스트리트저널」에 기록되었다. 정부는 증거까지 있는 치명적인 심장마비와 뇌졸중을 발생시킨 음모는 모른 척하면서도, 오렌지주스가 심장마비와 뇌졸중에 도움이 될 수도 있다는 말을 했다는 이유로 납세자의 세금을 이용해 트로피카나를 잡아내려고 한다. 또 다논에서 그들의 요구르트가 소화를 돕는다는 말을 했다고 공격까지 한다고?

연방정부는 사람들이 의약품을 사용할 때 생기는 (사망을 포함한) 위험한 부작용에 대해서는 꾸준히 모른 척해 왔지만, 영양제품이나 식품이 병을 낫게 하거나 치료 · 예방할 수 있다는 '그릇되고 오도된' 주장을 하면 단 한 명의 고객조차 불만을 제기하지 않아도 잡아낸다! 그러면서 FDA는 선천적 결손증 · 간 손상 · 암 · 심장질환 그리고 뇌졸중과 같은 부작용이 있는 약품을 승인하는 데는 아무렇지도 않아 보인다. 비슷한 사례가 수백 개나 있다.

유명한 진통제인 세레브렉스에 관한 한 가지 사례를 살펴보자. 대중으로부터 엄청난 압박을 받은 FDA는 드디어 의약품 제조사인 화이자가 그릇되고 오도된 주장을 하고 있다는 결론을 내렸다. 건강에 관한 근거 없는 허위정보를 만들어내는 기업들을 기소해야 하는 FTC가 화이자에게는 아무런 행동도 취하지 않았던 것이다.

영양과 식품업체들이 말하는 것이 모두 근거 있는 것이라고 하는 것은 아니다. 많은 기업들이 과학적으로 증명되지 않은 허위정보를 퍼뜨린다. 그렇지만 우리는 왜 발톱 진균제를 규제하는 FDA와 FTC 이 두

단체가 우리의 아침 시리얼과 허브 차에 대한 프로토콜을 규제하게 두어야 하는 걸까? FDA와 FTC는 거대 제약회사가 의약품에 관련한 이상한 건강 주장을 하는 것은 허용한다. 예를 들어, 프로잭이 우울증을 돕는다고 과장해 선전하는데, 이 약의 부작용은 우울증과 자살충동이다! 타미플루가 독감을 예방한다고 주장하지만, 흔한 부작용은 독감과 비슷한 증상인 열 · 오한 · 근육통 그리고 부비동의 배액장애다! 그러니 당신이 타미플루를 복용하고 독감에 걸린다면, 제약회사는 약의 효능이 부족한 것이 아니라 '부작용'을 탓할 수 있다. 그런데 에어본 헬스는 감기 같은 부작용이 없으면서도 질병에 대항할 수 있는 자연제품을 만든다는 이유로 3천만 달러의 벌금을 낸다? 에어본 헬스는 효과가 있다! 나의 많은 친구들과 가족 그리고 환자들이 비행기를 탈 때마다 이 제품을 사용한다. 그들은 이것을 사용하지 않으면 재순환 공기에서 다른 사람의 숨을 들이마셔 코를 훌쩍이게 된다. 에어본 헬스를 쓰면 코를 훌쩍이지 않는다. 이 회사가 거대 제약회사의 자금에 영향을 끼치는 것 외에 어떤 해를 끼치고 있는가? 정부의 눈에는 에어본 헬스가 범죄자다!

뻔뻔한 거짓말

2003년 정부는 비만을 '질병'으로 분류했다. 대체 왜 그랬을까? 왜냐하면 체중감량에 도움이 된다는 모든 다이어트 제품들이 법적 정의로는 '승인받지 않은 약'으로 분류되기 때문이다. 정말 편리하지 않은가. 이제 승인받은 비만 약품만이 체중을 감량할 수 있다고 주장할 수 있다. 이 결정으로 인해 FTC는 체중감량 제품들에 수백만 달러의 소송을 제기할 수 있게 되었다. FTC는 '뻔뻔한 거짓말 작전'에 착수했다. 전국적으로 체중감량에 허위광고를 하는 업체들을 대상으로 법률 집행이 이루어졌다. 뻔뻔한 거짓말 작전은 허위광고를 중단시키고, 비양심적인 체중감량 광고에 피해를 입은 소비자들에게 환불을 해 주고, 언론 매체에는 체중감량에 대한 허위광고를 싣지 않도록 하며, 소비자들이 운동이나 식단 조절 없이 기적적인 체중감량을 약속하는 회사에 대해 소비자들이 경계하도록 가르치는 것이 목적이었다.

FTC는 체중감량 기업들에 100개가 넘는 집행조치를 취했다. 아래에는 고소를 당하거나 미디어에서 웃음거리가 된 몇몇 기업들이다. 이 중 어떤 기업은 폐업하기도 했다.

- 제나드린 EFX: 1,280만 달러의 합의금
- 원어데이 웨이트스마트: 320만 달러의 합의금
- 트림스파: 150만 달러의 합의금
- 코르티슬림과 코르티스트레스: 120만 달러의 합의금
- 메디패스트: 370만 달러의 합의금

위 기업들은 수천 개의 고객 추천서를 포함해 자신의 제품이 효능이 있다는 증거를 제출했지만, FTC는 이 증거를 전부 불법으로 간주했다. 그들은 FTC가 요구하는 엄격한 입증과 이중맹검시험을 쉽게 제공할 수 없었다. 그리고 설사 할 수 있다 하더라도, 그들의 제품은 약으로서 재허가를 받아야 했다. 그렇다, 자연제품이 비만에 도움이 된다고 주장하면, 승인받지 못한 약품인 것이다! 그러면 정부의 엄중한 인

증절차를 거친 '승인받은 체중감량 약'들은 더 안전하고 효능이 있을까? 아니다. 다음은 FDA가 안전하다고 여겨 승인을 받은 몇 개의 체중감량 약품들이다.

- **시부트라민(메리디아)**은 심장마비와 뇌졸중 위험을 높인다.
- **펜플루라민/덱스펜플루라민(리덕스)**은 심장판막 문제 및 사망과 관련이 있다.
- **페닐프로판올아민(PPA)**은 출혈성 뇌졸중과 관련이 있다.
- **제니칼(올리스타트)** 그리고 처방전 없이 살 수 있는 **알리**는 심각한 간 손상과 죽음으로 이어질 수도 있다!
- **큐넥사(큐시미아로 개명)**는 신장결석 · 췌장염 · 선천적 결손증(구순열이나 구개염 같은) · 인지기능장애 그리고 부정맥의 위험요소로 알려진 대사성산성혈액증과 관련이 있다.

좋다. 위험한 부작용이 따르긴 하지만, 적어도 체중은 감량할 수 있다. 아니, 그렇기는 한 건가? 사실 FDA가 승인한 체중감량 약품은 그렇게 대단하지 않다. 이 약품들은 평균 4.5kg 정도만 체중을 감소시킨다. 오히려 미국의 보건사회복지부와 질병 예방을 위한 국립보건원에 따르면, 이 약 없이 체중을 더 많이 감량할 수도 있다,

FDA에 의해 승인받지 못한 약으로 간주되는 많은 천연 체중감량 제품들은 목숨을 위협하는 부작용 없이 훨씬 나은 결과를 보인다. 내가 모순이라고 생각한 것은(전략적일 수도 있지만) 정부가 비만을 질병으로 분류하면서 미국유제품협회의 '우유를 마셔서 살을 빼자' 캠페인을 후원하고 있었다는 것이다. 우연의 일치일까? 다이어트 약을 판매하는

비공개 기업과는 달리, 정부는 유제품 산업으로 수조억 달러를 벌어들이고 있었다.(기억하라, 인간보다 소에 쓰이는 항생제에 더 많은 돈이 들어간다.) FTC는 우유가 체중을 감량해 준다는 과학적 근거가 필요없었다. 허위광고 유제품에 맞서는 의사변호단체가 아니었다면, 우리는 아직도 유제품 산업의 근거 없는 허구의 '약품 주장'을 보고 있을 것이다. 우유를 마시는 것은 체중감량과 아무런 상관이 없다는 것이 증명되었으며, 이중맹검시험도 반대의 결과를 나타낸다. 우유를 많이 마시는 사람들의 체중이 더 증가하는 것이다.

왜 FTC는 총을 가지고 와 유제품 산업의 자산을 동결시키고, 언론을 이용해 모독하지 않은 걸까? 돈을 쫓아가 봐라! 우리가 어떤 국가적인 행동을 취하지 않는 이상, FTC는 거대 제약회사의 돈을 뺏어가는 제품을 만드는 여러 좋은 회사들, 의사, 전문가 그리고 제품을 만드는 사람들을 고소할 것이고, 그들은 계속 수모를 겪게 될 것이다.

자연에서 약품을

「자연제품저널」의 발표에 의하면, 지난 25년 간 거대 제약회사에서 새로 만들고, 생산하고, 도입하는 약 중 70%는 자연제품에서 유래했다. 자연치료는 거대 제약회사 이익의 중심점이 아니기 때문에, 많은 약품이 자연적인 재료로 시작해 합성요소가 첨가되고, 등록되어 있는 화학물질과 섞인다. 그 다음에 추가적인 약품이 섞여 부작용이 생기고, 그 약을 먹은 사람들은 의사를 찾게 된다. 그러면 또 처방전이 필요하고, 그들은 가격을 10~15배 부풀린다. 이제 당신은 예방과 치유에 관한 주장을 할 수 있는 '승인된 의약품'을 얻게 되는 것이다.

일본에서 '곰팡이 스타터에서 무성하게 자란 곡물이나 콩'이란 뜻을 가진 단어인 코지(koji)로 불리는 홍국(紅麴)을 살펴보자. 기원전 300년부터 사용된 전통적인 취사다. 홍국은 모나콜린 K라는 유효성분을 함유하고 있는데, 이것은 LDL 콜레스테롤의 생산을 억제시킨다. 홍국이 높은 LDL 수치를 가진 대상의 콜레스테롤 수치를 낮추는 데 효과가 있다는 사실을 발견한 많은 임상적 연구가 있다. 사실 이중맹검 연구를 통해 고작 8주 만에 콜레스테롤 수치가 30%까지 떨어졌다는 사실을 발견했다! 콜레스테롤이 높은 환자들에게 홍국을 권유하면 항상 놀라운 결과를 얻는다.

로바스타틴 같은 스타틴 약품은 전체 콜레스테롤과 LDL 콜레스테롤을 낮춰준다. 홍국과 스타틴 약품의 유효성분이 매우 비슷해서 화학적으로 분석해 보면 로바스타틴과 모나콜린 K는 같다는 결과가 나온다. 머크는 로바스타틴을 상표로 등록해 이제는 메바코르라는 브랜드 이름으로 판매한다.

홍국은 천 년 간 전 세계적으로 수백만 명의 사람들의 콜레스테롤을 낮추는 데 도움이 되었다. 그렇지만 거대 제약회사와의 경쟁으로 인해 이제는 '승인받지 않은 약'으로 분류되어 불법이 되었다. 홍국은 10달러로 한 달 동안 먹을 양을 구매할 수 있다. 스타틴 약품의 가격은 한 달에 175달러까지 올라갈 수 있다! 홍국은 처방약과 속성이 비슷해서 이제는 약품으로 규정되려고 한다. 홍국이 콜레스테롤 수치에 영향을 미치지만, 법적으로 오직 '의약품'만이 가능하기 때문에 FDA는 홍국을 판매하는 모든 업체에 시중에서의 판매를 금했다.

FDA의 수익원

FDA는 어떻게 돈을 벌까? FDA는 처음 85년 간(1906~1992) 그들의 모든 자금은 미국 재무부와 세금이었다. 불행히도 1992년 모든 것이 바뀌었다. 새로운 법안이 통과되어 FDA가 책임지는 새로운 약 등록과 관련해 이를 감독하고 승인하는 데 필요한 모든 비용을 제약회사가 내야 한다. 그렇다. 제약회사가 FDA에 직접 돈을 내서 약품을 검토하도록 한다. 그래서 거대 제약회사는 FDA의 중요한 수익원이 된 것이다. 그러면 제약회사는 그들을 규제하는 업체에다 직접 돈을 주고 있다는 건데, 어쩌면 "당신이 나를 도우면 나도 당신을 돕겠다."와 같은 행위가 이루어지고 있는 것이 아닐까? 아니, 어쩌면 FDA에 천연제품을 만드는 경쟁사들을 뒤쫓을 돈과 관련된 동기가 있지 않을까? 범죄학자이자 『무고한 사상자: FDA와 인류와의 전쟁』의 저자인 일레인 포이어의 대답은 "있다!"이다. 포이어는 FDA가 다른 나라에서는 심각한 질병을 치료하는 데 성공한 영양제품과 대체치료제를 받아들이지 않는다고 기록했다. 미국의 의료 서비스에는 헌법에 규정된 선택의 자유가 없다.

마지막으로 세계에서 가장 흔하게 사용되는 약인 아스피린을 살펴보자. 아스피린은 열 · 염증 · 두통 · 요통 · 동맥경화 같은 질환을 치료하기 위해 사용되고, 주로 우리의 피가 응고되는 것을 막아준다. 심장마비의 첫 신호가 올 때 아스피린을 먹으면 목숨을 구할 수 있다! 거대 제약회사에 이 대단한 의약품에 대해 칭찬하지 마라. 이 영광은 대자연에, 정확히는 서양흰버들이라는 나무에 돌려야 한다. 이 나무의 껍질과 잎사귀는 살리신이라는 복합체를 함유하고 있는데, 연구소에서 아세틸살리실산과 합성되어 아스피린이 된다. 만일 서양흰버들 나뭇가지를 판매하고 있는 회사가 아스피린을 판매하는 기업들이 말하는 건강정보에 대해 말하면, 불법으로 여겨진다. 실제로 제조업자가 서양흰버들 나뭇가지가 두통을 완화시키거나 염증을 가라앉힐 수 있다는 표기를 하면, 이건 불법적인 약품 주장이 된다! FTC가 찾아와 회사의 자산을 동결시키고, 벌금을 물리고, 언론을 통해 엉터리 물건을 판매하는 사기꾼으로 몰 수 있다!

미국에서는 매년 10만 명이 넘는 사람들이 '승인받은 약'으로 인해 사망한다. 이것은 화재 · 비행기 사고 · 살인사건으로 일어난 사망사고를 합친 것보다 많다. '승인받지 않은 약'이라고 표기된 천연제품들은 수천 년간 안전하게 질병을 치유하고, 치료하고, 예방해 주었다! 더는 D.I.G가 필요없다. 무엇이 더러운지는 안 봐도 뻔하다.

몸속의 백만장자

-건강에 현명하게 투자하라-

"치유는 시간문제지만, 때로는 기회의 문제이기도 하다."

히포크라테스

매년 수억 명의 사람들이 로또 · 도박 · 주식 등의 시장에 돈을 쓰며 부자가 되기를 바란다. 우리는 돈을 쫓느라 바쁘지만, 매일 아침 거울을 보면서도 눈앞에 이미 백만장자가 서 있다는 사실을 깨닫지 못한다. 그렇다. 인디애나의과대학교에서 발표한 의학연구에 의하면, 당신의 몸은 4,500만 달러의 가치가 있다! 나중에 회계사를 만나면 다음의 항목을 추가하라.

- 골수 = 2,300만 달러(1천g 기준으로 g당 2만 3천 달러)
- DNA = 970만 달러(g당 130만 달러 기준)
- 항체 = 730만 달러
- 폐 한 개 = 11.6만 달러
- 신장 한 개 = 18.2만 달러
- 심장 = 5.7만 달러
- 수정란 32개 = 22.4만 달러
- 23년간 매달 정자 12개 기증 = 25만 달러(남자들이여, 당신들의 본업을 멈추지 마라!)

이제 당신에게 묻겠다. 만일 당신에게 50만 달러짜리 롤스로이스가 있다면, 일반 휘발유를 쓰고, 오일을 갈아 주지 않고, 구멍난 바퀴를 달고 타겠는가? 당연히 아니다. 당신은 정비가 제대로 되어 있는지 확인하고, 권장되는 차량 관리는 전부 할 것이다. 마찬가지로 당신의 4,500만 달러짜리 몸도 최적으로 기능하는 데 필요한 것이 있지만, 연구에 의하면 미국인들은 비싼 자동차를 돌보는 만큼 자신의 몸에 신경을 쓰지 않는다.

의료전문가들은 식단이 질병에 미치는 연관성에 대해 오래 전부터 알고 있었다. 당신이 자궁 속에 있을 때 어머니가 먹은 것부터 시작해서, 아기 때 먹은 것, 나이가 들어서 먹은 것까지, 당신이 먹는(또는 부족하게 먹은) 모든 음식이 당신의 건강을 결정한다. 1988년 미국의 전 의무감 에베렛 쿱 의사는 "식단과 관련된 질병으로 인한 죽음이 68%에 달합니다."라고 말했다. 이것이 소니 보노가 팜스프링스 선거에 당선, 새로운 시장이 되었을 때만큼 화제가 되진 않았지만, 정부가 공개적으로 식단과 질병의 연관성에 대해 인정한 것은 처음이었다. 쿱 의사의 진술은 놀라웠다! 100가지 사망 중 67개가 제대로 먹지 않아 영양보충이 되지 않은 결과였다. 당장 밖으로 나가 동네의 집 열 채를 돌아보라. 그중 일곱은 식단이 빈약하고 제대로 된 영양분을 얻지 못해 생기는 질병으로 사망할 것이다. 수백만 명의 사람들이 단순히 몸에 제대로 된 연료만 넣었다면 살았을 것이라는 말이다. 미국인들은 매년 건강관리에 2.5조 달러를 사용한다. 조 단위다. 그나저나 그들은 왜 '건강관리'라고 부르는 것일까? 사람들이 아플 때 쓰이니까 오히려 질병관리라고 해야 할 텐데! 병을 예방하고 건강한 몸을 유지하는 건강관리와는 명백히 다르다.

「성공」 매거진은 갤럽 여론조사를 통해 사람들에게 '성공적이다'라는 말의 의미에 대해 물었다. 열 중 여섯은 '건강한 것'이 그 어떤 성공보다도 중요하다고 대답했다. 그러면 왜 미국은 지구에서 가장 건강하지 못한 선진국인 걸까?

- 1997년 이후 당뇨병 환자의 수는 두 배로 늘었다.
- 심장병과 고혈압은 이제 5,400만 명의 사람들에게 영향을 끼친다. 이 수치는 플로리다 · 조지아 · 앨라배마 · 노스캐롤라이나 · 사우스캐롤라이나의 인구를 전부 합친 것보다 많다.
- 45초마다 미국에 있는 누군가는 뇌졸중에 걸린다.
- 비만율은 그 어느 때보다 높다. 마치 전염병과 같아 이제는 질병으로 분류될 정도다.

많은 사람들이 집을 잃는 것, 401k(미국에서 인기가 높은 퇴직연금제를 지칭하는 용어) 그리고 주식이 떨어지는 것에 대해 걱정한다. 그렇지만 당신의 자산 중 더 큰 불황은 바로 당신의 몸이다! 만일 당신이 제대로 된 음식을 먹지 않아 당뇨병이 생긴다면 31.5만 달러(건강한 췌장의 값)를 잃는 것이다. 담배를 피운다면 순자산에서 23.2만 달러(폐의 값)를 빼라. 이 외에도 많다. 주택 거품이 생겼을 때조차 이 정도의 재정적 손해는 본 적이 없다. 앞장들을 읽고 나서 햄버거 · 감자튀김 · 다이어트 탄산음료를 먹었던 삶이 당신의 운명을 결정했다고 생각하지 마라. 자책하지 마라. 지금부터라도 스스로를 용서하고, 이 책에서 찾을 수 있는 좋은 건강수칙을 전부는 아니어도 일부라도 따르면 된다. 언제든 변화할 수 있고, 이미 발생한 손해는 모두 되돌릴 수 있다. 당신의 옛 습관들을 에치 어 스케치(Etch A Sketch, 흰색 손잡이를 조종하여 그림을 그린 후 흔들어 지우고 다시 그릴 수 있는 장난감)에 그려진 그림이라고 생각하라. 그냥 흔들어서 없애 버려라. 당신이 먹고, 보충하고, 다이어트하는 방식도 흔들어 없애야 한다면 그냥 다 지워 버리면 된다. 자신에게 '다시 할' 기회를 주라.

어쩌면 당신은 담배를 끊고 몇 년 후 폐가 깨끗해진 흡연자, 혹은 천식 환자에서 트레이너가 된 사람들에 대해 들어보았을 것이다. 아니면 비만이었던 마라톤 선수는? 관상동맥우회수술환자가 생활방식과 식단을 바꾸어서 건강해진 이야기는? 이것이 다 가능한 이유는 세포 · 장기 그리고 신체의 혈관은 전부 원기를 회복할 수 있도록 연결되어 있기 때문이다. 매일 50조 개의 세포가 죽고 대체된다. 인간이 화학물질 · 의약품 · 독성물질을 먹으면 쓰레기통 역할을 해주는 해독기능이 있는 간으로 간다. 화학전 최전방에서는 간의 수명이 짧다. 1년도 안 돼서 인간의 간은 새로 갱신되어 다시 시작한다.

- 혈액이 있다. 120일마다 새로운 혈구가 형성된다. 이게 몸 구석구석에 산소를 공급해 준다. 당신의 창자 속 세포들은 3일마다 갱신된다. 그러니까 지난 20년 간 당신이 매주 햄버거를 먹었다면, 갱신될 기회가 있는 것이다!
- 표피, 즉 피부의 표면층은 20일마다 재생된다. 그러니 당신이 암을 유발하는 위험한 화학물질이 들어간 자외선 차단제를 쓰고 있다면, 재생될 기회가 있는 것이다!
- 폐 속 폐포(산소를 교환하는 세포)는 매년 완전히 새로 재생된다. 그 말은 당신이 오늘 담배를 끊는다면, 폐가 재생될 기회가 있는 것이다!
- 10년 안에 당신의 뼈는 전부 다시 재구성된다.
- 20년 안에 당신은 새 심장을 갖게 된다.

이 사실들이 당신의 마음을 좀 편안하게 해줄 수 있겠지만, '다시 하기'가 정말 효과가 있으려면 한 가지 필수적인 사항을 알아야 한다. 건강한 식단이나 운동과는 비교도 안 되는 이 필수사항은 바로 긍정적이고 의지 있는 마음이다. 이 책은 당신의 건강에 해로운 부패 · 거짓 · 행동 · 기술 · 음식에 대해 폭로하지만, 또한 당신이 현재 사는 방식과 살고 싶은 방식에 대한 생각을 바꾸고자 하는 책이기도 하다. 내가 희망하는 것은 당신이 식단 · 영양 · 건강에 대해 미래에는 편안한 마음으로 자신감을 갖고 선택해 나아가는 것이다. 자신의 과거를 탓하지 마라. 미래에 힘을 실으라. 질병(disease)은 우리에게 꼭 발생하지는 않지만, 우리 때문에 발생할 수는 있다. 그런 힘이 있다는 사실을 알고 당신만의 '다시 하기'를 계획하라.

시간 되돌리기

만일 당신이 생일에 여는 파티가 자선파티뿐이라면, 이것을 고려하라. 당신의 실제 나이는 의미가 없다. 나이는 진실을 말해 준다. 나이는 단지 숫자라는 것이다. 의미가 있는 것은 당신의 생물학적 나이이고, 많은 의사가 이 사실을 깨닫고 있다. 내가 아는 한 여성은 40세에 첫 아이를 임신했다. 그녀는 자신의 건강 이력 파일에 '고령출산'이라는 단어가 쓰인 것을 발견했다. 필라테스 연습생이자 숙련된 달리기 선수이고, 담배 한번 안 피우고 모든 것을 유기농으로 먹는 그녀는 말할 것도 없이 분개했다. 그녀가 의사에게 이에 대해 말하자, 그는 그저 형식적인 표기라며 그녀를 다독였고, 임신한 20대 여성 중 그녀보다 신체나이가 10년은 더 많은 사람도 본 적 있다고 했다. 신체나이를 측정하는 검사를 받고 난 후, '고령'의 그녀는 신체나이가 29세라는 사실을 알았다. 그녀는 이후 두 명의 건강한 아기를 더 출산했고, 45세의 나이에 뉴욕마라톤대회에 참가했다.

마이클 로이젠 박사와 메멧 오즈 박사는 이 여성이 했던 검사와 비슷하게 생활방식 · 유전 · 병력을 통해서 사람의 진짜 나이를 계산할 수 있는 훌륭한 검사를 만들었다(www.sharecare.com/static/realage-oz). 이 요소들과 매일 받는 스트레스 같은 추가적인 많은 다른 요소들이 신체를 나이들게 한다는 것은 놀랍다. 영화 속 주인공 같은 모습으로 취임해 임기가 끝날 때쯤 초췌한 흰 머리로 물러나는 모든 미국 대통령을 떠올려 보라. 그리고 이 전 대통령들이 백악관에서 떨어져서 시간을 좀 보낸 후 다시 젊음을 되찾는 모습을 떠올려 보라.

나는 명망 높은 클리블랜드병원에서 그곳의 최고 건강책임자인 로

이젠 박사를 인터뷰할 영광을 얻었다. 라이프타임 방송에 방영된 이 인터뷰 도중 로이젠 박사는 나이를 먹는 것과 수명에는 많은 결정 요소들이 있고, 유전자는 별로 상관이 없다고 설명했다. 그 말은 당신의 증조부모님을 탓할 수 없다는 것이다. 인간의 몸은 유전자를 스위치처럼 조절할 수 있는 능력이 있다. 켜거나 끌 수 있다는 것이다. 예를 들어, 식단을 바꾸면서 운동을 추가하고, 매일 명상이나 요가를 하면 GSTM1(활성산소제거 2단계 효소)이라는 유전자를 켤 수 있다. 이렇게 건강을 향상시켜 주는 유전자는 몸속에서 전립선암 · 유방암 · 결장암을 물리치는 단백질을 생산한다. 로이젠 박사는 "당신의 나쁜 습관을 오늘 바꾼다면, 3년 내로 그 나쁜 습관이 처음부터 없었던 것처럼 될 겁니다."라고 한다.

DIG 해볼까?

진짜 나이와 생물학적 나이

당신의 '다시 하기'의 첫 번째 종착지는 먼저 진짜 나이를 측정하고, 생물학적 나이가 진짜 나이와 어떻게 연관되는지 확인하는 것이다. 그 다음으로는 먹는 것과 생활습관을 고쳐 6개월 후 다시 검사를 해보라. 당신의 인생에 몇 년이 추가될 것이다! 수백만 명이 어려 보이기 위해 성형수술에 의존하지만, 몸에는 청춘의 샘이라는 것이 따로 있다. 더 건강한 생활방식과 먹는 습관을 택하면 피부가 회복되고, 회색머리가 줄고, 뱃살이 사라지고, 혈당치와 혈압이 안정될 수 있다. 당신은 당신의 4,500만 달러짜리 몸을 관리해 그 잔액에다 이자까지 더할 수 있는 것이다.

약이 없는 삶을 상상해 보라

건강을 위해 장기적으로 약품에 의존하는 사람들이 많다는 사실이 안타깝다. 실제로 일반적인 60세의 사람들은 최소 매일 5가지의 처방약을 먹는다. 의사이자 영양전문가이자 베스트셀러 저자인 존 맥두걸은 지난 30년이 넘는 기간 동안 채소 위주의 식단을 통한 신체의 최적화와 더 나은 건강에 대해 가르치고 있다. 제7장에서 말했듯 맥두걸 박사는 전국적으로 유명한 맥두걸 프로그램의 설립자이자 원장이다. 이 성공적인 프로그램을 진행하면서, 맥두걸 프로그램의 추종자들은 약을 사용하지 않고도 체중(지방)감량 · 심장질환 · 당뇨병 · 암 같은 심각한 질병을 물리쳤고, 동일하게 넓은 범위의 극적이고 지속적인 건강상의 이익을 경험했다! 실제로 많은 사람들이 복용하는 긴 처방약 목록을 가지고 프로그램을 시작하는데, 며칠도 안 돼 두 번 다시 약을 쓸 필요가 없게 되어 프로그램을 끝낸다. 맥두걸 의사와의 인터뷰 중 나는 신체가 어떻게 그렇게 빨리 반응하느냐고 물었다. "마지막 담배를 피우고 난 후의 흡연자와 같습니다. 그는 24시간에서 48시간 이내에 다시 숨을 쉽니다." 그가 설명했다. "아니면 절제하지 않고 술을 마셔 거실 마룻바닥에서 일어나지 못하는 술꾼과 같습니다. 술 마시는 걸 멈추면 몸은 곧바로 회복되기 시작하죠. 음식에도 똑같이 적용됩니다. 몸에 기름 · 오일 · 지방을 주는 것을 멈추고 원래 주어져야 할 것을 연료로 쓰면 기적에 가까운 결과가 곧바로 나타납니다, 왜냐하면 인간의 몸은 기적이니까요. 몸은 건강해지고 싶어 하지, 병들고 싶어 하지 않습니다. 사람이 잘 먹을 때 혈압은 떨어지고, 혈당치는 균형이 잡히고, 콜레스테롤은 낮아지고, 장은 운동합니다."

오늘날에는 무엇을 해야 약 의존도를 없앨 수 있을까? 그저 '퇴화시키는' 음식을 먹지 않고 '원기를 회복시켜 주는' 음식을 먹으면 된다. 건강한 세포가 죽으면 당신이 먹는 것으로 다시 대체할 수 있다. 건강하지 못한(퇴화시키는) 음식을 먹으면, 건강하지 못하고 병든 세포를 만들어낸다. 그러면 면역력이 떨어져 노화가 가속화된다. 몸에 원기를 회복하는 음식을 먹으면 이런 부정적인 효과를 되돌릴 수 있다. 원기를 회복시켜 주는 음식은 삶을 촉진시키고, 퇴화시키는 음식은 사망으로 이어진다.

몸을 퇴화시키는 건강하지 못한 음식들

- 설탕
- 카페인
- 하얀 밀가루
- 가공된 탄수화물
- 가공식품
- 인공감미료, 착색제, 첨가제
- 알코올
- 지방이 많은 가공육
- 채소와 경화유
- 튀긴 음식
- 유전자 조작 식품

몸을 재생시키는 건강한 음식들

- 과일
- 채소
- 콩과 렌즈콩
- 씨앗, 견과류, 곡물
- 해조류
- 밀싹
- 갓짜낸 올리브 오일
- 목초로 사육한 가금류
- 오메가3 지방산을 함유한 물고기, 즉 정어리, 야생 연어, 참치, 청어, 대구, 고등어

동기부여 전문가 지그 지글러는 이렇게 말했다. “당신이 이제껏 해오던 걸 계속하면, 늘 얻던 걸 얻게 될 것이다!” 지금 비만이거나, 병이 있거나, 항상 피곤하거나, 또는 쾌변하거나, 성관계를 잘하거나, 혈압과 혈당치를 낮추거나, 호르몬을 증가시키는 약을 먹고 있다면, 기억하라. 몸은 원래 스스로 건강하도록 설계됐지만, 올바른 연료가 들어갔을 때만 가능하다.

장애물 넘어서기

나는 28년 간 의사생활을 하면서 사람들이 건강해지려는 노력에서 실패하는 이유를 수없이 많이 들었다. 그렇지만 변명은 그저 실패란 집을 짓는 데 쓰이는 못이다. 나는 당신이 변명만 하면 받아 마땅한 인정을 받을 수 없을 것이라고 생각한다. 태도를 바꾸지 않으면 아무것도 얻을 수 없다. 자신을 과소평가하지 마라! 당신은 장애물을 넘어서고 ‘다시 하기’를 통해 건강해질 수 있다.

먼저 머릿속에서 당신을 방해하는 속삭이는 목소리부터 저리 가라고 하라. 나는 우리가 인생의 두 가지 요소로 산다고 생각한다. 우리가 원하는 것과, 그것을 가지지 못하는 이유가 그것이다. 안타깝지만, 우리는 원하는 것을 갖지 못하는 이유가 너무나도 많다. try(시도)와 triumph(성공)의 차이는 그저 조그만 umph일 뿐이다! 당신이 몸의 치유력을 이용해 건강해지고 싶다면, 변명은 모두 집어치워라! 다음은 환자들이 알려준 가장 유명한 장애물을 넘어설 수 있는 조언이다.

변명 1: 더 좋은 것을 먹고 싶지만, 건강한 요리는 시간이 많이 든다. 나는 아이와 직장과 청소해야 할 집이 있다.

답변: 당신은 이미 직장을 잘 다니고, 아이들을 잘 키우고, 적어도 먼지는 털어 가며 청소도 잘하고 있다. 여기서 한 가지 더해야 할 것은? 한 가지 해결책은 주중에 먹을 음식을 주말에 요리해서 보관하는 것이다. 두 명이 있다면 여섯 끼를 만들라, 그러면 음식이 남을 것이다. 닭가슴살 몇 점을 굽는 데는 15분이 걸린다. 또한 대다수 식료품점에서 미리 손질된 채소를 구할 수 있으니, 굽거나 볶은 치킨샐러드를 만드는 데는 시간이 거의 들지 않는다. 남은 음식을 이용해서 치킨샐러드를 만들거나 모두 썰어서 로메인 상추에 싸서 랩으로 만들어 먹으면 된다. 한 주 내내 먹을 수 있는 또 다른 쉬운 요리는 수프다. 이렇게 선택지는 무궁무진하다. 전기찜솥을 하나 사면 냉장고나 냉동고에서 보관해 먹을 음식을 손쉽게 만들 수 있다. 수프·스튜·칠리·샌드위치 속 등을 만드는 방법은 아주 많다(www.allrecipes.com). 닭고기 죽부터 시작해 보자. 와인을 조금 넣고, 마늘과 채소를 추가하라. 끝이다! 여기 내 사이트를 방문해서 건강하고 간단한 요리법을 확인하라(www.DrDavidFriedman.com).

지루하지 않게 요리를 할 수 있는 또 다른 좋은 도구는 채소 제면기다. 이것으로 호박·가지·당근·애호박 등의 채소를 파스타 모양으로 만들 수 있다. 다양한 소스를 넣고 새우나 방목한 천연닭 같은 단백질을 넣어 주면, 매일 새로운 '파스타'를 먹을 수 있다(www.spiralizer.us).

변명 2: 현재 상황이 좋지 않아 유기농 같은 건강한 식품을 살 돈이 없다.

답변: 얼핏 듣기엔 좋은 핑계지만, 건강치 못한 싸구려 음식을 먹으면 장기적으로 의료비와 약에 10배의 돈이 더 든다. 하지만 잘 먹는 것이 이보다 더 비쌀까? 답은 "그렇지 않다." 액상과당·MSG·아스파탐 그리고 유전자 변형 재료 같은 독성 첨가물을 먹지 않는다고 당신이 당장 파산하지는 않을 것이다. 중간상인을 거치지 않고 지역농민과 농산물 직판장을 찾으면 오히려 돈을 더 아낄 수도 있다. 당신이 직장이 없어 정말 어려운 상황이라면, 정부보조금으로 완전 유기농 식단을 구성하는 것도 가능하다. 2011년 다큐멘터리 〈푸드스탬피드(Foodstamped, www.Foodstamped.com)〉에서는 한 가족이 일주일에 고작 40달러로 100% 유기농 식단을 짜는 것에 대해 기록되어 있다.

또한 유기농 현미는 대량으로 구매할 수 있고, 여러 식단에 쓰일 수 있어 경제적이며 다용도로 사용할 수 있다. 건강한 유기농 아몬드·캐슈·아마·해바라기 씨는 매우 싼 가격으로 구할 수 있다. 특히 당신이 직접 봉투에 담는다면 말이다. 12개짜리 달걀 한 통으로 얼마나 여러 가지 음식을 만들 수 있는지를 생각하면 유기농 달걀은 아주 저렴한 것이다. 믿기지 않는다면 직접 확인해 보자.

[표 12-1] 유기농 식품과 비유기농 식품의 가격 비교

과일의 평균 가격		
	유기농	비유기농
바나나	0.45kg에 0.8달러	0.45kg에 0.7달러
사과	1.36kg에 4.49달러	1.36kg에 3.99달러

딸기	453g에 4.49달러	453g에 3.99달러
오렌지	1.81kg에 4.99달러	1.81kg에 4.49달러
총합	14.77달러	13.18달러
1.60달러 = 유기농 과일과 비유기농 과일의 가격 차이		

채소의 평균 가격		
	유기농	비유기농
당근	1.36kg에 1.99달러, 0.45kg에 0.89달러	1.36kg에 1.89달러, 0.45kg에 0.89달러
브로콜리	0.45kg에 2.49달러	0.45kg에 1.99달러
셀러리	0.45kg에 0.99달러	0.45kg에 0.89달러
총합	5.47달러	4.77달러
70센트 = 유기농 채소와 비유기농 채소의 가격 차이		

*이 가격은 윌밍턴 노스캐롤라이나의 지역 농산물 직판장에서 2017년 9월 12일 자로 반영되었다.

변명 3: 나는 외식을 자주 하는데, 특히 패스트푸드점에서는 건강한 음식을 찾기 어렵다.

답변: 패스트푸드점에서도 건강한 음식을 찾을 수 있다. 맥도널드에서부터 KFC에서도 더 건강한 선택을 할 수 있다. 우선 조미료를 많이 넣지 마라. 마요네즈 2테이블스푼은 190kcal, 나트륨 140mg 그리고 지방 22g이 더 추가된다. 같은 양의 케첩은 30kcal, 나트륨 380mg 그리고 설탕 32g이다. 대신 케첩을 빵 윗부분에 조금만(일반포장지의 4분의 1 정도) 뿌리라. 바로 윗부분에다가 케첩을 뿌리면 혀가 맛을 더 빨

리 느껴 양의 차이를 느끼지 못한다. 당신이 시간에 쫓기거나 드라이브 스루에 줄서 있을 때, 웹사이트나 핸드폰 앱을 이용해 가장 나은 메뉴를 선택하도록 도움을 받을 수도 있다. 내가 가장 좋아하는 사이트는 www.helpguide.org이다. 이 사이트에는 패스트푸드점에서 건강하게 먹을 수 있는 몇 가지 예시가 있다.

[표 12-2]

대형 버거 체인점	
덜 건강한 선택	더 건강한 대체품
1. 닭튀김 샌드위치 2. 튀긴 생선 샌드위치 3. 베이컨, 치즈 그리고 랜치 드레싱 같은 토핑이 들어간 샐러드 4. 스테이크와 아침 브리토 5. 감자튀김 6. 밀크셰이크 7. 치킨 '너겟' 또는 텐더 8. 치즈, 마요네즈, 또는 특별한 소스 추가	1. 구운 닭고기 샌드위치 2. 야채 버거 3. 구운 닭고기 야채샐러드와 저지방 드레싱 4. 통밀 머핀과 달걀 5. 구운 감자나 곁들임 샐러드 6. 아몬드밀크 파르페 7. 구운 닭고기 조각 8. 치즈, 마요네즈 그리고 다른 소스를 제한하고 대신 레몬과 살사소스 사용

대형 닭튀김 체인점	
덜 건강한 선택	더 건강한 대체품
1. 닭튀김, 오리지널 또는 더 바삭하게 2. 데리야끼 윙이나 팝콘 치킨 3. 시저 샐러드 4. 치킨과 비스킷 '한 통' 5. 그레비소스나 다른 소스 추가	1. 밀가루를 입히지 않은 껍질 없는 닭가슴살 2. 허니 BBQ 치킨 샌드위치 3. 야채샐러드 4. 으깬 감자 5. 그레비소스나 다른 소스 제한

대형 타코 체인점	
덜 건강한 선택	더 건강한 대체품
1. 바삭한 치킨 타코 2. 가공된 콩 3. 스테이크 찰루파 4. 크런치 랩이나 고르디타 브리토 5. 가공된 콩과 나초 6. 사워크림 또는 치즈 추가	1. 구운 치킨의 부드러운 타코 2. 검정콩 3. 새우 엔살라다 4. 구운 '프레스코' 스타일의 스테이크 브리토 5. 채소와 콩 브리토 6. 사워크림이나 치즈 제한

서브웨이, 샌드위치 그리고 델리 선택	
덜 건강한 선택	더 건강한 대체품
1. 30cm 서브웨이 2. 지방이 많은 햄, 참치 샐러드, 베이컨, 미트볼, 또는 스테이크 같은 고기 3. '보통' 양의 높은 지방 치즈(체다, 미국산) 4. 마요네즈와 특별한 소스 추가 5. '있는 그대로' 모든 토핑을 넣어서 6. 흰 빵이나 '랩'	1. 15cm 서브웨이 2. 살코기(쇠고기구이, 닭가슴살) 또는 채소 3. 저지방 치즈 한두 장(스위스나 모짜렐라) 4. 저지방 드레싱이나 머스타드를 마요네즈 대신 추가 5. 채소 토핑 추가 6. 통밀빵이나 서브웨이 끝부분을 잘라 윗조각 없이 먹기

변명 4: 먹지 말아야 할 것을 먹어 왔으니까 그냥 계속 이렇게 살겠다.

답변: 우리는 인간이다. 우리에겐 욕구가 있다. 너무 과하게 마음대로 했다고 온종일 자신을 벌주지 마라. 우리 모두 운전을 하면서 한 번쯤 길을 잃어 본 경험이 있다. 그럴 때 "아, 길을 잃었네. 그냥 이대로 아무

렇게나 가야겠다."라고 했던가? 그렇지 않다. 우리는 올바른 길을 찾아 원하는 목적지로 가려고 노력한다. 그리고 결국엔 도착한다. 우리가 먹지 말아야 할 것을 먹어 길에서 벗어났다면, 바로 이런 태도를 취해야 한다.

변명 5: 건강하게 먹고 싶지만 내 배우자는 햄버거와 기름진 감자튀김을 너무 사랑한다.

답변: 누군가를 위해 건강하게 요리하기는 쉽지 않다. 당신은 두 가지 요리를 해 배우자의 건강치 못한 식사에다 건강한 음식을 조금 '뿌려야' 할 수도 있다. 나의 라디오쇼 조수인 킴 바누인은 뉴욕타임스 베스트셀러인 『말라깽이』 시리즈의 저자다. 그녀는 독실한 채식주의자로 동물성 식품을 먹지 않는다. 그렇지만 남편은 다르다. 킴은 나에게 가끔 남편의 접시에다 그녀가 만든 채소 위주의 식사를 슬쩍 덜어놓는다고 했다. 이런 식으로 남편이 자연식품을 많이 맛보면, 그도 그녀가 만든 자연식품에 완전히 빠져든다고 했다. 그러면 그녀는 남편이 고기와 양파링을 먹는 사이사이에 좀 더 많은 식물성 위주의 음식을 줄 수 있게 된다. '모 아니면 도'가 아니어도 된다는 것을 알라. 당신이 배우자에게 7일 중 3일만 건강식을 먹을 수 있게 해도, 1년으로 따지면 468번의 건강한 식사가 되는 것이다.

변명 6: 단것에 중독되어서 단것 없이는 살 수가 없다.

답변: 설탕을 조금 먹는다고 죽진 않지만, 매일 설탕을 먹는 습관은 당신을 위험에 빠뜨린다. 만일 당신이 설탕 없이 단 하루도 살 수 없다면, 저열량의 건강한 대체품으로 건강을 해치지 않으면서 입맛을 만족

시킬 수 있다. 내가 선호하는 두 가지는 자일리톨과 코코넛설탕이다. 자일리톨은 자작나무에서 추출된 천연감미료로 당뇨병 환자들을 위한 설탕 대체품으로 승인되었다. 자일리톨은 설탕보다 달게 느껴져 요리할 때 설탕 대신 사용할 수 있다. 코코넛설탕은 코코넛나무에서 나온 열매로 만든 저열량의 천연감미료다. 섬유의 좋은 근원이고 철분·아연·칼슘·칼륨 같은 미네랄을 함유하고 있으며, 건강에 좋은 산화방지제도 있다.

가끔 단것이 먹고 싶으면, 설탕을 넣지 않은 다크 초콜릿을 먹으라. 유기농 코코아(80%)는 심장 건강에 좋다고 알려진 테오브로민이라는 성분을 함유하고 있다. 또한 코코아는 스트레스 호르몬인 코티솔을 줄여 주며, 플라보노이드라는 산화방지제를 함유하고 있다. 물론 적당히 먹는 것이 좋다. 과하게 먹지 마라.

변명 7: 운동을 하니 많이 먹어도 된다.

답변: 열량을 많이 태우면 배고파지기 때문에 건강한 음식을 먹어야 한다. 운동은 근육을 찢고, 당신이 무엇을 먹느냐에 따라 근육이 어떻게 다시 생기는지를 결정한다.(즉, 당신이 먹은 음식이 곧 당신이다.) 당신은 햄버거와 맥도널드 셰이크에 있는 성분이 당신의 근섬유를 대체하기를 원하는가? 운동은 당신이 생각하는 만큼의 자유를 주지 않는다. 예를 들어, 30분 동안 5km 정도를 빠르게 달리면, 300kcal를 태운다(61kg 여성을 기준으로). 이것은 스타벅스의 블루베리 머핀의 4분의 3에 해당하는 열량이다. 당신이 이 머핀을 통째로 먹으면 방금 태운 300kcal가 다시 채워질 뿐 아니라, 오히려 75kcal가 더 추가된다. 그렇지만 구운 치킨샐러드를 먹으면 똑같은 300kcal를 얻게 된다. 둘 중

어떤 것이 지방으로 변할 것이라고 생각하는가? 300kcal의 블루베리 머핀? 아니면 300kcal의 구운 치킨샐러드? 운동했다고 마구 먹지 마라. 현명하게 섭취하라.

변명 8: '무지방'이니까 먹어도 괜찮다.

답변: '무지방'이란 단어가 붙은 식품은 당신을 오히려 더 많이 먹게 만든다! 사람들은 건강한 음식이라고 생각할 때 더 많이 먹기 때문에 더 많은 칼로리를 얻게 된다. 이 사실을 아는 식품산업의 마케팅팀은 '무지방', '죄책감 없이'와 같은 대표적인 단어를 사용해 그 제품을 더 많이 먹게 만든다. 하지만 지방을 뺀 만큼 맛도 빠지기 때문에 대부분의 기업이 설탕으로 대체한다. 제조업들은 이 표기를 연막으로 사용해 건강한 제품이 아닌 젤리빈 같은 것을 건강한 느낌을 주게 만든다. 물론 젤리빈은 지방으로 만들지 않았다. 그저 설탕 덩어리일 뿐이고, 몸속에서 지방으로 바뀐다. 이 '무지방'이란 함정에 빠지지 않도록 주의하라.

변명 9: "음식을 낭비할 수 없다."

답변: 스스로에게 물어보라. 음식을 쓰레기통에 버리겠는가? 아니면 허리에 버리겠는가? 식당에서 외식할 때 배가 불러오면 그만 먹으라! 몸이 무엇인가 말하는 것이다. 눈치를 채라! 음식을 포장해 올 수 없다면, 웨이터에게 주어서 쓰레기통에 버리도록 하라. 집에서 요리할 때는 모두가 한 끼를 먹을 수 있을 만큼만 준비하라. 음식이 남으면 냉장고나 냉동고에 넣어서 다음에 먹어라.

변명 10: "나는 항상 배고프다!"

답변: 이런 경우라면, 당신이 선택하는 음식이 범인이다. 레이즈의 감자칩 슬로건을 기억하는가? '한 개만 먹고는 못 배길걸?' 확실하다! 감자칩 같은 가공된 음식, 토르티야 칩 그리고 감자튀김은 영양가 없는 칼로리로 배부른 느낌을 주지 않기 때문에 뇌는 계속해서 신호를 보낸다. "더 먹어야 해!" 어빈에 있는 캘리포니아대학에서 진행된 연구에서 이런 유형의 음식에서 발견되는 지방은 생물학적 메커니즘을 유발시켜 폭식하게 된다는 사실을 발견했다. 공복은 목마름의 신호일 수도 있다. 워싱턴대학에서 진행된 연구는 물 한 잔이 한밤중에 찾아오는 공복을 거의 100% 채울 수 있다고 했다. 당신은 음식이 아닌 물이 필요한 것일 수 있다. 설사 정말 배가 고프더라도 무엇인가를 먹기 전에 물을 마셔 보라. 배부른 느낌을 줄 것이다. 식사 전에 샐러드를 먹거나 수프를 먹는 것으로도 배를 채울 수 있다. 주요리가 건강식이 아니라면 좋은 속임수가 된다.

식사 도중에 군것질을 하고 싶다면, 아몬드를 한 줌 먹어라. 이 단백질 근원은 섬유를 채워 주고 다른 견과류보다 영양이 더 많이 함유되어 있다. 배가 고플 때 먹어도 좋은 또 다른 음식은 호밀빵 한 조각이다. 호밀은 다른 곡물에 비해 특별하다. 왜냐하면 흡수가 느리기 때문이다. 배부름이 더 오래 유지된다는 뜻이다. 또 호밀은 다른 빵에는 없는 필수비타민과 미네랄이 가득하다. 「미국임상영양학저널」에 발표된 한 흥미로운 핀란드의 연구는, 호밀을 먹으면 당뇨를 예방할 수 있고, 콜레스테롤을 낮출 수 있으며, 염증이 줄어들고, 혈당치가 개선되는 유전자를 발현시킨다고 한다. 섬유가 많은 호밀은 소화에도 도움이 되고, 변비를 완화시켜 준다.

나는 '플렉시테리언 식단'을 따른다. 플렉시테리언이라는 단어는 flexible(유연)과 vegetarian(채식주의자)이라는 두 단어의 조합이다. 나는 80%는 자연식품과 식물성 위주로 먹고, 20%는 생선 · 닭 · 달걀을 먹는다. 소고기 · 유제품 · 돼지고기는 멀리한다. 나의 생물학적 나이는 52세(진짜 나이는 35세다.)지만, 나는 건강과 하는 모든 것을 다 할 수 있는 기력으로 축복받았다고 자랑스레 말할 수 있다. 나는 처방약이나 일반의약품을 사용하지 않는다. 나는 혈압 · 심장박동수 · 콜레스테롤 · 몸무게가 다 완벽하다! 지난 연례 신체검사 때, 의사가 나와 동갑인 환자들이 통증 · 콜레스테롤 · 고혈압 · 당뇨병으로 인해 처방약을 먹는다고 했다. 노력과 의지 그리고 지식이 건강을 만든다는 증거를 갖고, 건강관리의 일부가 되는 것이 질병관리의 약물과 부작용의 일부가 되는 것보다 훨씬 더, 말할 수 없을 만큼 보람이 있다. 당신이 이 책을 읽음으로써 나와 같은 기쁨을 느낄 수 있게 되기를 바란다. 어서 가라. 꾸물대지 말고 '다시 하기'를 시작하라!

저자 소개

데이비드 프리드먼 박사는 전국 베스트셀러 1위 작가이자 자연치유사, 지압요법 신경전문의 그리고 임상영양학 박사다. 그는 국가공인 대체의학 전문가(AMP)이자 국가공인 통합의학자(BCIM) 그리고 등록된 자연요법 전문의(RND)이다. 신경학 교사 출신인 그는 현재 작가로서 수많은 주요 건강 및 피트니스 잡지에 기고하고 있다. 또한 그는 100개가 넘는 라디오와 TV쇼에 게스트로 출연했으며, 백만 부 넘게 팔린 그의 베스트셀러 오디오북 『미국의 불균형한 식단』은 사람들이 건강에 좋지 않은 음식을 먹는 것에 관한 경각심을 일깨우는 데 도움을 주고 있다. 그의 환자들 중에는 A급 연예인 · 영화배우 · 스포츠스타 등이 있는데, 이들은 그 누구도 믿지 않기 때문에 그를 만나기 위해 전국 방방곡곡을 이동한다. 그는 라이프타임 텔레비전(여성을 대상으로 한 미국의 TV 채널)의 아침 프로그램에 출연하는 건강 전문가이자 〈당신의 건강을 위한 라디오(To Your Good Health Radio)〉의 진행자로도 활동하고 있다. 수백만 명의 사람들이 매일의 건강과 웰빙에 대한 해결책을 제시하는 그의 주간기사 및 최신 특집기사를 즐기고 있다.

아래는 프리드먼 박사가 회원으로 속해 있는 단체들이다.

- 자연요법 의학협회(Naturopathic Medical Association)
- 융합의학학술원(Academy of Integrative Health & Medicine)
- 미국영양사협회(American Dietetic Association)
- 미국무약의사협회(American Association of Drugless Practitioners)
- 미국 영양 및 식이요법 학회(Academy of Nutrition and Dietetics)
- 미국전체론보건협회(American Holistic Health Association)

- 세계공중보건영양협회(World Public Health Nutrition Association)
- 지압요법 교육 및 연구재단(Foundation for Chiropractic Education and Research)

최신 정보를 받고 프리드먼 박사의 온라인 커뮤니티에 참여하려면 www.DrDavidFriedman.com으로 방문해서 이름과 이메일을 입력하라. 이것은 무료다.

감사의 말

먼저 T. 콜린 캠벨 박사, 스티븐 시나트라 박사, 존 맥두걸 박사, 닐 버나드 박사, 조셉 머콜라 박사, 얼 민델 박사, 배리 시어스 박사, 데이비드 카츠 박사, 마크 하이만 박사, 존 라빈스 박사 등 건강 옹호자들을 포함해 지난 몇 년 동안 내게 현 상황에 대한 의문을 제기한 모든 훌륭하고 멋진 분들께 감사를 표하고 싶다. 내게 영감을 준 훌륭한 분들과 멘토들은 이보다 훨씬 더 많으며, 내가 진행하는 라디오쇼에서 그들을 인터뷰하는 기쁨을 누렸다. 나는 어떤 규칙에도 순응하지 않는다. 또한 나와 가깝고 내가 존경하는 저자들 중 일부는 나와 같은 견해를 갖고 있지는 않다. 하지만 괜찮다. 만약 모두의 견해가 같았다면 나는 이 책을 쓰지 않았을 것이다. 나는 모든 의견의 차이를 탐구하는 것에 자부심을 느낀다. 왜냐하면 나는 살면서 수많은 결정들을 내렸지만, 시간이 지나 그 결정들이 360도 바뀐 적들이 많기 때문이다. 누군가 이렇게 말했다. "내 방식을 따르든지, 아니면 떠나라." 이 말은 내게 엑셀을 밟고 전진하게 하는 동기를 부여한다.

삶을 변화시킬 이 책의 진정한 잠재력을 알아본 터너 출판사의 모든 분들께 무한한 감사를 표한다. 힘들지 않게 모든 장을 생동감 있고 자유롭게 창작할 수 있게 해준 것에 대해 감사를 표한다. 이 원고를 작성하는 데 필요한 모든 단계를 하나부터 열까지 알려주고 서문까지 집필해 준 하비 다이아몬드에게 특별한 감사를 표한다. 그는 역사상 가장 잘 팔리는 건강저서를 썼지만 여전히 진실하고 감동적인 사람이다. 또한『맛있는 햄버거의 무서운 이야기』의 공동 저자이자 뉴욕타임스의 베스트셀러 작가인 킴 바누인(『말라깽이』의 저자)에게도 감사를 표한다.

우리는 성실하고 활동적인 한 쌍이라 불렸고, 몇 년간 함께 일하게 되어 정말 기뻤다.

잭 캔필드(『영혼을 위한 닭고기 수프』와 『성공의 원리』의 공동저자이자 영화 〈시크릿〉의 작가 역으로 출연)에게 진심어린 감사를 표한다. 5억 권이 넘는 책이 팔린 이 저자의 지도를 받는다는 것은 마치 작은 리그에서 뛰는 야구선수가 미키 맨틀에게 야구에 대한 조언을 얻는 것과 같았다! 그와 브레인스토밍을 한 후, 내 책은 제목을 비롯해 모든 면에 새로운 원동력을 얻었을 뿐만 아니라 완전히 색다른 관점을 취하게 되었다. 이에 감사를 표한다. 그는 겸손하고 껴안아 주고 싶은 영혼을 가진 사람이다.

내용에 지장이 가지 않도록 작업해 주고 내용의 '구분화'를 명백히 하며 큰 그림을 본 편집 미셸 마스트리시아나에게 큰 감사를 표한다. 존 오닐은 모든 편집과정을 감독했다. 멋진 삽화를 넣어 준 라리사 헤노흐, 표지를 디자인한 야호르 슈스키와 매들린 코선 그리고 선의의 비판자 역할을 하며 내게 더 많은 증거를 찾도록 도와준 편집자인 켈리 블러스터에게 감사를 표한다. 이 책에 전반적으로 사용된 많은 참고문헌을 찾는 데 도움을 준 실력이 뛰어난 캐롤 로젠버그에게도 감사를 표한다.

쿠도스와 제프리 허먼은 진정한 작가대리인이다. 나와 나의 비전을 믿고 열정으로 내 책을 추천해 준 것에 감사하다. 우리와 함께했다는 것이 영광스럽다. 세쌍둥이를 임신한 스티븐 해리슨에게 산부인과 의사가 한 말을 빼면 감사를 표현할 말이 없을 것이다. "너희들은 초과 배송되었어!" 대부분의 남자들은 길을 물으려고 하지도 않고, 멈추지 않고 계속 운전하기를 선호하지만, 나는 퀀텀 리프(Quantum Leap) 도로지도 덕분에 길을 찾았다.

대중들에게 나의 메시지를 전달하도록 도와준 훌륭한 홍보 담당자인 바바라 테슬러에게도 감사를 표한다. 그녀는 집중력이 대단하고 '끝까지 하기!'의 여왕이다. 사진작가 다니엘 J. 해들리(카메라를 든 렘브란트)에게도 큰 감사를 표한다. 내게 "할 일이 너무 많아."라는 핑계를 그만두고 이 책을 집필하도록 격려해 준 리사 보타에게 특별한 감사를 표한다. 이 책이 출간될 때까지 모든 관계를 형성하고 지속할 수 있게 도와준 나의 조수 크리스틴 모비조에게도 계속적인 감사를 표한다. 그는 보석 같은 존재다. 영원한 감사를 표한다.

그리고 내 라디오 프로그램을 꾸준히 듣는 청취자들에게도 진심어린 감사와 위로를 표한다. 지난 15년 동안 많은 사람들이 이 책을 통해 영감을 받아 삶이 변화되었으며, 그들은 내게 편지를 보내 자신들이 겪은 멋진 일들을 공유했다. 그건 정말이지 가장 큰 보상이다. 나는 또한 '절대 포기하지 않기'라는 사고방식을 심어준 어머니께도 감사를 드린다. 내가 더 높이 뛰어올랐다면, 어쩌면 하늘에 닿았을지도 모르겠다. 무엇보다도 내 인생의 조종사인 하나님에게 감사를 표한다. 그에게 핸들을 맡기자 내 인생의 폭풍우 같은 시기를 헤쳐 나갈 수 있었다.

유행과 허구의 세계에서 제대로 먹는 법

분별력 있는 식탁

초판 1쇄 인쇄 2020년 1월 15일
초판 1쇄 발행 2020년 1월 20일

발행인 박해성
발행처 (주)정진라이프
지은이 데이비드 프리드먼
옮긴이 하민경
출판등록 2016년 5월 11일
주소 02752 서울특별시 성북구 화랑로 119-8, 3층(하월곡동)
전화 02-917-9900
팩스 02-917-9907
홈페이지 www.jeongjinpub.co.kr

편집 김양섭·조윤수
기획마케팅 이훈·박상훈·이민희

ISBN 979-11-90027-02-1 *13590

• 이 도서의 국립중앙도서관 출판예정도서목록(CIP)은 서지정보유통지원시스템 홈페이지(http://seoji.nl.go.kr)와 국가자료공동목록시스템(http://www.nl.go.kr/kolisnet)에서 이용하실 수 있습니다. (CIP제어번호: CIP2019024614)
• 파본은 교환해 드립니다. 책값은 뒤표지에 있습니다.